FORTSCHRITTE DER PHYSIKALISCHEN CHEMIE

FORTSCHRITTE DER PHYSIKALISCHEN CHEMIE

HERAUSGEGEBEN VON

PROF. DR. DRES. h. c. WILHELM JOST · GÖTTINGEN

BAND 10

IONEN IN NICHTWÄSSRIGEN LÖSUNGEN

DR. DIETRICH STEINKOPFF VERLAG

DARMSTADT 1976

IONEN IN NICHTWÄSSRIGEN LÖSUNGEN

VON

PROF. DR. JOSEF BARTHEL

Universität Regensburg, Fachbereich Chemie

Mit 29 Abbildungen und 38 Tabellen

DR. DIETRICH STEINKOPFF VERLAG

DARMSTADT 1976

Softcover reprint of the hardcover 1st edition 1976

CIP-Kurztitelaufnahme der Deutschen Bibliothek:

Barthel, Josef

Ionen in nichtwäßrigen Lösungen. – 1. Aufl. – Darmstadt: Steinkopff, 1976.

(Fortschritte der physikalischen Chemie; Bd. 10)

ISBN-13: 978-3-7985-0437-0 e-ISBN-13: 978-3-642-72321-6
DOI: 10.1007/978-3-642-72321-6

ISSN 0071-7924 (10)

Herstellung: Werk- und Feindruckerei Dr. Alexander Krebs, Hemsbach/Bergstr. und Bad Homburg v. d. H.

Zweck und Ziel der Sammlung

Die vorliegende Monographienreihe verdankt ihre Entstehung u. a. noch einer Anregung *H. Ulichs.* Sie wird in sich abgeschlossenen Bänden die heutigen Kenntnisse aus verschiedenen Zweigen unseres Faches darstellen. Der in Industrie, Forschung oder Lehre tätige Wissenschaftler kann daraus den neuesten Stand eines Gebietes kennenlernen, der Studierende Ergänzungen über den knappen Rahmen vorhandener Lehrbücher hinaus finden. Auch mag diese Reihe in gewissem Sinne sich zu einem flexiblen Einsatz nicht existierender Handbücher entwickeln.

Herausgeber und Verlag

Vorwort

Die steigende Zahl von Veröffentlichungen der jüngsten Zeit bekundet, welche Bedeutung die nichtwäßrigen Elektrolytlösungen für den Chemiker gewonnen haben. In der vorliegenden Monographie wird eine Darstellung von Ergebnissen dieses Problemkreises unter Berücksichtigung chemischer Modelle, die nur noch bedingt den idealisierenden Modellvorstellungen der Kontinuumstheorie entsprechen, diese aber vielfach und fruchtbar verwenden, gegeben. Die Darstellung der theoretischen Grundlagen mußte überall auf ein für das Verständnis des Sachverhaltes unbedingt notwendiges Minimum beschränkt werden. Hier sollen Hinweise auf die neuere Literatur dem Leser den Zugang ermöglichen.

Das Experimentieren mit nichtwäßrigen Elektrolytlösungen stellt an die Reinheit der Produkte hohe Anforderungen, deren Erfüllung bei der Beurteilung der Meßergebnisse bezüglich ihrer Aussagemöglichkeiten beobachtet werden muß. Spuren von Verunreinigungen verfälschen die Ergebnisse in unzulässiger Weise. Insbesondere das Lösungsmittel, das in sehr schwach konzentrierten Lösungen in großem Überschuß vorliegt, unterliegt der Reinheitsforderung in hohem Maße. Es ist in der Regel erforderlich, die Versuchsreihen unter Schutzgasatmosphäre abzuwickeln. Diese Maßnahme muß häufig bereits bei der Reinigung und Destillation der Lösungspartner getroffen werden. Auf allen in dieser Monographie behandelten Gebieten sind Versuchsanordnungen für das Messen unter Schutzgasatmosphäre beschrieben worden. Als typisches Beispiel und stellvertretend sind hierzu in Abschnitt 3.7 die experimentellen Techniken bei Leitfähigkeitsmessungen behandelt.

Alle Gleichungen der Monographie sind in einer Weise geschrieben, die sowohl die Verwendung von SI-Einheiten als auch von c.g.s.-Einheiten gestattet. Der Zugang zum einen oder anderen Maßsystem wird durch die Größen ϵ_0 und Ξ ermöglicht. Die Zahlenwerte und Dimensionen dieser Größen findet man in der nachstehenden Tabelle „Physikalische Konstanten und Umrechnungsfaktoren". Für die praktischen Anwendungen wurde unabhängig vom Maßsystem das dem Praktiker geläufige Konzentrationsmaß der Molarität c[mol l^{-1}] beibehalten. Die theoretischen Überlegungen dagegen beruhen stets auf der systemgerechten Teilchendichte ρ[m^{-3} in SI- und cm^{-3} in c.g.s.-Einheiten]. Das bedingt beim Übergang zu den „anwendungsgerechten" Gleichungen das Auftreten der Größe ρ/c, die für SI-Einheiten den Wert $10^3 N_A$ und für c.g.s.-Einheiten den Wert $10^{-3} N_A$ (N_A: Avogadrozahl) hat. Auf solche Fälle wird an entsprechender Stelle hingewiesen.

Bei der Abfassung der Monographie erhielt ich freundliche Hilfe von verschiedenen Seiten. Herzlichen Dank für ihre Beiträge möchte ich Herrn Prof. Dr. *R. Wachter*, Herrn Dr. *H. J. Gores*, Herrn Dr. *G. Schmeer* und Frau *K. Wachter-Lenz* sagen. Herrn *H. Hilbinger* danke ich für die Anfertigung der Zeichnungen und Frl. *M. Westermeier* für die Manuskriptniederschrift.

Dem Herausgeber der „Fortschritte der physikalischen Chemie“, Herrn Professor Dr. Dres h.c. *W. Jost*, danke ich sehr herzlich für wertvolle Ratschläge bezüglich der Darstellung des Stoffes.

Regensburg, im April 1976 *Josef Barthel*

Inhalt

Zweck und Ziel der Sammlung V
Vorwort VI
Physikalische Konstanten und Umrechnungsfaktoren X

1. Kap. Elektrolytlösungen 1
1.1. Thermodynamische Grundlagen 1
1.2. Thermodynamische Behandlung von Elektrolytlösungen 3
1.3. Verteilungsfunktionen 6
1.4. Aktivitätskoeffizienten 8
1.5. Lösungsmittel 12

2. Kap. Thermodynamische Eigenschaften nichtwäßriger Elektrolytlösungen 13
2.1. Allgemeine Grundlagen 13
2.2. Chemische Potentiale der Einzelionen 16
2.3. Enthalpiebestimmungen 20
2.4. Partielle molare Wärmekapazitäten 24
2.5. *Gibbs*sche Energie 25
2.6. Entropie 31
2.7. Partielles Molvolumen 34

3. Kap. Elektrolytleitfähigkeit 38
3.1. Leitfähigkeitsgleichungen 38
3.2. Das *Ostwald*sche Verdünnungsgesetz 40
3.3. Das Grenzgesetz der Leitfähigkeit 41
3.4. Leitfähigkeitsgleichungen der vollständigen Form für vollständig dissoziierte Elektrolyte 44
3.5. Leitfähigkeitsgleichungen der vollständigen Form für assoziierende und unvollständig dissoziierte Elektrolyte 49
3.6. Auswertung von Meßdaten 65
3.7. Messung von Konzentrations- und Temperaturabhängigkeit der Elektrolytleitfähigkeit 66
3.8. Selbstdiffusionskoeffizienten und ihre Kopplung mit der Elektrolytleitfähigkeit 72
3.9. Ionenleitfähigkeiten 74

4. Kap. Dielektrische Eigenschaften ... 81
4.1. Dielektrika im statischen und niederfrequenten Wechselfeld ... 81
4.2. Dielektrika im hochfrequenten Wechselfeld ... 83
4.3. Dielektrische Relaxation ... 84
4.4. Relaxationsprozesse in Elektrolytlösungen ... 89
4.5. Das Relaxationsgebiet des Lösungsmittels ... 90
4.6. Das Relaxationsgebiet der Ionenpaare ... 99
4.7. Elektrolytlösungen mit mehreren Relaxationsgebieten ... 104
4.8. Auswertung von Meßdaten ... 107

5. Kap. Reaktivität von Ionen und Ionenassoziaten ... 110
5.1. Elektrolyte in chemischen Reaktionen ... 110
5.2. Elektrolyte als Reaktionspartner ... 112
5.3. Die Geschwindigkeitskonstanten von Ionen- und Ionenassoziatreaktionen ... 115
5.4. Elektrostatisches Modell zur Ionen- und Ionenpaarreaktivität ... 119

6. Kap. Ionenassoziation ... 124
6.1. Ionenassoziation und Moleküldissoziation ... 124
6.2. Ionenpaarbildung als Folge der Ion-Ion-Wechselwirkung ... 126
6.3. Ionenpaarassoziation unter Berücksichtigung nichtcoulombscher Effekte ... 133
6.4. Möglichkeiten und Grenzen der Modellbetrachtung ... 138
6.5. Ionenpaarassoziation und Elektrolyt-Lösungsmittelwechselwirkung. 146
6.6. Ionenassoziate mit mehr als zwei Ionen ... 154

Sachverzeichnis ... 158

Physikalische Konstanten und Umrechnungsfaktoren

		SI	c.g.s. (e.s.E)
*Avogadro*konstante	N_A	$6{,}02252 \cdot 10^{23}\ \mathrm{mol}^{-1}$ $\pm 0{,}00028 \cdot 10^{23}\ \mathrm{mol}^{-1}$	
*Planck*sche Konstante	h	$6{,}6256 \cdot 10^{-34}\ \mathrm{J\,s}$ $\pm 0{,}0005 \cdot 10^{-34}\ \mathrm{J\,s}$	$6{,}6256 \cdot 10^{-27}\ \mathrm{erg\,s}$ $\pm 0{,}0005 \cdot 10^{-27}\ \mathrm{erg\,s}$
Boltzmann-Konstante	k	$1{,}38054 \cdot 10^{-23}\ \mathrm{J\,K^{-1}}$ $\pm 0{,}00009 \cdot 10^{-23}\ \mathrm{J\,K^{-1}}$	$1{,}38054 \cdot 10^{-16}\ \mathrm{erg\,K^{-1}}$ $\pm 0{,}00009 \cdot 10^{-16}\ \mathrm{erg\,K^{-1}}$
Elementarladung	e_0	$1{,}60210 \cdot 10^{-19}\ \mathrm{C}$ $\pm 0{,}00007 \cdot 10^{-19}\ \mathrm{C}$	$4{,}8029 \cdot 10^{-10}$ e.s.E. $\pm 0{,}0002 \cdot 10^{-10}$ e.s.E.
*Faraday*konstante	F	$9{,}64870 \cdot 10^{4}\ \mathrm{C\,mol^{-1}}$ $\pm 0{,}00016 \cdot 10^{4}\ \mathrm{C\,mol^{-1}}$	
Lichtgeschwindigkeit	C	$2{,}997925 \cdot 10^{-8}\ \mathrm{m\,s^{-1}}$ $\pm 0{,}000003 \cdot 10^{-8}\ \mathrm{m\,s^{-1}}$	$2{,}997925 \cdot 10^{-10}\ \mathrm{cm\,s^{-1}}$ $\pm 0{,}000003 \cdot 10^{-10}\ \mathrm{cm\,s^{-1}}$
Permeabilität des Vakuums	μ_0	$4\pi \cdot 10^{-7}\ \mathrm{J\,s^2\,C^{-2}\,m^{-1}}$ (fehlerfrei)	
Elektrische Feld- konstante	ϵ_0	$8{,}854185 \cdot 10^{-12}\ \mathrm{J^{-1}\,C^2\,m^{-1}}$ $\pm 0{,}000018 \cdot 10^{-12}\ \mathrm{J^{-1}\,C^2\,m^{-1}}$	$(4\pi)^{-1}$
Dimensionsfaktor (vgl. Vorwort, S. VI)	Ξ	1	$8{,}98755 \cdot 10^{11}$

1. Kapitel

Elektrolytlösungen

1.1. Thermodynamische Grundlagen

Die Darstellung der thermodynamischen Eigenschaften eines Systems, dessen Arbeitskoordinate das Volumen ist und das aus elektrisch neutralen Komponenten $Y_i (i = 0, 1, 2 \ldots k)$ aufgebaut ist, kann von seiner inneren Energie U als Funktion seiner extensiven*) Variablen S (Entropie), V (Volumen) und n_i (Molzahl der Komponente Y_i)

$$U = U(S, V, n_0, n_i \ldots n_k) \qquad [1\text{-}1\,a]$$

oder eines jeden aus Gl. [1-1 a] durch eine *Legendre*transformation [2]) erzeugten anderen thermodynamischen Potentials wie

$$F(T, V, n_0 \ldots n_k) = U - TS \qquad [1\text{-}1\,b]$$

$$H(S, P, n_0 \ldots n_k) = U + PV \qquad [1\text{-}1\,c]$$

$$G(T, P, n_0 \ldots n_k) = U - TS + PV \qquad [1\text{-}1\,d]$$

ausgehen.

Aus der Eigenschaft dieser Funktionen als Zustandsfunktionen folgt mit Einführung der entsprechenden konjugierten intensiven*) Variablen T (Temperatur in abs. Zählung), $-P$ (Druck in negativer Zählung) und μ_i (chemisches Potential der Komponente Y_i).

$$\mathrm{d}U = T\mathrm{d}S - P\mathrm{d}V + \sum_{i=0}^{k} \mu_i \mathrm{d}n_i \qquad [1\text{-}2a]$$

$$\mathrm{d}F = -S\mathrm{d}T - P\mathrm{d}V + \sum_{i=0}^{k} \mu_i \mathrm{d}n_i \qquad [1\text{-}2b]$$

$$\mathrm{d}H = T\mathrm{d}S + V\mathrm{d}P + \sum_{i=0}^{k} \mu_i \mathrm{d}n_i \qquad [1\text{-}2c]$$

$$\mathrm{d}G = -S\mathrm{d}T + V\mathrm{d}P + \sum_{i=0}^{k} \mu_i \mathrm{d}n_i \qquad [1\text{-}2d]$$

Aus der Eigenschaft von U als homogene Funktion 1. Grades ihrer extensiven Variablen folgt in Verbindung mit Gl. [1-2a] die *Gibbs-Duhem*-Gleichung

---

*) Zum Begriff der Extensitäts- und Intensitätsgrößen vgl. man z. B. [1, 2]).

[1]) *W. Jost* und *J. Troe*, Kurzes Lehrbuch der Physikalischen Chemie, 18. Aufl. (Darmstadt 1973).

[2]) *Münster, A.*, Chemische Thermodynamik (Weinheim 1969).

$$S\mathrm{d}T - V\mathrm{d}P + \sum_{i=0}^{k} n_i \mathrm{d}\mu_i = 0. \qquad [1\text{-}3]$$

Die chemischen Potentiale μ_i der Komponenten Y_i sind die partiellen molaren *Gibbs*schen Energien G_i der Komponenten im gegebenen System. Es ist in der Thermodynamik üblich (man vgl. hierzu z. B. [1,2,3]), das chemische Potential mit Aktivitätsfunktionen

$$a_i = x_i f_i \qquad [1\text{-}4]$$

(x_i = Molenbruch von Y_i, f_i = Aktivitätskoeffizient von Y_i in der gegebenen Mischung) zu verknüpfen.

Mit der Definition

$$\mu_i(P,T) = \mu_i^{\ominus}(P,T) + RT \ln x_i + RT \ln f_i \qquad [1\text{-}5]$$

$$\mu_i^{\ominus} = \lim_{x_i \to 1} [\mu_i - RT \ln x_i]; \; \lim_{x_i \to 1} f_i = 1 \qquad [1\text{-}5\,a]$$

für Y_i in einer realen kondensierten Mischphase wird eine *fiktive* reine Phase von Y_i als Bezug festgelegt, deren molare *Gibbs*sche Energie $\mu_i^{\ominus}(P,T)$ ist und die mit der Mischphase Gleichheit der äußeren Variablen P, T und des Aggregatzustandes (ggf. in diesem auch noch Gleichheit der Struktur) aufweist. Nur dann, wenn die *reale* reine Phase der Komponente Y_i diese Bedingungen erfüllt, wird $\mu_i^{\ominus}(P,T) = \mu_i^*(P,T)$ geschrieben*).

Neben der Normierung auf eine reine Phase einer jeden der Komponenten Y_i ist eine zweite üblich. Diese unterscheidet bei den Komponenten das Lösungsmittel $Y_0 = L$ und die gelösten Stoffe Y_i ($i = 1, 2 \ldots k$) und bezieht alle Festsetzungen auf den Zustand der unendlich verdünnten Lösung ($x_0 \to 1$). Dies bedeutet, daß für das Lösungsmittel selbst die reine Phase mit $\mu_0^{\ominus}(P,T) = \mu_0^*(P,T)$ gemäß Gl. [1-5] und [1-5a], für die gelösten Stoffe jedoch eine fiktive Struktur, die „unendlich verdünnte Lösung" mit dem Potential $\mu_i^{\infty}(P,T)$ als Bezug gewählt wird

$$\mu_i(P,T) = \mu_i^{\infty}(P,T) + RT \ln x_i + RT \ln f_{0i} \qquad [1\text{-}6]$$

$$\mu_i^{\infty}(P,T) = \lim_{x_0 \to 1} [\mu_i - RT \ln x_i]; \; \lim_{x_0 \to 1} f_{0i} = 1. \qquad [1\text{-}6\,a]$$

Zur Unterscheidung werden die zu dieser Normierung gehörenden Aktivitäten, die rationellen Aktivitäten, mit dem Symbol a_{0i} und die zugehörigen rationellen Aktivitätskoeffizienten mit f_{0i} bezeichnet.

Die Bezugspotentiale $\mu_i^{\infty}(P,T)$ der gelösten Komponenten sind ebenso wie die $\mu_i^{\ominus}(P,T)$ konzentrationsunabhängige Größen, hängen aber im Gegensatz zu diesen von den Eigenschaften des Lösungsmittels ab.

---

*) Den IUPAC-Empfehlungen folgend[4]) werden Eigenschaften reiner Phasen mit hochgestelltem Symbol *, Eigenschaften von Komponenten in unendlicher Verdünnung mit hochgestelltem Symbol $^{\infty}$ charakterisiert, die hochgestellten Symbole $^{\circ}$ und $^{\ominus}$ bedeuten ganz allgemein einen Bezugsstand.

[3]) *Kortüm, G.*, Einführung in die chemische Thermodynamik (Weinheim 1960).

[4]) *McGlashan, M. L.*, Manual of Symbols and Terminology for Physicochemical Quantities and Units (London 1970).

1.2. Thermodynamische Behandlung von Elektrolytlösungen

Die thermodynamische Behandlung von Elektrolytlösungen nach dem Ansatz Gl. [1-6] bietet keine Schwierigkeit, wenn neben dem Lösungsmittel Y_0 die elektrisch neutralen Formeleinheiten der gelösten Elektrolyte Y_i ($i = 1,2\ldots$) als Komponenten gezählt werden. Eine wäßrige Natriumchloridlösung ist z. B., unbeschadet der Dissoziation von NaCl in seine Ionen, ein binäres Gemisch der Komponenten H_2O und NaCl.

Bei vollständiger Dissoziation der Elektrolyte Y_i, die man mit Hilfe der Symbole $X_s^{z_s}$ für ihre Ionen (z_s ist die Valenz des Ions) ($s = 1,2\ldots$) und der stöchiometrischen Zahlen $\nu_s^{(i)}$ als

$$Y_i = (X_1^{z_1})_{\nu_1^{(i)}} (X_2^{z_2})_{\nu_2^{(i)}} \ldots = \prod_s (X_s^{z_s})_{\nu_s^{(i)}} \qquad [1\text{-}7]$$

darstellen kann, folgt

$$Y_i \to \sum_s \nu_s^{(i)} X_s^{z_s}. \qquad [1\text{-}8]$$

Die mit den Molzahlen n_s der Ionen

$$n_s = \sum_{i=1}^{k} \nu_s^{(i)} n_i \qquad [1\text{-}9]$$

geforderten konjugierten intensiven Variablen μ_s, die chemischen Potentiale der Einzelionen, stehen zu den chemischen Potentialen der Elektrolytkomponenten Y_i in der Beziehung

$$\mu_i = \sum_s \nu_s^{(i)} \mu_s. \qquad [1\text{-}10]$$

Mit der Annahme eines chemischen Potentials gemäß Gl. [1-6] und [1-6a] für jede Ionenspezies X_s folgt aus Gl. [1-10]

$$\mu_i(P,T) = \mu_i^{\infty}(P,T) + \sum_s \nu_s^{(i)} RT \ln x_s f_{0s} \qquad [1\text{-}11]$$

$$\mu_i^{\infty}(P,T) = \sum_s \nu_s^{(i)} \mu_s^{\infty}(P,T). \qquad [1\text{-}11\,a]$$

Eine einfache Umformung von Gl. [1-11] liefert die Definition eines Aktivitätsausdruckes, der mittleren Aktivität $a_{\pm}^{(i)}$ für die Elektrolytkomponente Y_i

$$\mu_i(P,T) = \mu_i^{\infty}(P,T) + \nu_i RT \ln a_{\pm}^{(i)}; \quad \nu_i = \sum_s \nu_s^{(i)} \qquad [1\text{-}12]$$

mit

$$a_{\pm}^{(i)} = x_{\pm}^{(i)} f_{\pm}^{(i)}; \quad x_{\pm}^{(i)} = \prod_s [x_s^{\nu_s^{(i)}}]^{1/\nu_i}; \quad f_{\pm} = \prod_s [f_{0s}^{\nu_s^{(i)}}]^{1/\nu_i}. \qquad [1\text{-}13]$$

$x_{\pm}^{(i)}$ heißt der mittlere Molenbruch, $f_{\pm}^{(i)}$ der mittlere Aktivitätskoeffizient der Elektrolytkomponente Y_i.

Gebräuchlicher als das Konzentrationsmaß *Molenbruch* x sind in der Elektrochemie die Konzentrationsmaße *Molalität* m [mol/kg Lösungsmittel] und *Molarität* c [mol/Liter Lösung]. Den Konzentrationsmaßen m und c sind die praktischen Aktivitätskoeffizienten γ und y zugeordnet.

$$\mu_i(P,T) = \mu_i^{\infty(m)}(P,T) + \nu_i RT \ln m_\pm^{(i)} \gamma_\pm^{(i)} \qquad [1\text{-}14]$$

$$\mu_i(P,T) = \mu_i^{\infty(c)}(P,T) + \nu_i RT \ln c_\pm^{(i)} y_\pm^{(i)}. \qquad [1\text{-}15]$$

Für die Umrechnung ergeben sich die Beziehungen

$$f_\pm^{(i)} = \gamma_\pm^{(i)}[1 + 10^{\sigma} M_0 \Sigma \nu_i m_i] = y_\pm^{(i)} \frac{1}{d_0}[d + 10^{\sigma'} \Sigma c_i(\nu_i M_0 - M_i)] \qquad [1\text{-}16]$$

$$\mu_i^{\infty}(P,T) = \mu_i^{\infty(m)}(P,T) + \nu_i RT \ln \frac{10^{-\sigma}}{M_0} = \mu_i^{\infty(c)}(P,T) + \nu_i RT \ln \frac{10^{-\sigma'} d_0}{M_0}. \qquad [1\text{-}17]$$

In diesen Gleichungen bedeutet M_0 die molare Masse des Lösungsmittels, d_0 seine Dichte, M_i die molare Masse der Elektrolytkomponente Y_i und d die Dichte der Lösung [SI: $\sigma = 0$, $\sigma' = 3$; cgs: $\sigma = \sigma' = -3$].

Die Kenntnis der Aktivitätskoeffizienten eröffnet Möglichkeiten der Bestimmung thermodynamischer Eigenschaften aus der Verknüpfung mit den partiellen molaren Größen gemäß Tab. 1.

Tab. 1. Beziehungen zwischen partiellen molaren Größen und Aktivitätskoeffizienten der Lösungspartner

Lösungsmittel	Elektrolytkomponente
$G_0 - G_0^* = RT \ln x_0 f_0$	$G_i - G_i^{\infty} = \nu_i RT \ln x_\pm^{(i)} f_\pm^{(i)}$
$V_0 - V_0^* = RT \left(\frac{\partial \ln f_0}{\partial P}\right)_{T,n_j}$	$V_i - V_i^{\infty} = \nu_i RT \left(\frac{\partial \ln f_\pm^{(i)}}{\partial P}\right)_{T,n_j}$
$H_0 - H_0^* = -RT^2 \left(\frac{\partial \ln f_0}{\partial T}\right)_{P,n_j}$	$H_i - H_i^{\infty} = -\nu_i RT^2 \left(\frac{\partial \ln f_\pm^{(i)}}{\partial T}\right)_{P,n_j}$
$S_0 - S_0^* = -RT \left(\frac{\partial \ln f_0}{\partial T}\right)_{P,n_j} - R \ln x_0 f_0$	$S_i - S_i^{\infty} = -\nu_i RT \left(\frac{\partial \ln f_\pm^{(i)}}{\partial T}\right)_{P,n_j} - \nu_i R \ln x_\pm^{(i)} f_\pm^{(i)}$
$C_{P0} - C_{P0}^* = -R \frac{\partial}{\partial T}\left(T^2 \frac{\partial \ln f_0}{\partial T}\right)_{P,n_j}$	$C_{Pi} - C_{Pi}^* = -\nu_i R \frac{\partial}{\partial T}\left(T^2 \frac{\partial \ln f_\pm^{(i)}}{\partial T}\right)_{P,n_j}$

Nur eine kleine Gruppe von Elektrolyten liegt in Lösung im Sinne der vorangehenden Betrachtungsweise vollständig dissoziiert vor. Sie gehört der Klasse der *echten* oder *ionophoren* Elektrolyte an. Ionophore Elektrolyte sind Substanzen, die bereits als reine Phasen ihre Ionen in Ionengitterkristallen enthalten, z. B. die Alkalihalogenide. Eine zweite Klasse von Substanzen, die *potentiellen* oder *ionogenen* Elektrolyte, z. B. Carbonsäuren, erzeugt ihre Ionen erst in einer chemischen Reaktion mit Molekülen der Lösung. Echte Elektrolyte dissoziieren in Lösung vollständig, bilden aber in Lösungsmitteln hinreichend niedriger Dielektrizitätszahl auf Grund coulombscher Kräfte zwischen gegensinnig geladenen Ionen Assoziate, z. B.

$$Na^+ + Cl^- \xrightleftharpoons[CH_3COCH_3]{} [Na^+Cl^-]^0 .$$

Die ionenerzeugende Reaktion der potentiellen Elektrolyte mit dem Lösungsmittel verläuft unvollständig, z. B.

$$CH_3COOH + H_2O \rightleftarrows CH_3COO^- + H_3O^+ .$$

Beide Prozesse werden durch thermodynamische Gleichgewichtskonstanten K_A (Assoziationskonstante) oder K_D (Dissoziationskonstante) beschrieben.

Zur Untersuchung der Aussagemöglichkeiten der Thermodynamik für den mit Assoziation und Dissoziation verbundenen Problemkreis wird eine binäre Lösung aus dem Lösungsmittel Y_0 = L und der Elektrolytkomponenten $Y_1 = Y = K^{z_+}_{\nu_+} A^{z_-}_{\nu_-}$ betrachtet. Y möge nach vollständiger Dissoziation Ionenassoziate vom Typ $A = K^{z_+}_{w_+} A^{z_-}_{w_-}$ bilden. Das chemische Potential von Y ist

$$\mu_Y = \mu_Y^\infty + \nu RT \ln x_\pm f_\pm \qquad [1\text{-}18]$$

mit $x_+ = \nu_+ \tilde{x}_Y$ und $x_- = \nu_- \tilde{x}_Y$*). Nimmt man an, daß ein Bruchteil $(1 - \alpha)$ der Kationen der Lösung zur Bildung des Assoziates A erforderlich ist, so sind die *wirklichen* Molenbrüche der verschiedenen Spezies in der Lösung

$$x'_+ = \alpha \nu_+ \tilde{x}_Y ; \; x'_- = \left[\nu_- - (1 - \alpha) \frac{w_-}{w_+} \nu_+\right] \tilde{x}_Y ; \; x'_A = (1 - \alpha) \frac{\nu_+}{w_+} \tilde{x}_Y$$

und die dieser Gegebenheit entsprechende Darstellung des chemischen Potentials der Komponente Y ist

$$\mu_Y = \alpha \nu_+ \mu'_+ + \left[\nu_- - (1 - \alpha) \frac{w_-}{w_+} \nu_+\right] \mu'_- + (1 - \alpha) \frac{\nu_+}{w_+} \mu'_A . \qquad [1\text{-}19]$$

Das Assoziat A steht mit den freien Ionen der Lösung im Gleichgewicht

$$\mu'_A = w_+ \mu'_+ + w_- \mu'_- . \qquad [1\text{-}20]$$

Aus den Gln. [1-19] und [1-20] folgt

$$\mu_Y = \mu_Y'^\infty + \nu RT \ln x'_\pm f'_\pm \qquad [1\text{-}21]$$

und wegen der Gleichheit von $\mu_Y'^\infty$ und μ_Y^∞ ergibt sich aus dem Vergleich von Gl. [1-18] mit Gl. [1-21]

$$f_\pm^\nu = f_\pm'^\nu \alpha^{\nu_+} \left[1 - (1 - \alpha) \frac{w_-}{w_+} \frac{\nu_+}{\nu_-}\right]^{\nu_-} . \qquad [1\text{-}22]$$

*) Abweichend vom üblichen *stöchiometrischen* Molenbruch $\frac{n_Y}{n_L + n_Y}$ für die Elektrolytkomponente Y findet bei einem solchen Ansatz entsprechend der Herleitung von Gl. [1-18] der *Molenbruch des Elektrolyten* $\tilde{x}_Y = \frac{n_Y}{n_L + n_+ + n_-}$ Verwendung.

Ein einfacher aber häufiger Sonderfall liegt vor, wenn $\nu_+ = w_+$ und $\nu_- = w_-$ ist. Die Formeleinheit des Elektrolyten Y und das Assoziat A sind dann identisch. Das ist der Fall der Ionenpaarbildung oder auch der der unvollständigen Dissoziation eines symmetrischen Elektrolyten. Hier folgt aus Gl. [1-22]

$$f_\pm = \alpha f'_\pm \,. \qquad [1\text{-}23]$$

Weiterhin folgt aus der Gleichgewichtsbedingung Gl. [1-20]

$$\mu_A^\infty - w_+ \mu_+^\infty - w_- \mu_-^\infty = -RT \ln \frac{x'_A}{x'^\nu_\pm} \frac{f'_A}{f'^\nu_\pm}$$

wobei

$$K_A^{(x)} = \frac{x'_A}{x'^\nu_\pm} \frac{f'_A}{f'^\nu_\pm} \qquad [1\text{-}24]$$

die Gleichgewichtskonstante des Assoziationsprozesses ist. Die Gleichgewichtskonstante des entsprechenden Dissoziationsprozesses ist $K_D = K_A^{-1}$. Insbesondere folgt für symmetrische Elektrolyte im Konzentrationsmaß der Molarität

$$K_A^{(c)} = \frac{1-\alpha}{\alpha^2 c_Y} \frac{y'_A}{y'^2_\pm} = \frac{1}{K_D^{(c)}} \,. \qquad [1\text{-}25]$$

1.3. Verteilungsfunktionen

Die Modellbetrachtungen der Elektrolyttheorie gehen vom System „vollständig dissoziierter Elektrolyt/Lösungsmittel" aus. In Lösung liefern die Elektrolytkomponenten Y_i Teilchendichten ρ_s an Ionen $X_s^{z_s}$. Für die Verteilung der Ionen in der Lösung sind die zwischen allen Teilchen, Ionen und Lösungsmittelmolekülen, wirkenden Kräfte verantwortlich. Zu diesen kommen bei der Beschreibung von Transporteigenschaften äußere Kräfte. Die Ionenverteilung wird durch Paarverteilungsfunktionen [5])

$$f_{ij}(\boldsymbol{r}_1,\boldsymbol{r}_{21}) = \rho_i(\boldsymbol{r}_1)\rho_{ij}(\boldsymbol{r}_1,\boldsymbol{r}_{21}) = \rho_j(\boldsymbol{r}_2)\rho_{ji}(\boldsymbol{r}_2,\boldsymbol{r}_{12}) = f_{ji}(\boldsymbol{r}_2,\boldsymbol{r}_{12}) \qquad [1\text{-}26]$$

(vgl. auch [6, 7])) beschrieben. Hier bedeutet $\rho_{ij}(\boldsymbol{r}_1,\boldsymbol{r}_{21})$ die Dichte an Ionen X_j im Abstand $\boldsymbol{r}_{21}$ von einem Ion X_i in $P_1(\boldsymbol{r}_1)$ (vgl. Leg. zu Abb. 1). Beim Fehlen äußerer Kräfte nehmen die Ionen eine kugelsymmetrische Gleichgewichtsverteilung ein, in der ρ_i unabhängig vom Orte P_1 und $|\boldsymbol{r}_{21}| = r$ wird. Diese wird durch die Funktion

$$f_{ij}^0(r) = \rho_i \rho_{ij}^0(r) = \rho_j \rho_{ji}^0(r) = f_{ji}^0(r) \qquad [1\text{-}27]$$

beschrieben.

---

[5]) *Onsager, L.*, Physik. Z. **28**, 277 (1927).

[6]) *Falkenhagen, H.*, Theorie der Elektrolyte (Stuttgart 1971).

[7]) *Harned, H. S.* und *B. B. Owen*, The Physical Chemistry of Electrolytic Solutions, 3. Aufl. (New York 1958).

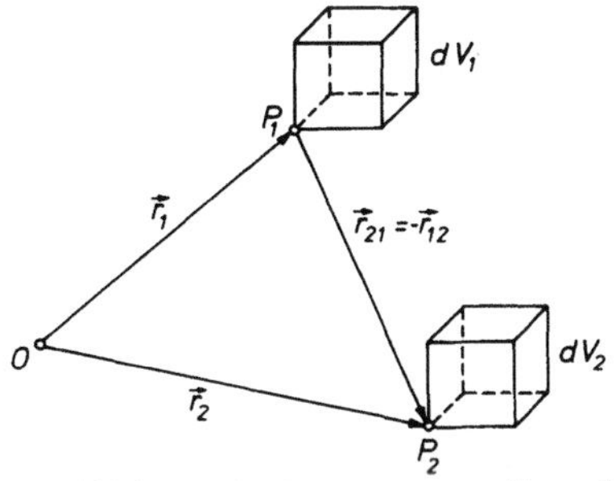

Abb. 1. Zur Ableitung der Ionenpaarverteilungsfunktion.
In den fixierten Volumina dV_1 und dV_2 wird über einen Beobachtungszeitraum Δt die Bevölkerung an Ionen der Art X_i und X_j registriert. Es ergibt sich ein Intervall $\Delta t_i = \alpha \rho_i \Delta t$ für den Aufenthalt eines X_i in dV_1 und ein solches $\Delta t_j = \alpha \rho_j \Delta t$ für den Aufenthalt eines X_j in dV_2 (α ist Proportionalitätsfaktor). Weiterhin ist $\Delta t_{ij} = \alpha \rho_{ij} dV_2 \Delta t_i$ das Zeitintervall, in dem ein X_j in dV_2 unter der Voraussetzung anzutreffen ist, daß dV_1 ein X_i beinhaltet. Analog ist $\Delta t_{ji} = \alpha \rho_{ji}\, dV_1 \Delta t_j$ zu verstehen. Wegen $\Delta t_{ij} = \Delta t_{ji}$ folgt Gl. [1-26].

Eine Theorie, die allen zwischenmolekularen Kräften Rechnung trägt, existiert noch nicht. In hinreichend verdünnten Lösungen befinden sich die Ionen so weit voneinander entfernt, daß die Wechselwirkung zwischen ihnen mit Hilfe des *Coulomb*gesetzes allein beschrieben werden kann. Die starken Wechselwirkungen zwischen Ionen und benachbarten Lösungsmittelmolekülen kann man in verschiedener Weise summarisch beschreiben: die Solvathülle wird mit den Ionen als starr verbunden angesehen, oder, die Strukturveränderung des Lösungsmittels in der Nähe der Ionen führt zu etwas veränderten elektrischen Kraftgesetzen.

Das klassische Modell der Elektrolytlösung betrachtet die Ionen als Gasmischung geladener Teilchen, die in ein homogenes isotropes Medium (Dielektrizitätszahl ε, Viskosität η) eingebettet sind. Ist $\psi_i^0(r)$ das elektrische Potential beim Fehlen äußerer Kräfte im Abstand r von einem Ion X_i, so erhält man unter Ansatz ausschließlich *Coulomb*scher Kräfte zwischen den Ionen die ortsabhängige Konzentration an X_j-Ionen in der Umgebung des X_i-Ions als Ergebnis einer *Boltzmann*verteilung und

$$f_{ij}^0 = \rho_i \rho_j \exp\left[-\frac{e_0 z_j \psi_i^0(r)}{kT}\right] = \rho_i \rho_j \sum_{\nu=0}^{\infty} \frac{1}{\nu!}\left[-\frac{e_0 z_j \psi_i^0(r)}{kT}\right]^\nu . \quad [1\text{-}28]$$

Die *Debye-Hückel*theorie [8]) begnügt sich mit dem Abbruch der Reihenentwicklung nach dem linearen Glied. Die Berücksichtigung höherer Potenzen in der Reihenentwicklung Gl. [1-28] erfolgte bei Beschränkung auf einen binären Elektrolyten in Lösung in den Arbeiten von *Gronwall, Sandved* und *La Mer* [9]) für den symmetrischen Elektrolyten bis $\nu = 5$ und von *La Mer, Gronwall* und *Greiff* [10]) für den unsymmetrischen Elektrolyten bis $\nu = 3$.

---

[8]) *Debye, P.* und *E. Hückel,* Physik. Z. **24**, 185 (1923).

[9]) *Gronwall, T. H., V. K. La Mer* und *K. Sandved,* Physik. Z. **29**, 358 (1928).

[10]) *La Mer, V. K., T. H. Gronwall* und *L. J. Greiff,* J. Physic. Chem. **35**, 2245 (1931).

Abweichend von der *Boltzmann*verteilung sollte nach *Wicke* und *Eigen*[11]) der Raumbedarf der Ionen die in der Volumeneinheit für die ν-Ionen zur Verfügung stehenden Plätze auf eine Zahl N_ν beschränken.

$$f_{ij}^0 = \rho_i \rho_j \frac{\exp\left[-\frac{e_0 z_j \psi_i^0(r)}{kT}\right]}{1 + \sum_{\nu=1}^{k} \frac{\rho_\nu}{N_\nu}\left[\exp\left(-\frac{e_0 z_\nu \psi_i^0(r)}{kT}\right) - 1\right]} \qquad [1\text{-}29]$$

Falkenhagen und Kelbg[12]) geben hierfür die Verteilungsfunktion Gl. [1-29] an, die für $k = 2$ und gleiche Besetzungszahlen für Kation und Anion in die vorher von *Wicke* und *Eigen* angegebene Form und mit unendlich großen Besetzungszahlen in Gl. [1-28] übergeht.

1.4. Aktivitätskoeffizienten

Nach *Debye* und *Hückel*[8]) kann zur Berechnung des elektrostatischen Potentials $\psi_i^0(r)$ die *Poisson*gleichung

$$\operatorname{div} \mathbf{grad}\, \psi_i^0(r) = -\frac{q_i(r)}{\epsilon_0 \varepsilon} \qquad [1\text{-}30]$$

angesetzt werden (kritische Würdigung hierzu vgl.[13])). ϵ_0 ist die elektrische Feldkonstante, ε die Dielektrizitätszahl (DZ) der Lösung, $q_i(r)$ ist die elektrische Ladungsdichte im Abstand r vom Ion X_i und selbst wieder durch die Paarverteilungsfunktion gegeben

$$q_i(r) = \sum_j \rho_{ij}^0(r) e_0 z_j = \frac{e_0}{\rho_i} \sum_j f_{ij}^0(r) z_j\,. \qquad [1\text{-}31]$$

Damit folgt aus Gl. [1-30]

$$\operatorname{div} \mathbf{grad}\, \psi_i^0(r) = -\frac{e_0}{\epsilon_0 \varepsilon} \frac{1}{\rho_i} \sum_j f_{ij}^0(r) z_j\,. \qquad [1\text{-}32]$$

Gl. [1-32] zusammen mit den Randbedingungen

$$\lim_{r \to \infty} \psi_i^0(r) = 0 \qquad [1\text{-}33\text{a}]$$

$$\epsilon_0 \varepsilon \iint_{(a_i)} \left(\frac{\partial \psi_i^0}{\partial r}\right) \mathrm{d}F = e_0 z_i \qquad [1\text{-}33\text{b}]$$

liefert bei Vorgabe der jeweiligen Verteilungsfunktion das Potential $\psi_i^0(r)$, von dem ausgehend die Aktivitätskoeffizienten f_{0i}, γ_{0i} oder y_{0i} der Einzel-

[11]) *Wicke, E.* und *M. Eigen,* Z. Elektrochem. **56**, 551 (1952); **57**, 319 (1953); Z. Naturforsch. **8a**, 161 (1953); *Eigen, M.* und *E. Wicke,* J. Physic. Chem. **58**, 702 (1954).

[12]) *Falkenhagen, H.* und *G. Kelbg*, Ann. Physik (6) **11**, 60 (1952); (6) **14**, 393 (1954); *Falkenhagen, H.* und *E. Schmutzer*, Naturwiss. **40**, 314 (1953); *Schmutzer, E.*, Wiss. Z. Univ. Rostock **3**, 9 (1954).

[13]) *Münster, A.*, Statistische Thermodynamik (Heidelberg-Berlin-New York 1956).

ionen durch einen hypothetischen Ladeprozeß errechnet werden können (vgl. hierzu z. B.[6])).

Die Randbedingung Gl. [1-33a] beschreibt das Verschwinden des Potentials in unendlicher Entfernung vom Referenzion X_i. Die Bedingung Gl. [1-33b] sagt aus, daß der Fluß des Verschiebungsvektors $D = \epsilon_0 \varepsilon E$ durch die Oberfläche einer Kugel mit dem Radius a_i, in deren Zentrum sich das Referenzion befindet und die keine weitere Ladung umschließt, gleich der eingeschlossenen Ladung $e_0 z_i$ ist. Die Wahl des Radius a_i ist nicht beliebig, wie häufig mit der Einführung von a_i als Ionenradius impliziert wird. Wegen Gl. [1-27] muß $a_i = a_j$ sein, was von vornherein der Festlegung als Ionenradius widerspricht. Die Annahme $a_i = 0$, die der eingangs aufgestellten Annahme vom Ionengas im homogenen Dielektrikum entspricht, ist im Rahmen der aufgezeigten Theorie widerspruchsfrei. Sie führt für das Ion X_s zum Aktivitätskoeffizienten

$$\ln f_{0s} = -z_s^2 \frac{e_0^2}{8\pi\epsilon_0 \varepsilon k T} \kappa . \qquad [1\text{-}34]$$

κ ist der reziproke Radius der Ionenwolke der *Debye*theorie

$$\kappa^2 = \frac{e_0^2}{\epsilon_0 \varepsilon k T} \sum_j \rho_j z_j^2 . \qquad [1\text{-}35]$$

Es ist in der Praxis üblich, statt der auf die Teilchendichte bezogenen Größe $\sum_j \rho_j z_j^2$ die auf die Konzentrationsmaße Molarität und Molalität bezogenen Größen, die ionale Konzentration Γ und die Ionenstärke I zu verwenden*)

$$\Gamma = \sum_j c_j z_j^2 ; \quad I = \tfrac{1}{2} \sum m_j z_j^2 . \qquad [1\text{-}36\text{a,b}]$$

Mit den Gln. [1-34] bis [1-36] ergibt sich, unabhängig vom Maßsystem, der mittlere Aktivitätskoeffizient einer Elektrolytkomponente Y in Lösung Gl. [1-13] als

$$\ln f_\pm = -A\sqrt{\Gamma} ; \quad A = \left(\frac{1}{\nu} \sum_s \nu_s z_s^2 \right) \frac{2{,}9710 \cdot 10^6}{\varepsilon^{3/2} T^{3/2}} . \qquad [1\text{-}37]$$

Im Gültigkeitsbereich des Grenzgesetzes gilt weiterhin

$$\ln f_+ = \ln \gamma_+ = \ln y_+ . \qquad [1\text{-}38]$$

*) Im SI ist ρ_j mit der Dimension $[m^{-3}]$ behaftet, im e.s.-System mit der Dimension $[\mathrm{cm}^{-3}]$. Damit folgt aus den Gln. [1.35] und [1-36].

$$\kappa^2(\text{e.s.}) = \frac{4\pi N_A e_0^2}{1000 \varepsilon k T} \Gamma ; \quad \kappa^2(\text{SI}) = \frac{1000 N_A e_0^2}{\epsilon_0 \varepsilon k T} \Gamma \qquad (a)$$

$$\kappa^2(\text{e.s.}) = \frac{8\pi N_A e_0^2 d_0}{1000 \varepsilon k T} I ; \quad \kappa^2(\text{SI}) = \frac{2 N_A e_0^2 d_0}{\epsilon_0 \varepsilon k T} I \qquad (b)$$

Die Gln. (b) gelten mit d_0 als der Dichte des reinen Lösungsmittels nur im Bereiche niedriger Elektrolytkonzentrationen.

Eine Erweiterung des Grenzgesetzes erfolgte zuerst mit $a_i \neq 0$ in der Randbedingung Gl. [1-33b] für das Potential $\psi_i^0(r)$. Mit der linearen Näherung für $f_{ij}^0(r)$ ergibt sich dann[14])

$$\ln f_{\pm} = -\frac{A\sqrt{\Gamma}}{1+\xi} + \frac{V_Y}{\nu}\frac{\xi^3}{24\pi N_A a^3}\sigma(\xi) \qquad [1\text{-}39]$$

mit $\xi = \kappa a$ und $\sigma(\xi) = \frac{3}{\xi^3}\left[1 + \xi - \frac{1}{1+\xi} - 2\ln(1+\xi)\right]$.

V_Y ist das partielle Molvolumen der Elektrolytkomponente.

Durch Integration der *Gibbs-Duhem*-Gleichung Gl. [1-3] bei $T = \text{const.}$ und $P = \text{const.}$ erhält man mit Gl. [1-39] die Aktivität des Lösungsmittels

$$\ln a_L = \ln x_L + \frac{V_L \xi^3}{24\pi N_A a^3}\sigma(\xi^3). \qquad [1\text{-}40]$$

Der zweite Term der rechten Seite in Gl. [1-39] ist selbst für $\kappa a = 1$ noch kleiner als 0,3% und damit in nahezu allen Anwendungsfällen ($\kappa a \ll 1$) vernachlässigbar. Damit erhält man eine vorher schon von *Debye* und *Hückel* angegebene Form des Aktivitätskoeffizienten[8])

$$\ln f_{\pm} = -\frac{A\sqrt{\Gamma}}{1+\kappa a}. \qquad [1\text{-}41]$$

Es ist bereits darauf hingewiesen worden, daß eine Deutung von a aus den Ionenradien nicht gegeben werden kann. Im Sinne der zugrundeliegenden Theorie mit ihrer summarischen Verarbeitung einer Vielzahl von Wechselwirkungskräften kann dem a-Parameter nur die Funktion eines Anpassungsparameters zukommen, der in erster Näherung diesen Kräften Rechnung trägt. In diesem Sinne ist auch eine abermalige Erweiterung des Ausdrucks für den Aktivitätskoeffizienten

$$\ln f_{\pm} = -\frac{A\sqrt{\Gamma}}{1+\kappa a} + B\Gamma \qquad [1\text{-}42]$$

zu verstehen, in dem *Hückel* den B-Term mit der Änderung der DZ des Lösungsmittels durch die Felder der eingebrachten Ionen begründet[15]), vgl. Gl. [4-33]. *Robinson* und *Stokes*[16]) zeigen, daß ein Ausdruck des Typs Gl. [1-42] zustande kommt, wenn in Gl. [1-41] der a-Parameter konzentrationsabhängig angenommen wird, was ja auch erwartet werden muß, wenn ihm die oben gegebene Bedeutung als Anpassungsparameter für die Wechselwirkungskräfte, insbesondere für die Nahwirkungen, gegeben wird.

Mit Kenntnis der Aktivitätskoeffizienten $f_{\pm}^{(i)}$ werden Ausdrücke für die partiellen molaren Größen in Tab. 1 zugänglich. Eine Zusammenstellung derselben findet man in der Monographie von *Harned* und *Owen*[7]).

---

[14]) *Fowler, R.* und *E. A. Guggenheim*, Statistical Thermodynamics (Cambridge 1965).

[15]) *Hückel, E.*, Physik. Z. **26**, 93 (1925).

[16]) *Robinson, R. A.* und *R. H. Stokes*, Electrolyte Solutions, 2. rev. Aufl. (London 1970).

Alle bisher angeführten Aktivitätskoeffizienten fußen auf der linearen Approximation der Exponentialfunktion in der Paarverteilungsfunktion $f_{ij}^0(r)$. Die Aktivitätskoeffizienten aus den weiteren in Abschnitt 1.3 angeführten Paarverteilungsfunktionen werden im Rahmen dieser Monographie nicht benötigt. Diese Paarverteilungsfunktionen haben jedoch Bedeutung für die im 3. Kapitel besprochenen Leitfähigkeitsgleichungen.

Für den assoziierenden bzw. nicht vollständig dissoziierten binären Elektrolyten ergibt sich wegen Gl. [1-23] der Aktivitätskoeffizient

$$\ln f_\pm = \ln f'_\pm + \ln\alpha\,. \qquad [1\text{-}43]$$

$f'_\pm$ ist der mittlere Aktivitätskoeffizient des Anteiles der Elektrolytkomponente, der in Form von freien Ionen vorliegt, α der Dissoziationsgrad. Im Gültigkeitsbereich des Grenzgesetzes Gl. [1-37] schreibt sich Gl. [1-43] z. B.

$$\ln f_\pm = -A\sqrt{\Gamma} + \ln\alpha\,. \qquad [1\text{-}44]$$

Im Gültigkeitsbereich der Gl. [1-41] bekommt der a-Parameter eine sinnvolle Deutung. Er legt die Grenze fest, von der ab ein Ion X_j in der Umgebung des betrachteten Zentralions X_s als freies Ion (nicht zum Assoziat gehörendes Ion) anzusprechen ist. Da Ionenpaare nicht notwendig Kontaktpaare sind, sondern auch Lösungsmittelmoleküle einschließen können, ist a auch nicht notwendig als die Summe der Ionenradien gegeben.

Zur Ionenassoziation existieren verschiedene Theorien, die im Folgenden dargelegt werden (vgl. insbesondere das 6. Kapitel). Die *Bjerrum*sche Theorie [17]) legt a auf den Wert

$$a = q = \frac{|z_+ z_-| e_0^2}{8\pi\epsilon_0 \varepsilon k T} \qquad [1\text{-}45]$$

fest. Damit folgt für den assoziierenden Elektrolyten

$$\ln y'_\pm = -\frac{A\sqrt{\Gamma}}{1 + \kappa q}\,. \qquad [1\text{-}46]$$

Der Aktivitätskoeffizient Gl. [1-46] ist unabhängig von der *Bjerrum*schen Assoziationstheorie begründet worden [18]).

Anzumerken ist, daß in der ionalen Konzentration Γ ebenso wie im *Debye*schen Parameter κ nur über „freie“ Ionen zu summieren ist. In Gl. [1-46] ist die Bedingung $f_{ij}^0(r) = f_{ji}^0(r)$ erfüllt.

Die Assoziationstheorie schließt die Existenz einer Lösung mit vollständig dissoziierter Elektrolytkomponente nicht grundsätzlich aus. Wenn q gleich (oder kleiner) dem kristallographischen Ionenradius ist, ist Assoziation nicht möglich. Solche Verhältnisse trifft man in wäßrigen Lösungen oder in Elektrolytlösungen mit Lösungsmitteln noch höherer DZ als der des Wassers näherungsweise an. Komplexere Fälle der Assoziation als die eines symmetri-

---

[17]) *Bjerrum, N.*, Kgl. Danske Vidensk. Selsk., mat.-fysiske Medd. **7**, Nr. 9 (1926).

[18]) *Fuoss, R. M.* und *L. Onsager*, Proc. nat. Acad. Sci. USA **47**, 818 (1961); *Skinner, J. F.* und *R. M. Fuoss*, J. Amer. Chem. Soc. **86**, 3423 (1964).

schen binären Elektrolyten können nach den in Abschnitt 1.2. gegebenen thermodynamischen Grundlagen behandelt werden. Auch die Existenz von mehr als einer Art von Ionenaggregaten in Lösung ist möglich (6. Kapitel).

1.5. Lösungsmittel

In elementarer Betrachtung wird das Lösungsmittel einer Elektrolytlösung als elektrostatisches und hydrodynamisches Kontinuum (Dielektrizitätszahl ε, Viskosität η) dargestellt. Diese Charakteristik, die Wechselwirkungen mit der Elektrolytkomponente nur mit Hilfe eben dieser beiden Eigenschaften und Wechselwirkungen der Lösungsmittelmoleküle untereinander gar nicht auszudrücken gestattet, erweist sich als unzureichend. Unter Verwendung von ε und η als „nullte" Näherung werden in den folgenden Kapiteln detailliertere Vorstellungen aufgezeigt, die dem chemischen Verhalten der Lösungsmittelkomponente und den Wechselwirkungen gerechter werden. Hierzu liefern die nicht durch das *Coulomb*gesetz zwischen den Ionen der Lösung beschreibbaren Effekte den Ausgangspunkt. Die *Friedmann*sche Klassierung der Solvatationsmodelle[19]) „hamiltonian-continuous-chemical" verdeutlicht die unterschiedlichen Betrachtungsweisen. *Hamilton*sche Modelle führen in statistisch-mechanischen Betrachtungen zur geschlossenen Darstellung. Kontinuumsmodelle benutzen makroskopische Variable in molekularen Bereichen und sprechen ihnen dort Ortsabhängigkeit zu. Chemische Modelle gehen von den chemischen Eigenschaften der Lösungspartner aus. Im Feld der beiden letzteren Betrachtungsweisen sind die Beiträge der folgenden Kapitel einzuordnen. Das *Frank*sche Modell (Abschnitt 2.4) ist ein Beispiel der einen, die *Kolthoff*sche Klassierung eines (Abschnitt 6.5) der andern Kategorie.

[19]) *Friedman, H. L.*, Chem. Britain **9**, 300 (1973).

2. Kapitel

Thermodynamische Eigenschaften nichtwäßriger Elektrolytlösungen

2.1. Allgemeine Grundlagen

Von einzelnen älteren Arbeiten, beginnend bei *Bjerrum* und *Larsson*[1]) abgesehen, ist die Untersuchung der thermodynamischen Eigenschaften nichtwäßriger Elektrolytlösungen erst in den sechziger Jahren in den Vordergrund des Interesses der Elektrochemie gerückt. Trotz der noch unbefriedigend gelösten Probleme in bezug auf die Eigenschaften der Einzelionen hat sie viele Informationen geliefert, die zum Verständnis der Elektrolytlösungen beigetragen haben.

Der zur Darstellung einer Elektrolytlösung führende Prozeß, die Lösung der Elektrolytkomponente (Y) im Lösungsmittel (L), wirft eine doppelte Fragestellung auf: Die Frage nach der Änderung der Struktur der Lösungsmittelkomponente und die nach dem Erscheinungsbild der Elektrolytkomponente in der fertigen Lösung. Die Diskussion des aufgezeigten Problemkreises basiert auf thermodynamischen Überlegungen, soweit sie das System Elektrolyt/Lösungsmittel betrifft, und hat damit eine experimentell und theoretisch exakte Grundlage. Wenn jedoch nach der Wechselwirkung zwischen den Einzelionen des Elektrolyten und dem Lösungsmittel gefragt wird, sind zusätzliche, nichtthermodynamische Ansätze erforderlich, deren Näherungsgrad nur schwer erfaßbar ist.

Die thermodynamische Behandlung baut auf der Diskussion der chemischen Potentiale $\mu_L(P,T)$ für das Lösungsmittel und ${}^{(L)}\mu_Y(P,T)$ für die in diesem Lösungsmittel gelöste Elektrolytkomponente auf. n_L mol des reinen Lösungsmittels besitzen einen Energieinhalt $n_L\mu_L^*$, n_Y mol der reinen Elektrolytkomponente $n_Y\mu_Y^*$. Demnach ist die *Gibbs*sche Energie des Systems vor dem Lösungsprozeß

$$G_{(\text{vor})} = n_L\mu_L^* + n_Y\mu_Y^* .$$

Die fertige Lösung besitzt die *Gibbs*sche Energie

$$G_{(\text{nach})} = n_L\mu_L + n_Y{}^{(L)}\mu_Y .$$

Damit ist der Lösungsprozeß mit der Änderung

$$\Delta_L G = n_L(\mu_L - \mu_L^*) + n_Y({}^{(L)}\mu_Y - \mu_Y^*) \qquad [2\text{-}1]$$

an *Gibbs*scher Energie verbunden.

---

[1]) *Bjerrum*, *N.* und *E. Larsson*, Z. physik. Chem. **127**, 358 (1927).

Bezieht man, wie bei Elektrolytlösungen üblich, das chemische Potential μ_L der Lösungsmittelkomponente auf das reine Lösungsmittel und das des Elektrolyten ${}^{(L)}\mu_Y$ auf die unendlich verdünnte Lösung (vgl. 1.2), so folgt aus Gl. [2-1]

$$\Delta_L G = n_L RT \ln a_L + n_Y({}^{(L)}\mu_Y^\infty - \mu_Y^*) + n_Y RT \ln {}^{(L)}a_{0Y}. \qquad [2\text{-}2]$$

Die molare Größe

$$\Delta_L G_Y^\infty = {}^{(L)}\mu_Y^\infty - \mu_Y^* \qquad [2\text{-}3]$$

ist die *Gibbs*sche Energie der Überführung von Y aus der reinen Phase in die unendlich verdünnte Lösung, die *Gibbs*sche Standardlösungsenergie. Von dieser leiten sich die Größen

$$\Delta_L S_Y^\infty = -\left(\frac{\partial \Delta_L G_Y^\infty}{\partial T}\right)_P \qquad [2\text{-}4]$$

$$\Delta_L H_Y^\infty = \Delta_L G_Y^\infty - T\left(\frac{\partial \Delta_L G_Y^\infty}{\partial T}\right)_P \qquad [2\text{-}5]$$

$$\Delta_L V_Y^\infty = \left(\frac{\partial \Delta_L G_Y^\infty}{\partial P}\right)_T \qquad [2\text{-}6]$$

$$\Delta_L C_{PY}^\infty = -T\left(\frac{\partial^2 \Delta_L G_Y^\infty}{\partial T^2}\right)_P = \left(\frac{\partial \Delta_L H_Y^\infty}{\partial T}\right)_P \qquad [2\text{-}7]$$

als Standardlösungsentropie, -enthalpie usw. ab.

$\Delta_L G_Y^\infty$ ist aus Löslichkeitsmessungen oder EMK-Messungen, $\Delta_L H_Y^\infty$ aus kalorimetrischen Messungen und $\Delta_L V_Y^\infty$ aus Dichtemessungen experimentell direkt zu erhalten (Abschnitt 2.3, 2.4 und 2.6). Die übrigen Größen werden abgeleitet (Abschnitt 2.3 und 2.5).

Liegt die reine Phase des Elektrolyten als Ionengitterkristall vor, wie z. B. bei den Alkalihalogeniden, so ist $\Delta_L G_Y^\infty$ in einem Kreisprozeß mit der Gitterenergie $\Delta_{\text{Gitter}} G_Y$ und der Solvatationsenergie $\Delta_{\text{solv}} G_Y^\infty$ zu verknüpfen (Abb. 2)

$$\Delta_L G_Y^\infty = -\Delta_{\text{Gitter}} G_Y + \Delta_{\text{solv}} G_Y^\infty. \qquad [2\text{-}8]$$

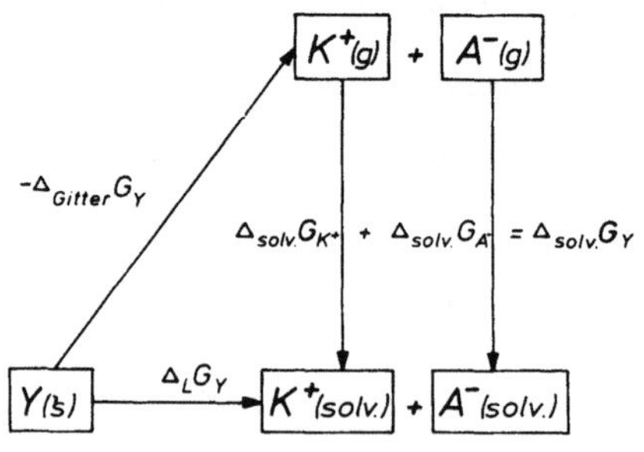

Abb. 2. Verknüpfung der Gitterenergie mit Lösungsenergie und Solvatationsenergie.

Demnach ergibt sich die Lösungsenergie als Summe der *Gibbs*schen Energie für die Überführung einer Formeleinheit des Elektrolyten in die Gasphase und Dissoziation in die Einzelionen und der *Gibbs*schen Energie für die Überführung aller Ionen der Formeleinheit aus der Gasphase in die flüssige Phase. Der erste Beitrag entspricht der negativen Gitterenergie $+ 2RT$, der zweite ist die Solvatationsenergie. Sie gilt für den Prozeß

$$K^+(g) + A^-(g) \rightarrow K^+(\mathrm{solv}) + A^-(\mathrm{solv})\,. \qquad [2\text{-}9]$$

Der über die Wechselwirkung Elektrolyt–Lösungsmittel informierende Schritt im Kreisprozeß Abb. 2 ist der Solvatationsprozeß Gl. [2-9]. Mangels vollständigen Datenmaterials – z. B. bei nicht definierter Gitterenergie – begnügt man sich häufig mit dem Vergleich von Solvatationsenergien in zwei verschiedenen Lösungsmitteln (L) und (L')

$$K^+(\mathrm{solv}, L') + A^-(\mathrm{solv}, L') \rightarrow K^+(\mathrm{solv}, L) + A^-(\mathrm{solv}, L)\,. \qquad [2\text{-}10]$$

Der Prozeß Gl. [2-10] entspricht der Überführung einer Formeleinheit des Elektrolyten Y aus unendlicher Verdünnung im Lösungsmittel (L') in unendliche Verdünnung im Lösungsmittel (L). Die zugehörige Energiegröße ist die Überführungsenergie $\Delta_T G_Y^\infty$ (T = transfer)

$$\Delta_T G_Y^\infty = \Delta_{\mathrm{solv}}^{(L)} G_Y^\infty - \Delta_{\mathrm{solv}}^{(L')} G_Y^\infty = \Delta_L^{(L)} G_Y^\infty - \Delta_L^{(L')} G_Y^\infty\,. \qquad [2\text{-}11]$$

Analog Gl. [2-4] bis [2-7] sind daraus die Überführungsgrößen $\Delta_T S_Y^\infty$, $\Delta_T H_Y^\infty$, $\Delta_T V_Y^\infty$ und $\Delta_T C_{PY}^\infty$ zu bilden. Als Differenz von Standardlösungspotentialen sind $\Delta_T H_Y^\infty$ und $\Delta_T V_Y^\infty$ ebenso wie $\Delta_T G_Y^\infty$ experimentell wiederum direkt bestimmbar.

Die Überführungsenergie $\Delta_T G_Y^\infty$ wird in der Literatur mitunter als Mediumeffekt referiert und mit einem Mediumkoeffizienten verknüpft. Führt man den Prozeß Gl. [2-10] für eine beliebige Elektrolytkonzentration durch, so gilt

$$\begin{aligned} \Delta_T G_Y &= {}^{(L)}\mu_Y - {}^{(L')}\mu_Y \\ &= \Delta_T G_Y^\infty + RT \ln \frac{{}^{(L)}a_{0Y}}{{}^{(L')}a_{0Y}}\,. \end{aligned} \qquad [2\text{-}12]$$

Die Gleichgewichtsverteilung von Y zwischen den beiden flüssigen Phasen verlangt $\Delta_T G_Y = 0$ und damit

$$\Delta_T G_Y^\infty = -RT \ln \frac{{}^{(L)}a_{0Y}}{{}^{(L')}a_{0Y}} = RT \ln K_{(L)}^{(L')} Y\,. \qquad [2\text{-}13]$$

Die Gleichgewichtskonstante $K_{(L)}^{(L')} Y$ charakterisiert die Verteilung des Elektrolyten zwischen den beiden Phasen im Sinne eines Verteilungskoeffizienten[2]). Dieser wird ebenso als Mediumaktivitätskoeffizient ${}_m\gamma_Y$ (z. B.[3,4]))

---

[2]) *Kolthoff, I. M.*, in: *J. C. Marchon*, Non-Aqueous Electrochemistry, S. 305 (London 1971).

[3]) *Popovych, O.*, Analyt. Chem. **38**, 558 (1966).

[4]) *Popovych, O.* und *H. J. Dill*, Analyt. Chem. **41**, 456 (1969).

referiert, wenn die Bezugsphase (L') die wäßrige Lösung ist. In dieser Betrachtungsweise ergibt sich ${}_m\gamma_Y$ aus dem Bezug der Aktivität ${}^{(L)}a_{0Y}$ auf ${}^{(W)}a_{0Y}$,

$$ {}^{(W)}a_{0Y} = {}_m\gamma_Y \cdot {}^{(L)}a_{0Y} \,. \qquad [2\text{-}14] $$

Damit ergibt sich bei Normierung der chemischen Potentiale auf unendliche Verdünnung

$$ {}^{(L)}\mu_Y^\infty - {}^{(W)}\mu_Y^\infty = RT \ln {}_m\gamma_Y \,. \qquad [2\text{-}15] $$

2.2. Chemische Potentiale der Einzelionen

Die Behandlung einer Elektrolytlösung, in der statt der Elektrolytkomponente die Einzelionen – Kationen K^+ und Anionen A^- – als Lösungspartner des Lösungsmittels betrachtet werden, wurde im 1. Kapitel dargestellt. Hier stellt sich nun das Problem, statt Gl. [2-9] getrennte Solvatationsprozesse

$$ K^+(g) \rightarrow K^+(\text{solv}); \quad A^-(g) \rightarrow A^-(\text{solv}) \qquad [2\text{-}16] $$

oder statt Gl. [2-10] getrennte Überführungsprozesse

$$ K^+(\text{solv}, L') \rightarrow K^+(\text{solv}, L); \quad A^-(\text{solv}, L') \rightarrow A^-(\text{solv}, L) \qquad [2\text{-}17] $$

mit Energiebilanzen zu verknüpfen. Das bedeutet die Einführung nichtthermodynamischer Annahmen, die zunächst in einem Überblick gegeben werden. Spezielle Verfahren werden in den folgenden Abschnitten behandelt.

Betrachtet man das Lösungsmittel wie in der *Debye-Hückel*theorie als homogenes isotropes Medium der Dielektrizitätszahl (DZ) ε, so läßt sich für ein kugelförmiges Ion X_i mit dem Radius r_i die *Gibbs*sche Solvatationsenergie berechnen, indem man dieses Ion in der Gasphase entlädt, als ungeladene Kugel in das Lösungsmittel überführt und diese dort auf den ursprünglichen Ladungsbetrag auflädt:

$$ \begin{aligned} \Delta_{\text{solv}} G_i^\infty &= \frac{N_A}{4\pi\epsilon_0} \int_{e_0 z_i}^{0} \frac{q}{r_i}\, dq + \Delta' G_i^\infty + \frac{N_A}{4\pi\epsilon_0} \int_{0}^{e_0 z_i} \frac{q}{\varepsilon r_i}\, dq \\ &= -\frac{N_A}{4\pi\epsilon_0} \frac{(e_0 z_i)^2}{2 r_i} \left[1 - \frac{1}{\varepsilon}\right] + \Delta' G_i^\infty \,. \end{aligned} \qquad [2\text{-}18] $$

In erster Näherung wird der Energiebetrag $\Delta' G_i^\infty$ für die Überführung der ungeladenen Kugeln vernachlässigt. Aus Gl. [2-18] folgt dann gemäß Gl. [2-4] und [2-5]

$$ \Delta_{\text{solv}} G_i^\infty = -\frac{N_A}{4\pi\epsilon_0} \frac{(e_0 z_i)^2}{2 r_i} \left[1 - \frac{1}{\varepsilon}\right] \qquad [2\text{-}18\,a] $$

$$ \Delta_{\text{solv}} S_i^\infty = \frac{N_A}{4\pi\epsilon_0} \frac{(e_0 z_i)^2}{2 r_i} \frac{1}{\varepsilon^2} \left(\frac{\partial \varepsilon}{\partial T}\right)_P \qquad [2\text{-}18\,b] $$

$$ \Delta_{\text{solv}} H_i^\infty = -\frac{N_A}{4\pi\epsilon_0} \frac{(e_0 z_i)^2}{2 r_i} \left[1 - \frac{1}{\varepsilon} - \frac{T}{\varepsilon^2} \left(\frac{\partial \varepsilon}{\partial T}\right)_P\right] \,. \qquad [2\text{-}18\,c] $$

Mit den kristallographischen Radien für Anion und Kation sollte

$$\Delta_{\text{solv}} G_Y^{\infty}(\text{exp}) = \Delta_{\text{solv}} G_{K^+}^{\infty} + \Delta_{\text{solv}} G_{A^-}^{\infty}$$

gefunden werden. Eine derartige Überprüfung fällt nicht zufriedenstellend aus. Verbesserungen der Modellbetrachtungen findet man bei *Laidler* et al.[5]), wo mittels einer variablen DZ[6,7]) in der Umgebung der Ionen der Orientierung der Lösungsmitteldipole Rechnung getragen wird, oder bei *Latimer*, *Pitzer* und *Slansky*[8]), die in den Gln. [2-18a] bis [2-18c] statt des kristallographischen Radius r_i einen effektiven Radius $r_i^{(\text{eff})} = r_i + \delta_i$ verwenden.

$$\Delta_{\text{solv}} G_i^{\infty} = -\frac{1}{4\pi\epsilon_0}\frac{N_A(e_0 z_i)^2}{2(r_i+\delta_i)}\left(1-\frac{1}{\varepsilon}\right) \qquad [2\text{-}19\text{a}]$$

$$\Delta_{\text{solv}} S_i^{\infty} = \frac{1}{4\pi\epsilon_0}\frac{N_A(e_0 z_i)^2}{2(r_i+\delta_i)}\left(1-\frac{1}{\varepsilon}\right)\left[\frac{(\partial\varepsilon/\partial T)_P}{\varepsilon(\varepsilon-1)} - \frac{(\partial\delta_i/\partial T)_P}{r_i+\delta_i}\right] \qquad [2\text{-}19\text{b}]$$

$$\Delta_{\text{solv}} H_i^{\infty} = -\frac{1}{4\pi\epsilon_0}\frac{N_A(e_0 z_i)^2}{2(r_i+\delta_i)}\left(1-\frac{1}{\varepsilon}\right)\left[1 - \frac{T(\partial\varepsilon/\partial T)_P}{\varepsilon(\varepsilon-1)} + \frac{T(\partial\delta_i/\partial T)_P}{r_i+\delta_i}\right] \qquad [2\text{-}19\text{c}]$$

In den Gln. [2-19a] bis [2-19c] wird in der Regel $(\partial\delta_i/\partial T)_P = 0$ gesetzt[9-12]). Der effektive Radius $r_i^{(\text{eff})} = r_i + \delta_i$ wird als Abstand der Ionenladung vom Dipol des nächsten Lösungsmittelmoleküls gedeutet, r_i ist dabei der kristallographische Radius des Ions. Diese Erklärung stützt sich auf eine Reihe experimenteller Befunde. Für die Alkalihalogenide findet man in Wasser $\delta_{K^+} = 0{,}85$ Å, $\delta_{A^-} = 0{,}1$ Å, in N,N-Dimethylformamid $\delta_{K^+} = 0{,}85$ Å, $\delta_{A^-} = 1{,}00$ Å (Ausnahme $\delta_{F^-} = 0{,}68$ Å)[11]). Die Orientierung der Wasserdipole in der Nachbarschaft der Halogenidionen macht das kleine Inkrement δ_{A^-} gegenüber δ_{K^+} verständlich. In DMF ist der Abstand des Dipolmittelpunktes zwischen Sauerstoff und Stickstoff zur Peripherie des Anions naturgemäß größer, jedoch sollte dort $\delta_{K^+} > \delta_{A^-}$ sein. Die Abweichung bei den größeren Anionen wird mit einem sterischen Effekt der Methylgruppen erklärt. Für Propylencarbonat ergibt sich ebenfalls $\delta_{K^+} = 0{,}85$ Å[9]). Dennoch sollte der Befund nicht überbewertet werden, denn die Gln. [2-19] setzen voraus, daß die Ionen sowohl in der Gasphase als auch in der flüssigen Phase mit dem gleichen effektiven Radius auftreten[12]). Bei der Berechnung der *Gibbs*schen Überführungsenergie

$$\Delta_T G_i^{\infty} = \Delta_{\text{solv}}^{(L)} G_i^{\infty} - \Delta_{\text{solv}}^{(L')} G_i^{\infty} \qquad [2\text{-}20]$$

ist die Basis gesünder, dort fällt der Gasphasenbezugszustand weg.

---

[5]) *Laidler, K. J.*, Canadian J. Chem. **37**, 138 (1959); *Laidler, K. J.* und *C. Pegis*, Proc. Roy. Soc. (London) **A 241**, 80 (1957).

[6]) *Booth, F.*, J. chem. Physics **19**, 391, 1327, 1615 (1951).

[7]) *Graham, D. C.*, J. chem. Physics **21**, 1054 (1953).

[8]) *Latimer, W. M.*, *K. S. Pitzer* und *C. M. Slansky*, J. chem. Physics **7**, 108 (1939).

[9]) *Bhatnagar, O. N.* und *C. M. Criss*, J. physic. Chem. **73**, 174 (1969).

[10]) *Friedman, H. L.* und *G. R. Haugen*, J. Amer. chem. Soc. **76**, 2060 (1954).

[11]) *Criss, C. M.* und *E. Luksha*, J. physic. Chem. **72**, 2966 (1968).

[12]) *Wu, Y.-C.* und *H. L. Friedman*, J. physic. Chem. **70**, 501 (1966).

Alternative Behandlungen und Verbesserungen zur Berechnung von Solvatationsenergien werden von *Friedman* und *Haugen*[10]), von *Noyes*[13]) und von *Stokes*[14]) gegeben. Weitere strukturelle Annahmen bei der Berechnung der Solvatationsenergie stammen von *Eley* und *Pepper*[15]) sowie von *Somsen*[16]). *Eley* und *Pepper* unterscheiden zwei Beiträge: Zunächst den Anteil, der mit der Bildung eines kugelförmigen Hohlraumes im Lösungsmittel verbunden ist, und dann den Anteil, der dem Einbringen der Ionenladung in Verbindung mit einer Orientierung der Lösungsmittelmoleküle in der ersten Solvathülle Rechnung trägt. Während *Eley* und *Pepper* die Ausrichtung der Lösungsmittelmoleküle nur auf Dipol-Ionwechselwirkungen gründen, berücksichtigt *Somsen*, auf den Arbeiten von *Buckingham*[17]) fußend, Multipolkräfte, Dispersions- und Induktionskräfte in weiteren Näherungen (s. auch[22])).

Die Anwendung der Gln. [2-18], [2-19] oder ähnlicher Ansätze in Verbindung mit Meßdaten beruht auf einer Anpassung der verfügbaren Parameter in Salzreihen mit gleichem Kation oder Anion[8, 18]). Diese Anpassung zielt auf die Erzeugung einer linearen Funktion ΔH oder ΔG in r_i^{-1} bzw. $(r_i + \delta_i)^{-1}$. *Izmaylov*[19]) führt an, daß alle Beiträge zur *Gibbs*schen Solvatationsenergie Funktionen vom Typ r^{-n} sind und begründet damit ein Extrapolationsverfahren zur Bestimmung dieser Größe für ein Einzelion X_i. *Feakins* und *Watson*[20]) basieren mit einer im Prinzip gleichen Extrapolationsmethode für die *Gibbs*schen Solvationsenergien, *Somsen*[21]) mit einer solchen für die Solvatationsenthalpien auf den Gleichungen [2-18a] bzw. [2-18c].

Mit den Daten einer Anionenreihe (gleiches Kation) ergibt die Darstellung

$$\Delta_{\text{solv}} H_Y^{\infty} = \Delta_{\text{solv}} H'_{K^+} + \frac{b}{r_{A^-}} \qquad [2\text{-}21]$$

lineare Funktionen, die mit $r_{A^-} \to \infty$ die experimentelle Solvatationsenthalpie $\Delta_{\text{solv}} H'_{K^+}$ des gemeinsamen Kations liefern. r_{A^-} sind die Radien der Anionen. Wegen der schlecht definierten Ionenradien der Kationen, insbesondere der kleinen Kationen, geht man bei der Bestimmung der Solvatationsenthalpien der Anionen von der Additivitätsregel aus.

$$\Delta_{\text{solv}} H_Y^{\infty} = \Delta_{\text{solv}} H'_{K^+} + \Delta_{\text{solv}} H'_{A^-}\,. \qquad [2\text{-}22]$$

Die für die Gesamtheit der Alkalihalogenide mit jedem der extrapolierten $\Delta_{\text{solv}} H'_{K^+}$-Werte nach Gl. [2-21] bestimmten $\Delta_{\text{solv}} H'_{A^-}$-Werte stimmen unter-

---

[13]) *Noyes, R. M.*, J. Amer. chem. Soc. **86**, 971 (1964).
[14]) *Stokes, R. H.*, J. Amer. chem. Soc. **86**, 979 (1964).
[15]) *Eley, D. D.* und *D. C. Pepper*, Trans. Faraday Soc. **37**, 581 (1941).
[16]) *Somsen, G.*, Rec. Trav. Chim. **85**, 526 (1966).
[17]) *Buckingham, A. D.*, Disc. Faraday Soc. **24**, 151 (1957).
[18]) *Verwey, E. J. W.*, Rec. Trav. Chim. **61**, 127 (1942).
[19]) *Izmailov, N. A.*, Zhur. Fiz. Khim. **34**, 2414 (1960).
[20]) *Feakins, D.* und *P. Watson*, J. chem. Soc. (London) **1963**, 4734.
[21]) *Somsen, G.*, Rec. Trav. Chim. **85**, 517 (1966).

einander zufriedenstellend überein. Eine weitergehende Berücksichtigung von Quadrupolkräften erfolgt nach *Somsen* [16]) über die Beziehung

$$\Delta_{\text{solv}} H_i^\infty = \Delta_{\text{solv}} H_i' \pm p\,. \qquad [2\text{-}23]$$

Die Parameter für Kationen $(-p)$ und Anionen $(+p)$ werden über halbempirische Rechenansätze bestimmt. Gleiche Extrapolationsverfahren verwendet man auch bei der Bestimmung von Überführungsenergien der Einzelionen $\Delta_T G_i^\infty$ und $\Delta_T H_i^\infty$ aus $\Delta_T G_Y^\infty$- bzw. $\Delta_T H_Y^\infty$-Werten.

De Ligny und *Alfenaar* [22]) weisen darauf hin, daß Extrapolationen dieser Art nur für den elektrostatischen Teil der Überführungsenthalpie statthaft sind und legen einen Anteil $\Delta G_{\text{neutral}}$ aus der Löslichkeit von Edelgasen fest, der bei Anwendung des Extrapolationsverfahrens zu berücksichtigen ist. *Feakins* und *Voice* trennen elektrostatische und nichtelektrostatische Anteile [23])

$$\Delta_T G_{K^+}^\infty = \Delta_T G_{K^+,\text{el}}^\infty + \Delta_T G_{K^+,\text{neutral}}^\infty \qquad [2\text{-}24]$$

und legen $\Delta_T G_{K^+,\text{neutral}}^\infty$ [ebenso $\Delta_T G_{A^-,\text{neutral}}^\infty$] als die Werte für Edelgase mit gleicher Konfiguration, gleichem Radius (bzw. gleicher Polarisierbarkeit) fest.

Ein weiteres Verfahren zur Bestimmung von Einzelionenpotentialen baut auf der Additivität ihrer Überführungspotentiale auf. Aus der Bestimmung von Überführungszahlen der Ionenwanderung ist bekannt, daß 1,1-Elektrolyte mit großen inerten Ionen ähnlicher Gestalt, wie Tetraisoamylammonium-, Triisoamylbutylammonium-, Tetraphenylphosphonium- oder Tetraphenylarsoniumtetraphenylborat, nahezu gleiche Einzelionenleitfähigkeit besitzen: $\lambda_+^\infty = \lambda_-^\infty = \frac{1}{2}\Lambda_Y^\infty$ (vgl. 3.9). Die Ladungen von Anion und Kation liegen zentral in einer dielektrischen Kugel, die von den Alkyl- bzw. Arylsubstituenten des ladungstragenden Zentralatoms gebildet wird. Spezifische Ion-Lösungsmittelwechselwirkungen werden dadurch für Anion und Kation angenähert gleich. Analog der Leitfähigkeitsbeziehung wird angenommen, daß

$$\log_m \gamma_{K^+} \approx \log_m \gamma_{A^-} \approx \tfrac{1}{2} \log_m \gamma_Y \qquad [2\text{-}25]$$

gilt. Die Arbeiten loc. cit. [2,4,24–26]) enthalten Beispiele zu diesem und zu verwandten Verfahren. Kritische Bewertung hierzu: vgl. [29,30]).

Strehlow et al. [27,28]) nehmen an, daß in den Redoxpaaren Ferrocen-Ferri-

---

[22]) *De Ligny, C. L.* und *M. Alfenaar*, Rec. Trav. Chim. **84**, 81 (1965); s. auch [71]) und die Weiterentwicklung des Verfahrens bei: *De Ligny, C. L., H. J. M. Denessen* und *M. Alfenaar*, Rec. Trav. Chim. **90**, 1265 (1971); *Bax, D., C. L. De Ligny* und *A. G. Remijnse*, Rec. Trav. Chim. **91**, 965, 1225 (1972); **92**, 374 (1973); *Bax, D., C. L. De Ligny* und *M. Alfenaar*, Rec. Trav. Chim. **91**, 452 (1972).

[23]) *Feakins*, D. und *P. J. Voice*, J.C.S. Faraday **68**/I, 1390 (1972).

[24]) *Grunwald, E., G. Baughman* und *G. Kohnstam*, J. Amer. chem. Soc. **82**, 5801 (1960).

[25]) *Alexander, R.* und *A. J. Parker*, J. Amer. chem. Soc. **89**, 5549 (1967).

[26]) *Parker, A. J.* und *R. Alexander*, J. Amer. chem. Soc. **90**, 3313 (1968).

[27]) *Strehlow, H.*, in: *J. J. Lagowski*, The Chemistry of Non-Aqueous Solvents, Vol. I, S. 129 (New York 1966).

[28]) *Koepp, H.-M., H. Wendt* und *H. Strehlow*, Z. Elektrochem. **64**, 483 (1960).

[29]) *Bockris, J. O'M.* und *A. K. N. Reddy*, Modern Electrochemistry, Vol. 1 (New York 1970).

[30]) *Coetzee, J. F.* und *J. J. Campion*, J. Amer. chem. Soc. **89**, 2513 (1967).

cinium und Cobaltocen-Cobaltocinium ungeladene Species und Ion im vorgegebenen Lösungsmittel gleichen Mediumaktivitätskoeffizienten besitzen. Diese Voraussetzung ist eine bessere Näherung als die Annahme, daß zwei hochgeladene Kationen eines Redoxsystems[31,32]) diese Bedingung erfüllen[4,30]) oder daß Rb^+ in allen Lösungsmitteln das gleiche Standardpotential[33]) besitze[4,27,28,34]). Eine ähnliche Annahme wie die letzt zitierte von *Pleskov*[33]) diskutieren *Parker* und *Alexander*[26]) für S_N2- oder S_NAr-Übergangskomplexionen, die mit keinem Lösungsmittel in spezifische Wechselwirkung treten sollen. Die Solvatation von Übergangskomplexen und Ionenpaaren in bezug auf Überführungsenergien untersuchte *Parker*[35]).

Bezüglich weiterer Verfahren der Bestimmung thermodynamischer Eigenschaften von Einzelionen und der Beurteilung solcher Verfahren wird auf die Übersichtsartikel von *Strehlow*[27]), von *Strehlow* und *Schneider*[36]) und von *Alfenaar* und *DeLigny*[71]) hingewiesen. Vergleichende Tabellen für Mediumaktivitätskoeffizienten findet man bei *Kolthoff*[2]), *Parker* und *Alexander*[26]), *Popovych* und *Dill*[4]) sowie *Padova*[37,38]).

2.3. Enthalpiebestimmungen

Die direkte Bestimmung der Lösungsenthalpie $\Delta_L H_Y^\infty$ ist aus kalorimetrischen Messungen möglich. Hierzu wird der Elektrolyt in Proben bekannter Menge dem Lösungsmittel zugesetzt. Lösungskalorimeter für Untersuchungen an nichtwäßrigen Elektrolytlösungen bedürfen besonderer Konstruktionsmerkmale, wenn das Lösungsmittel hohen Dampfdruck aufweist[39]).

In Lösungsmitteln mittlerer und niedriger DZ ist der Bildung von Ionenpaaren[12,40,45]) und höheren Assoziaten[12]) Rechnung zu tragen. Bei der Bestimmung der Lösungsenthalpie $\Delta_L H_Y^\infty$ benutzt man dann zweckmäßig Assoziationskonstanten, die in unabhängigen Messungen bestimmt worden sind, z. B. solche aus Leitfähigkeitsmessungen.

Tab. 2 enthält eine Zusammenstellung von Lösungsenthalpien $\Delta_L H_Y^\infty$ und $\Delta_{\text{Gitter}} H_Y$-Werten, soweit letztere bekannt oder bestimmbar sind.

---

[31]) *Nelson, I. V.* und *R. T. Iwamoto*, Analyt. Chem. **33**, 1795 (1961).

[32]) *Nelson, I. V.* und *R. T. Iwamoto*, Analyt. Chem. **35**, 867 (1963).

[33]) *Pleskov, V. A.*, Usp. Khim. **16**, 254 (1947).

[34]) *Strehlow, H.*, Z. Elektrochem. **56**, 827 (1952).

[35]) *Parker, A. J.*, in: *J. C. Marchon*, Non-Aqueous Electrochemistry, S. 345 (London 1971).

[36]) *Strehlow, H.* und *H. Schneider*, in: *J. C. Marchon*, Non-Aqueous Electrochemistry, S. 327 (London 1971).

[37]) *Padova, J.*, in: *B. E. Conway* und *J. O'M. Bockris*, Modern Aspects of Electrochemistry, Vol. 7, S. 1 (London 1972).

[38]) *Padova, J.*, in: *R. A. Horne*, Water and Aqueous Solutions: Structure, Thermodynamics, and Transport Processes, S. 109 (New York 1972).

[39]) *Barthel, J.*, Thermometric Titrations (New York 1975).

[40]) *De Visser, C.* und *G. Somsen*, Rec. Trav. Chim. **91**, 942 (1972).

Tab. 2a. Lösungsenthalpie $\Delta_L H_Y$ der Alkalisalze in verschiedenen Lösungsmitteln

Salz	$\frac{\Delta_{Gitter} H_Y^\infty}{kJ\,mol^{-1}}$	$\Delta_L H_Y^\infty/(kJ\,mol^{-1})$								
		Wasser[21])	Methanol	Formamid[21])	N-Methylformamid	N-Methylacetamid	N,N-Dimethylformamid	Dimethylsulfoxid	Propylencarbonat	Sulfolan
LiF	1025,5	+4,6	...	+20,5	...	...	...	...	...	...
LiCl	841,8	−37,2	−48,0[49])	−39,3	...	...	−49,5[47])	−45,6[42])	−7,1[53])	...
LiBr	800,0	−49,0	...	−56,1	...	...	−77,5[47])	−71,5[42])	−28,5[53])	...
LiI	742,2	−63,2	...	−76,6	−88,2[41])	−89,0[41])	−79,9[47])	−101,3[42])	−63,0[12])	...
									−64,0[53])	
NaF	911,7	+0,4	...	+5,9	...	...	...	...	...	...
NaCl	777,4	+3,8	−8,4[49,*])	−8,8	−5,2[44])	...	...	...	+25,5[53])	...
NaBr	738,9	−0,8	−16,7[49])	−18,4	−18,4[44])	...	−30,9[48])	...	+11,7[53])	...
NaI	688,3	−7,5	−29,3[49])	−31,0	−34,6[41])	−29,7[41])	−55,0[47])	−48,2[43])	−21,1[12])	−31,0[46])
					−34,6[44])				−15,9[53])	
KF	809,6	−17,6	...	−13,4	−10,9[41])	−8,2[41])	...	...	...	...
KCl	706,7	+17,2	+4,5[49,*])	+3,3	+1,6[41])	+5,5[41])	...	...	+23,4[53])	...
					+1,3[44])					
KBr	675,3	+20,1	+3,6[49,*])	+0,8	−3,5[41])	+1,3[41])	−16,3[48])	−11,3[42])	+16,3[53])	...
KI	632,2	+20,5	+0,7[49])	−4,2	+13,5[41])	−9,2[41])	−33,6[47])	−25,7[43])	−4,6[53])	...
								−27,2[42])		
RbF	776,1	−26,4	...	−22,2	...	...	...	...	...	...
RbCl	681,2	+16,7	+5,4[49])	+2,9	...	...	...	...	+20,1[53])	...
RbBr	652,3	+21,8	...	+2,9	...	...	...	...	+14,6[53])	...
RbI	613,0	+25,9	...	+0,8	−6,9[41])	−1,9[41])	−27,8[47])	...	+20,1[53])	...
CsF	723,4	−36,0	...	−31,8	...	...	...	...	...	...
CsCl	649,4	+17,2	+7,8[49])	+3,8	+3,7[44])	...	...	...	+19,2[53])	...
CsBr	623,4	+25,9	...	+7,5	...	...	...	...	+16,7[53])	...
CsI	587,0	+33,1	+17,4[9,47])	+9,2	+3,0[41])	+8,1[41])	−17,8[47])	−11,9[43])	+4,2[53])	...

*) Schätzwerte[49]).

Tab. 2b. Lösungsenthalpien $\Delta_L H_Y^\infty$ weiterer 1,1-Elektrolyte in verschiedenen Lösungsmitteln

Elektrolyt	$\frac{\Delta_{Gitter} H_Y^\infty}{kJ\,mol^{-1}}$	$\Delta_L H_Y^\infty/(kJ\,mol^{-1})$						
		Wasser	Methanol	Formamid	N,N-Dimethylformamid	Dimethylsulfoxid	Propylencarbonat	Sulfolan
$LiClO_4$	654,8[53]	−26,6[52]	...	...	...	...	−39,8[12]	−23,5[46]
$NaClO_4$	616,7[53]	+13,9[52]	−11,0[51]	...	...	...	−12,8[12]	−22,6[46]
$KClO_4$	...	+51,0[52]	...	...	...	...	...	+4,6[46]
$RbClO_4$	...	+56,7[52]	...	...	...	...	...	+8,5[46]
$CsClO_4$	...	+55,4[52]	...	...	...	...	...	+9,2[46]
$LiBPh_4$	451,0[53]	...	...	...	...	...	−133,9[53]	...
$NaBPh_4$	432,6[53]	−20,0[12]	−33,6[46]	...	−50,4[46]	−59,5[43]	−44,9[12]	−45,6[46]
$KBPh_4$	...	+39,4[12]	...	...	...	...	+3,1[12]	...
$RbBPh_4$	...	+49,1[12]	...	...	...	...	+10,1[12]	...
$CsBPh_4$	...	+51,9[12]	...	...	...	...	+10,0[12]	...
Me_4NBr	...	+24,8[50]	+29,2[51]	...	...	...	+22,1[50]	...
Me_4NI	...	+42,2[50]	+40,2[9]	...	+16,8[9]	...	+22,3[50]	...
Et_4NCl	...	−12,8[50]	−1,3[51]	...	+5,6[46]	+10,1[43]	+13,8[50]	+16,5[46]
Et_4NBr	...	+6,2[50]	+18,3[51]	...	...	+13,7[43]	+20,5[50]	+20,9[46]
Et_4NI	...	+27,9[50]	+33,4[9]	...	+12,3[46]	+20,3[43]	+25,4[50]	+23,1[46]
Et_4NClO_4	...	...	+34,5[51]	...	+7,5[46]	+16,3[46]	...	+15,2[46]
$n\text{-}Bu_4NBr$	...	...	...	+17,6[45]	+12,5[45]	...	...	...
Ph_4AsI	376,6[53]	+34,6[43]	+36,2[46]	...	+2,9[46]	+14,4[43]	+24,0[46]	+16,2[46]

Tab. 2c. Überführungsenthalpien ($H_2O \rightarrow L$) für Einzelionen[46]) $\Delta_T H_i^\infty/(\text{kJ mol}^{-1})$

Ion	Methanol	N,N-Dimethyl-formamid	Dimethyl-sulfoxid	Propylen-carbonat	Sulfolan
Li^+	−15,5	+6,3	−27,2	−0,2	+22,6
Na^+	−20,1	−24,7	−30,1	−13,8	−16,9
K^+	−19,7	−31,4	−35,4	−25,1	−26,8
Rb^+	−19,7	−30,1	...	−28,0	−28,5
Cs^+	−15,9	−28,5	−34,5	−31,0	−26,4
Me_4N^+	−0,2	−2,5	...	−20,1	...
Et_4N^+	+5,9	+6,7	+2,5	−3,3	+1,3
Ph_4As^+	+3,3	−9,0	−9,6	−10,9	−11,9
Cl^-	+8,0	+11,7	+21,3	+31,2	+28,0
Br^-	+3,7	−5,6	+4,6	+18,2	+14,0
I^-	−1,7	−22,6	−10,9	+0,4	−6,7
ClO_4^-	−4,6	−33,1	−20,1	−12,8	−19,7
Ph_4B^-	+3,3	−9,0	−9,6	−10,9	−11,9

Die Solvatationsenthalpien $\Delta_{solv} H_Y^\infty$ sind additiv bezüglich der Einzelionenenthalpien, wie sich aus dem Vergleich von Salzpaaren mit einem gleichen Ion ersehen läßt:

$$\Delta_{solv} H_{KCl}^\infty - \Delta_{solv} H_{NaCl}^\infty = \Delta_{solv} H_{KBr}^\infty - \Delta_{solv} H_{NaBr}^\infty .$$

Die darauf aufbauende Möglichkeit, die Solvatationsenthalpie eines Ions festzulegen und die übrigen darauf zu beziehen, ist begründet worden (vgl. [54, 55])).

Überführungsenthalpien der Einzelionen $\Delta_T H_i^\infty$ wurden von *Wu* und *Friedman*[12]) für Propylencarbonat (PC → aq.) mit der Annahme $\Delta_T H_{Na^+}^\infty = 0$ bestimmt. Andere Autoren[24, 43, 46]) gehen allgemein von $\Delta_T H_{Ph_4As^+}^\infty = \Delta_T H_{Ph_4B^-}^\infty$ aus Tab. 2c enthält Daten, die mit dieser Hypothese für die Überführung Wasser → Lösungsmittel (L) ermittelt worden sind[46]).

---

[41]) *Weeda, L.* und *G. Somsen*, Rec. Trav. Chim. **86**, 263 (1967).
[42]) *Rodewald, R. F., K. Mahendran, J. L. Bear* und *R. Fuchs*, J. Amer. chem. Soc. **90**, 6698 (1968).
[43]) *Arnett, E. M.* und *D. R. Mc Kelvey*, J. Amer. chem. Soc. **88**, 2598 (1966).
[44]) *Held, R. P.* und *C. M. Criss*, J. physic. Chem. **69**, 2611 (1965).
[45]) *De Visser, C.* und *G. Somsen*, J. chem. Thermodynamics **5**, 147 (1973).
[46]) *Choux, G.* und *R. L. Benoit*, J. Amer. chem. Soc. **91**, 6221 (1969).
[47]) *Weeda, L.* und *G. Somsen*, Rec. Trav. Chim. **86**, 893 (1967).
[48]) *Held, R. P.* und *C. M. Criss*, J. physic. Chem. **71**, 2487 (1967).
[49]) *Slansky, C. M.*, J. Amer. chem. Soc. **62**, 2430 (1940).
[50]) *Wu, Y.-C.* und *H. L. Friedman*, J. physic. Chem. **70**, 2020 (1966).
[51]) *Askew, F. A., E. Bullock, H. T. Smith, R. K. Tinkler, O. Gatty* und *J. H. Wolfenden*, J. chem. Soc. (London) **1934**, 1368.
[52]) *Parker, V. B.*, Thermal Properties of Aqueous Uni-univalent Electrolytes (Washington, D.C., 1965).
[53]) *Salomon, M.*, J. physic. Chem. **74**, 2519 (1970).
[54]) *Benjamin, L.* und *V. Gold*, Trans. Faraday Soc. **50**, 797 (1954).
[55]) *Noyes, R. M.*, J. chem. Educ. **40**, 2 (1963).

Bemerkenswert ist die nahezu gleiche Überführungsenthalpie für Ph_4As^+ und Ph_4B^- in allen aprotischen Lösungsmitteln und der deutliche Unterschied zu den protischen Lösungsmitteln Wasser und Methanol, für die wiederum nur geringe Unterschiede bestehen.

Für die Alkalimetallkationen, mit Ausnahme des harten Kations Li^+, findet man in den dipolar aprotischen Lösungsmitteln die Reihenfolge DMSO (Dimethylsulfoxid) > DMF (N,N-Dimethylformamid) > TMS (Sulfolan) > PC (Propylencarbonat). Wasser und mit graduellem Unterschied auch Methanol solvatisieren die Alkalimetallkationen mit steigender Größe weniger gut als aprotische Lösungsmittel. Für die Anionen ergibt sich die Reihenfolge der Lösungsmittel als DMF > DMSO > TMS > PC.

Verschiedene Autoren sind dazu übergegangen, beim Vergleich der Solvatationsenthalpien in aprotischen Lösungsmitteln nicht mehr Wasser, sondern eines der aprotischen Lösungsmittel selbst als Bezug zu wählen. Propylencarbonat eignet sich wegen seiner geringen Basizität und Eigenassoziation hierfür besonders gut[56]).

Die Zuverlässigkeit der Zahlenwerte für Einzelionenenthalpien ist schwer zu beurteilen, sie hängt vom ebenso schwer abschätzbaren Näherungscharakter des zur Gewinnung dieser Zahlenwerte angewandten Verfahrens ab.

2.4. Partielle molare Wärmekapazitäten

Nach *Arnett* und *Campion*[57]) gehören die partiellen molaren, aus der Temperaturabhängigkeit der Lösungswärmen bestimmbaren Lösungswärmekapazitäten

$$\Delta_L C_{PY}^{\infty} = C_{PY}^{\infty} - C_{PY}^{*} \qquad [2\text{-}26]$$

bzw. die dazugehörigen $\Delta_{\text{solv}} C_{PY}^{\infty}$-Werte oder auch die C_{PY}^{∞}-Werte unter den thermodynamischen Eigenschaften zu den geeignetsten Indikationen zur Beurteilung „strukturbildender" und „strukturbrechender" Wirkung der Elektrolyte im Lösungsmittel. Den Begriffen „strukturbrechend" und „strukturbildend" liegt das *Frank*sche Modell[58, 59]) zugrunde, vgl. auch[60]).

In Wasser haben anorganische Salze in der Regel negative partielle molare Wärmekapazitäten und zeigen damit ein Abfallen von $\Delta_L H_Y^{\infty}$ mit der Temperatur. Nichtelektrolyte, z. B. die Alkohole, liefern positive Wärmekapazitäten. Tetraalkylammoniumsalze zeigen mit Ausnahme der Me_4N^+-Verbindungen in wäßriger Lösung[57]) das gleiche Verhalten wie Nichtelektrolyte. Der mit der Kettenlänge wachsende exotherme Anteil resultiert aus nichtcoulombscher Wechselwirkung der hydrophoben Kohlenwasserstoffkette mit dem Wasser. Insbesondere die langkettigen Tetraalkylammoniumionen wirken auf Wasser

[56]) *Friedman, H. L.*, J. physic. Chem. **71**, 1723 (1967).
[57]) *Arnett, E. M.* und *J. J. Campion*, J. Amer. chem. Soc. **92**, 7097 (1970).
[58]) *Frank, H. S.* und *W.-Y. Wen*, Disc. Faraday Soc. **24**, 133 (1957).
[59]) *Frank, H. S.* und *M. W. Evans*, J. chem. Physics **13**, 507 (1945).
[60]) *Gurney, R. W.*, Ionic Processes in Solution (New York 1953).

in hohem Maße strukturinduzierend. n-Bu_4N^+ und i-Am_4N^+ bilden z. B. Klathrathydrate[63]).

C^{∞}_{PY}-Werte für nichtwäßrige Lösungen sind erst in jüngster Zeit bestimmt worden und liegen bisher nur in geringer Anzahl vor: für n-Bu_4NBr in Äthanol[57]), Me_4NBr in Methanol[61]) sowie n-Bu_4NBr in Formamid, N-Methylformamid, N-Methylacetamid und N,N-Dimethylformamid[45]). Die partiellen molaren Lösungswärmekapazitäten können durch Extrapolation der scheinbaren Molwärmen oder gemäß Gl. [2-7] aus der Lösungsenthalpie $\Delta_L H^{\infty}_Y$ gewonnen werden[62]).

Für Tetrabutylammoniumbromid (Tab. 3) ergibt sich in nichtwäßrigen Lösungsmitteln ein ausgeprägter Unterschied zu den wäßrigen Lösungen. Die $\Delta_L C^{\infty}_{PY}$-Werte fallen um eine Größenordnung kleiner aus. Die Wirkung dieser Salze ist jedoch auch in nichtwäßrigen Lösungsmitteln strukturbildend. In Lösungsmitteln niedriger DZ wie Äthanol[57]) und Dimethylformamid[61]) ergibt sich darüber hinaus eine deutliche Abhängigkeit der $\Delta_L C_{PY}$-Werte von der Salzkonzentration. Diese ist auf Ionenpaarbildung zurückzuführen.

2.5. Gibbssche Energie

Lösungsenergien $\Delta_L G^{\infty}_Y$ und daraus abgeleitete Solvatationsenergien $\Delta_{\text{solv}} G^{\infty}_Y$ sowie Überführungsenergien $\Delta_T G^{\infty}_Y$ sind aus EMK- oder Löslichkeitsmessungen zu erhalten.

Löslichkeitsmessungen

Die Standardenergie $\Delta_L G^{\infty}_Y$ ergibt sich bei Löslichkeitsmessungen unmittelbar aus der Gleichgewichtskonstante für den Lösungsprozeß

$$KA(s) \rightleftarrows K^+(\text{solv}) + A^-(\text{solv}) \qquad [2\text{-}27]$$

als

$$\Delta_L G^{\infty}_Y = -RT \ln {}^{(L)}K_Y . \qquad [2\text{-}28]$$

Bei den durchweg sehr niedrigen Konzentrationen an gelösten Ionen befindet man sich bei Löslichkeitsmessungen in der Regel im Bereich des *Debye-Hückel*schen Grenzgesetzes[11, 64, 38]).

In protischen Lösungsmitteln wie Methanol[65]), Formamid[66]) oder Ameisensäure[67]) nimmt in der Regel die Löslichkeit mit steigendem Kationenradius und fallendem Anionenradius ab. In aprotischen Lösungsmitteln ergibt sich

---

[61]) *Mastroianni, M. J.* und *C. M. Criss*, J. chem. Thermodynamics **4**, 321 (1972).

[62]) *Criss, C. M.* und *J. W. Cobble*, J. Amer. chem. Soc. **83**, 3223 (1961).

[63]) *Jeffrey, G. A.* und *R. K. McMullan*, in: *F. A. Cotton*, Progress in Inorganic Chemistry, Vol. 8, S. 43 (New York 1967).

[64]) *Popovych, O.* und *R. M. Friedman*, J. physic. Chem. **70**, 1671 (1966).

[65]) *De Ligny, C. L., D. Bax, M. Alfenaar* und *M. G. L. Elferink*, Rec. Trav. Chim. **88**, 1183 (1969).

[66]) *Becker, B.*, J. chem. Engng. Data **15**, 31 (1970).

[67]) *Pavlopoulos, K.* und *H. Strehlow*, Z. physik. Chem. **202**, 474 (1954).

Tab. 3. $\Delta_L C_{PY}^{\infty}$ und C_{PY}^{∞} von Tetraalkylammoniumbromiden

Temp. °C	Bu_4NBr					
	Wasser[45]		Äthanol[57]		Formamid[45]	
	$\Delta_L C_{PY}^{\infty}$ $JK^{-1} mol^{-1}$	C_{PY}^{∞} $JK^{-1} mol^{-1}$	$\Delta_L C_{PY}^{\infty}$ $JK^{-1} mol^{-1}$	C_{PY}^{∞} $JK^{-1} mol^{-1}$	$\Delta_L C_{PY}^{\infty}$ $JK^{-1} mol^{-1}$	C_{PY}^{∞} $JK^{-1} mol^{-1}$
0						
5	786	1185			174	573
10						
15	775	1177			169	571
20						
25	766	1178	42,7	454,8 *)	165	577
30						
35	757	1185			160	588
40						
45	747	1198			155	606
50						
55	738	1219			150	631

*) Mit $\Delta_L C_{PY}^{\infty} = 42{,}7\,JK^{-1}\,mol^{-1}$ und $C_{PY}^{\infty} = 412{,}1\,JK^{-1}\,mol^{-1}$ [45]) errechnet.

keine einheitliche Tendenz. Elektrolyte mit weichen Anionen sind gut löslich, bezüglich der Kationen wird die Reihenfolge der protischen Lösungsmittel gefunden[68,69]). Aprotische Lösungsmittel mit freien Elektronenpaaren wie DMSO, DMF, DMA lösen – infolge Wechselwirkung mit Kationen – gut. Eine Korrelation zwischen DZ des Lösungsmittels und Löslichkeit ist daher nicht generell gegeben.

EMK-Messungen

In galvanischen Zellen, in denen eine chemische Reaktion

$$\sum_{\alpha=1}^{\nu} \sum_{i=1}^{k} w_i^{(\alpha)} Y_i = 0 \qquad [2\text{-}29]$$

abläuft, bei der n Elektronen aus der Phase $\alpha = 1$ (Elektrode aus Metall $M^{(1)}$) in die Endphase $M^{(\nu)}$ (Elektrode aus dem gleichen Metall) überführt werden, ergibt sich die EMK E der Zelle gemäß

$$-nFE = \sum_{\alpha=1}^{\nu} \sum_{i=1}^{k} w_i^{(\alpha)} \mu_i^{(\alpha)} . \qquad [2\text{-}30]$$

In den Gln. [2-29] und [2-30] sind w_i die stöchiometrischen Zahlen der Reaktionsgleichung, α ist der Phasenindex, F ist die *Faraday*sche Zahl. Gl. [2-30]

[68]) *Dawson, L. R., J. E. Berger, J. W. Vaughn* und *H. C. Eckstrom*, J. physic. Chem. **67**, 281 (1963).
[69]) *Pistoia, G.* und *B. Scrosati*, Ric. Sci. **37**, 1173 (1967).

in verschiedenen Lösungsmitteln

Bu$_4$NBr				Me$_4$NBr[61])	
N-Methylformamid[45])		N,N-Dimethylformamid[45])		Wasser	Methanol
$\frac{\Delta_L C_{PY}^{\infty}}{\mathrm{J\,K^{-1}\,mol^{-1}}}$	$\frac{C_{PY}^{\infty}}{\mathrm{J\,K^{-1}\,mol^{-1}}}$	$\frac{\Delta_L C_{PY}^{\infty}}{\mathrm{J\,K^{-1}\,mol^{-1}}}$	$\frac{C_{PY}^{\infty}}{\mathrm{J\,K^{-1}\,mol^{-1}}}$	$\frac{C_{PY}^{\infty}}{\mathrm{J\,K^{-1}\,mol^{-1}}}$	$\frac{C_{PY}^{\infty}}{\mathrm{J\,K^{-1}\,mol^{-1}}}$
				60,3	150,6
95	494	169	568		
				77,4	110,9
85	487	154	556		
				94,6	74,1
75	487	139	551		
				111,3	41,8
65	493	124	552		
				127,2	14,6
55	506	109	560		
				141,8	−5,9
45	526	94	575		

setzt voraus, daß keine Phasengrenzen zwischen flüssigen Phasen auftreten, die zur Erzeugung eines Diffusionspotentials führen[70]).

Die Zelle

$$\mathrm{M}^{(1)}|\mathrm{MX}^{(2)}(m;L)|\mathrm{AgX}^{(3)}(s)|\mathrm{Ag}^{(4)} \qquad [2\text{-}31]$$

ist ein Beispiel dieser Klasse. $\mathrm{M}^{(1)}$ ist ein einwertiges Metall M als Phase 1. Die m-molale Lösung des Metallhalogenids im Lösungsmittel L bildet die Phase 2. Die Phase $\mathrm{M}^{(5)} = \mathrm{M}^{(1)}$ ist hier und in den folgenden Betrachtungen nicht mehr besonders aufgeführt. Die Zellenreaktion nach Gl. [2-29] ist

$$\mathrm{M}(s)^{(1)} + \mathrm{AgX}(s)^{(3)} \leftrightarrows \mathrm{MX}(\mathrm{solv})^{(2)} + \mathrm{Ag}(s)^{(4)}. \qquad [2\text{-}32]$$

Bezieht man in Gl. [2-30] die chemischen Potentiale der festen Phasen $\mathrm{M}^{(1)}$, $\mathrm{AgX}^{(3)}$ und $\mathrm{Ag}^{(4)}$ auf die reinen Phasen und dasjenige des gelösten Elektrolyten $\mathrm{MX}\,(\mathrm{solv})^{(3)}$ auf die unendlich verdünnte Lösung, so folgt mit

$$\mu_{\mathrm{MX}}^{\infty} + \mu_{\mathrm{Ag}(s)}^{*} - \mu_{\mathrm{M}(s)}^{*} - \mu_{\mathrm{AgX}(s)}^{*} = -F E^{0} \qquad [2\text{-}33]$$

und wegen $a_{\mathrm{Ag}(s)} = a_{\mathrm{AgX}(s)} = a_{\mathrm{M}(s)} = 1$

$$F E = F E^{0} - R T \ln a_{\mathrm{MX}} \qquad [2\text{-}34]$$

wobei $a_{\mathrm{MX}} = (m\gamma_{\pm})^{2}$ die Aktivität des gelösten Elektrolyten in der Phase 3 ist.

---

[70]) Zur Theorie der galvanischen Zellen wird auf Monographien verwiesen, z. B. *Münster, A.*, Chemische Thermodynamik (Weinheim 1969); *Vetter, K.*, Elektrochemische Kinetik (Heidelberg-Berlin-New York 1961).

Eine Auftragung der gemessenen E-Werte gegen m liefert mit $m \to 0$ das Standardpotential E^0. Bei dieser Extrapolation setzt man in der Regel im Bereich sehr kleiner Konzentrationen $\gamma_\pm$ nach *Debye-Hückel* voraus. Mit bekanntem E^0 und den experimentellen Werten E und m läßt sich dann $\gamma_\pm$ für Elektrolytkonzentrationen oberhalb des Gültigkeitsbereichs der *Debye-Hückel*theorie bestimmen, vorausgesetzt, die Elektrolytkomponente liegt im gegebenen Lösungsmittel vollständig dissoziiert vor.

Als Beispiel sei die Bestimmung von E^0 und $\gamma_\pm$ für Alkalihalogenide MX (M = Li, Na, K, Cs; X = Cl, Br) in wasserfreiem N-Methylformamid angeführt[75]). Die Metallelektrode ist eine tropfende Amalgamelektrode, deren bekannte Zusammensetzung die Umrechnung der Meßwerte auf solche einer Zelle vom Typ Gl. [2-31] gestattet. Die Standardpotentiale E^0 sind in Tab. 5 aufgeführt, die Aktivitätskoeffizienten in Tab. 4.

Tab. 4. Mittlere Aktivitätskoeffizienten $\gamma_\pm$ von Alkalihalogeniden in wasserfreiem N-Methylformamid[75])

m	LiCl	NaCl	NaBr	KCl	CsCl
0,02	0,923	0,938	0,958	0,945	0,954
0,04	0,876	0,906	0,943	0,921	0,936
0,06	0,834	0,878	0,934	0,895	0,922
0,08	0,796	0,881	0,925	...	...
0,10	...	0,885	...	...	...

Die Erweiterung des Meßbereiches für konzentrierte Lösungen $MX(m_2, L)$ bis zur Sättigungskonzentration kann mit Hilfe von Doppelzellen

$$Ag \mid AgX \mid MX(m_1, L) \mid M, Hg \mid MX(m_2, L) \mid AgX \mid Ag \qquad [2\text{-}35]$$

erfolgen, in die auf der linken Seite eine Lösung $MX(m_1, L)$ eingesetzt wird, deren Aktivitätskoeffizient zuvor nach obigem Verfahren bestimmt worden ist.

In Gl. [2-33] sind chemische Potentiale der Elemente in ihren reinen Phasen $\mu^*_{Ag(s)} = \mu^*_{M(s)} = 0$ zu setzen, die Bildungsenergie $\mu^*_{AgX(s)}$ ist Tabellenwerken zu entnehmen. Damit ist die *Gibbs*sche Energie der Solvatation für das Salz MX im Lösungsmittel L (s. Gl. [2-3 u. 8]) gegeben mit

$$\mu^\infty_{MX} = -F E^0 + \mu^*_{AgX(s)}. \qquad [2\text{-}36]$$

Unter Hinzuziehung der $\Delta_{solv} H^\infty_Y$-Werte aus kalorimetrischen Messungen[44]) erhält man die Gesamtheit der thermodynamischen Solvatationsdaten. Tab. 5 enthält die zugehörigen Standardbildungsdaten.

Die vollständigen thermodynamischen Daten des Solvatationsprozesses sind ebenfalls zu erhalten, wenn die Temperaturabhängigkeit von $\Delta_{solv} G^\infty_Y$ bestimmt wird.

In Lösungsmitteln mittlerer und niedriger DZ, in denen der Elektrolyt nicht vollständig dissoziiert vorliegt, muß die Auswertung der EMK-Werte

[71]) *Alfenaar, M.* und *C. L. De Ligny*, Rec. Trav. Chim. **86**, 929 (1967).

Tab. 5. Standardbildungsgrößen von Alkalimetallhalogeniden in *N*-Methylformamid[75])

Salz	$\frac{E^0}{V}$	$\frac{\Delta_f G_Y^\infty}{\text{kJ mol}^{-1}}$	$\frac{\Delta_f H_Y^\infty}{\text{kJ mol}^{-1}}$	$\frac{S_Y^\infty}{\text{J K}^{-1}\text{ mol}^{-1}}$
LiCl	3,1237	−411,7	(−463,6)	(−36,4)
NaCl	2,8067	−380,6	−416,4	+43,1
NaBr	2,7135	−357,7	−378,2	+57,7
KCl	3,0212	−401,2	−434,6	+63,2
CsCl	2,987	−397,9	−429,7	+89,1

die Gleichgewichtskonstante des Ionenassoziationsprozesses berücksichtigen. Die Assoziationskonstante K_A wird hierzu wiederum aus unabhängigen Messungen – z. B. aus Leitfähigkeitsmessungen – übernommen. Die EMK-Messungen bieten jedoch auch die Möglichkeit, Assoziationskonstanten K_A zu ermitteln[72]).

Solvatationsenergien für Alkalimetall-, Silber-, Erdalkalimetallhalogenide, Übergangsmetallchloride und Halogenwasserstoffsäuren sind in Methanol[19]) und weiteren Alkoholen[19, 73, 74]), N-Methylformamid[75]), N,N-Dimethylformamid[11]), Aceton[74]), Propylencarbonat[53]), Acetonitril[74]), Ammoniak[19]), Hydrazin[74]) und Ameisensäure[19]) bekannt. Bezüglich einiger Perchlorate, Tetraphenylborate, Tetraalkylammoniumsalze, Tetraphenylarsoniumsalze und anderer siehe[53, 76]).

Bei galvanischen Zellen, in denen zwei flüssige Phasen aneinander grenzen, wie z. B.

$$M_1^{(1)}|M_1X^{(2)}(m_1, L)||M_2X^{(3)}(m_2, L)|M_2^{(4)} \qquad [2\text{-}37]$$

ist der Diffusionsspannung E_D zwischen den flüssigen Phasen 2 und 3 Rechnung zu tragen. Mit der Zellenreaktion

$$M_1(s) + M_2X \leftrightarrows M_2(s) + M_1X \qquad [2\text{-}38]$$

ergibt sich die EMK der Zelle als

$$F(E - E_D) = FE^0 + RT \ln \frac{a_{M_2X}}{a_{M_1X}}. \qquad [2\text{-}39]$$

Diese Gleichung läßt sich analog Gl. [2-30] herleiten. Eine Analyse der Meßdaten ist nur möglich, wenn entweder die Diffusionsspannung E_D bestimmt

[72]) *Justice, M.-C.* und *J.-C. Justice*, 23rd Meeting of I.S.E. (C.I.T.C.E.), Extended Abstracts, S. 285 (Stockholm 1972).

[73]) *Izmailov, N. A.*, Dokl. Akad. Nauk SSSR **149**, 1364 (1963).

[74]) *Izmailov, N. A.*, Dokl. Akad. Nauk SSSR **149**, 1103 (1963).

[75]) *Luksha, E.* und *C. M. Criss*, J. physic. Chem. **70**, 1496 (1966).

[76]) *Haugen, G. R.* und *H. L. Friedman*, J. physic. Chem. **72**, 4549 (1968).

oder durch geeignete Methoden eliminiert wird. Zur rechnerischen Erfassung der Diffusionsspannung E_D vergleiche man loc. cit.[77-80]).

Die experimentelle Eliminierung des Diffusionspotentials besteht im Zwischenschalten einer möglichst hoch konzentrierten Lösung von Salzen, deren Ionen näherungsweise gleiche Einzelionenleitfähigkeiten aufweisen, als weitere Phase 2' zwischen die Phasen 2 und 3. Damit entstehen zwar zwei Diffusionsspannungen $E_D^{(2,2')}$ und $E_D^{(2',3)}$, die jedoch wesentlich kleiner sind als $E_D^{(2,3)}$.

Die Verwendung von Salzbrücken ist erfolgreich, wenn die beiden Phasen 2 und 3 einander im Lösungsmittel (L) gleich sind. Den Versuchen, die – mit der Zielsetzung einer Bestimmung von *Gibbs*schen Überführungsenergien – von Elektrolytlösungen in verschiedenen Lösungsmitteln L' und L ausgehen und E_D mittels einer Salzbrücke eliminieren[1]), steht die Überlegung entgegen, daß die Diffusionsspannung letztlich eine Funktion der Mediumkoeffizienten selbst ist.

Dagegen ist mit einer Doppelzelle vom Typ

$$\mathrm{Ag|AgX|MX}(L')\mathrm{|M, Hg|MX}(L)\mathrm{|AgX|Ag} \qquad [2\text{-}40]$$

die Überführungsenergie des Elektrolyten MX von L' nach L zugänglich

$$FE = FE^0 + RT[\ln^{(L)} a_{\mathrm{MX}} - \ln^{(L')} a_{\mathrm{MX}}]\,. \qquad [2\text{-}41]$$

Die Extrapolation der Meßwerte auf E^0 mit $m \to 0$ erfolgt wie im Falle der Zelle Gl. [2-31] unter Ansetzen der Aktivitätskoeffizienten nach *Debye-Hückel* im Niederkonzentrationsbereich.

$$\Delta_T G_Y^{\infty} = FE^0 = F[{}^{(L')}E^0 - {}^{(L)}E^0]\,. \qquad [2\text{-}42]$$

An Beispielen seien aus der neueren Literatur Arbeiten von *Feakins* et al. angeführt: mit L' = Wasser, L = Wasser-Methanolmischungen, M = Alkalimetall, X = Cl[23]); M = Na, X = Br, J[81]); L = Wasser-Dioxanmischungen, M = Alkalimetall, X = Cl[82]); L = Wasser-Methanolmischungen; M = Cd, X = Cl_2[83]), in letzterer Arbeit wird die Dissoziationskonstante des Prozesses $CdCl^+ \rightleftarrows Cd^{2+} + Cl^-$ bestimmt. Mit einer Doppelzelle Ag|AgCl|NaCl (m, L)|Pt, H_2|NaX (m, L)|AgX|Ag sind die Standardpotentiale der Ag|AgBr- und der Ag|AgI-Elektrode in verschiedenen Lösungsmitteln und Lösungsmittelgemischen bestimmt worden[84]).

---

77) *Kirkwood, J. G.* und *I. Oppenheim*, Chemical Thermodynamics (New York 1961).

78) *Planck, M.*, Ann. Physik und Chemie (3) **39**, 161 (1890); (3) **40**, 561 (1890); s. auch *Schlögl, R.*, Z. physik. Chem. N.F. **1**, 305 (1954).

79) *Henderson, P.*, Z. physik. Chem. **59**, 118 (1907); **63**, 325 (1908).

80) *Nernst, W.*, Z. physik. Chem. **4**, 129 (1889).

81) *Feakins, D.* und *P. J. Voice*, J.C.S. Faraday **69**/I, 1711 (1973).

82) *Benetto, H. P., D. Feakins* und *K. G. Lawrence*, J. chem. Soc. (London) **A 1968**, 1493.

83) *Feakins, D., A. S. Willmott* und *A. R. Willmott*, J.C.S. Faraday **69**/I, 122 (1973).

84) *Bax, D., C. L. De Ligny, M. Alfenaar* und *N. J. Mohr*, Rec. Trav. Chim. **91**, 601 (1972).

Ergänzend zu den in 2.2 beschriebenen Methoden ist hier das auf Überlegungen für Doppelzellen vom Typ

$$\text{Elektrode}|\text{Y(L')}|\text{Gasphase}|\text{Y(L)}|\text{Elektrode} \qquad [2\text{-}43]$$

basierende Verfahren zur Bestimmung „realer" *Gibbs*schen Ionensolvatationsenergien anzuführen[85, 86]).

Es ist in der analytischen Chemie üblich, galvanische Zellen mit Hilfe von Elektrodenreaktionen und damit verbundenen Elektrodenpotentialen zu beschreiben. In wäßriger Lösung sind die Elektrodenpotentiale als Standardpotentiale der Halbzellen tabelliert, sie bilden die Grundlage zu elektrochemisch-analytischen Verfahren[87]). Die Einbeziehung der Standardpotentiale nichtwäßriger Lösungen ist unter Verwendung der Mediumaktivitätskoeffizienten möglich und führt zu pH-Skalen nichtwäßriger Lösungsmittel[2, 3, 4])

$$^{(L)}\text{pH} = {}^{(W)}\text{pH} + \log {}_m\gamma_{H^+} \ . \qquad [2\text{-}44]$$

Die Bedeutung der Mediumaktivitätskoeffizienten für die analytische Chemie, insbesondere für ihre elektrochemischen Methoden, für Reaktionsmechanismen der organischen Chemie, für die organisch-elektrochemischen Systeme und für industrielle Anwendungen ist offensichtlich. Sie geben die Grundlagen zur Klassierung der Lösungsmittel in bezug auf ihre Solvatationseigenschaften[2, 38, 88]). Diese Frage wird im Zusammenhang mit der Ionenassoziation und der Komplexbildung im 6. Kapitel diskutiert.

2.6. Entropie

Lösungs- bzw. Solvatationsentropien sind bei gleichzeitiger Kenntnis der entsprechenden Werte der Enthalpien und der *Gibbs*schen Energien oder aber aus der Temperaturabhängigkeit der *Gibbs*schen Energien gegeben. Sie sind demnach aus Löslichkeitsmessungen, EMK-Messungen oder kalorimetrischen Messungen zu ermitteln.

Die Standardentropien $S_i^0(g)$ der Ionen in der Gasphase im Solvatationsprozeß

$$\Delta_{\text{solv}} S_i^\infty = S_i^\infty - S_i^0\,(g) \qquad [2\text{-}45]$$

sind durch die Gleichung von *Stern*, *Sackur* und *Tetrode* (vgl. z. B.[89])) berechenbar.

Die Ermittlung von $\Delta_{\text{solv}} S_i^\infty$-Werten erfolgt in üblicher Weise aus $\Delta_{\text{solv}} G_i^\infty$- und $\Delta_{\text{solv}} H_i^\infty$-Werten oder unter Verwendung von Gl. [2-19b] vgl.[11]). Neben

---

[85]) *Parsons, R.*, in: *J. O'M. Bockris*, Modern Aspects of Elektrochemistry, Vol. 1, S. 103 (London 1954).

[86]) *Case, B., N. S. Hush, R. Parsons* und *M. E. Peover*, J. Electroanalyt. Chem. **10**, 360 (1965); *Case, B.* und *R. Parsons*, Trans. Faraday Soc. **63**, 1224 (1967).

[87]) z. B. *Seel, F.*, Grundlagen der analytischen Chemie, 5. Aufl. (Weinheim 1970).

[88]) *Parker, A. J.*, Quart. Rev. **16**, 163 (1962); Chem. Rev. **69**, 1 (1969); *Miller, J.* und *A. J. Parker*, J. Amer. chem. Soc. **83**, 117 (1961).

[89]) *Sienko, M. J.* und *R. A. Plane*, Physikalische Anorganische Chemie (Stuttgart 1965).

den $\Delta_{solv} S_i^\infty$ sind jedoch wegen der Berechenbarkeit von $S_i^0(g)$ Standardentropien S_i^0 als „absolute partielle molare Entropien" angebbar[90, 91, 92].

Tab. 6 enthält eine Zusammenfassung von Solvatationsentropien für Elektrolyte, Tab. 7 eine solche für Einzelionen. Die Daten sind als $S_i^{\infty(x)}$-Werte in der Molenbruchskala angegeben. Die Umrechnung aus der Molalitätsskala erfolgt entsprechend den Angaben in Abschnitt 1.3.

Tab. 6. Partielle molare Standardentropien $S_Y^\infty/(JK^{-1}\,mol^{-1})$[92]

Elektrolyt	Wasser	D_2O	Methanol	Äthanol	Formamid	N-Methylformamid	N,N-Dimethylformamid
HCl	−11,7	...	−102,1	−143,5	−23,1	−48,5	...
LiCl	+2,5	+11,3	−84,1	−126,8	−3,8	−83,3	−133,1
LiBr	+28,0	+38,5	...	−107.5	...	−42,3	−107,9
LiI	+56,5	+68,6	...	−82,0	...	...	...
NaF	−16,3	−12,6	...	...	−36,8	...	...
NaCl	+48,5	+57,3	−54,0	...	+0,8	−3,7	...
NaBr	+74,1	+84,1	−31,8	−78,7	...	+10,9	−69,9
NaI	+102,5	+114,2	−14,2	−52,3	...	...	...
KCl	+90,8	+100,0	−21,3	...	+37,7	+16,3	...
KBr	+116,3	+126,8	+1,3	...	+59,0	...	−48,5
KI	+144,8	+156,9	+26,8	−20,9	+67,8	...	...
RbCl	+112,6	...	+2,5	...	+52,7	...	...
CsCl	+121,3	+131,4	+11,7	...	+61,9	+42,3	...
CsBr	+146,9	...	...	...	...	...	−7,5
CsI	+175,3	...	...	...	+121,3	...	+9,6

Tab. 7. „Absolute" Einzelionenstandardentropien $S_i^\infty/(JK^{-1}\,mol^{-1})$[92]

Ion	Wasser	D_2O	Methanol	Äthanol	Formamid	N-Methylformamid	N,N-Dimethylformamid
H^+	−54,4	...	−92,0	−110,9	−41,4	−56,5	...
Li^+	−40,2	−36,0	−74,1	−94,1	−22,2	−65,3	−97,5
Na^+	+5,9	+10,0	−43,9	−65,3	−17,6	−11,7	−59,4
K^+	+48,1	+52,7	−11,3	−33,5	+19,2	+8,4	−38,1
Rb^+	+69,9	...	+12,6	...	+34,3	...	...
Cs^+	+78,7	+84,5	+21,8	...	+43,5	+34,3	+2,9
F^-	−22,2	−22,6	...	...	−19,2	...	...
Cl^-	+42,7	+47,3	−10,0	−32,6	+18,4	+8,0	−35,6
Br^-	+68,2	+74,1	+12,1	−13,4	+39,7	+22,6	−10,5
I^-	+96,7	+104,6	+33,9	+12,6	+63,2	...	+6,7

[90]) *Latimer, W. M.* und *W. L. Jolly*, J. Amer. chem. Soc. **75**, 4147 (1953).

[91]) *Jakuszewski, B.* und *S. Taniewska-Osińska*, Lódz. Towarz. Nauk. Acta Chim. **4**, 17 (1959); **7**, 37 (1961); **8**, 11 (1962).

[92]) *Criss, C. M., R. P. Held* und *E. Luksha*, J. physic. Chem. **72**, 2970 (1968).

Zwischen den Entropiewerten ${}^{(L)}S_i^\infty$ im Lösungsmittel L und denen in wäßriger Lösung ${}^{(W)}S_i^\infty$ besteht nach *Criss*, *Held* und *Luksha*[92]) die Beziehung

$$ {}^{(L)}S_i^\infty = a + b\,{}^{(W)}S_i^\infty \, , \qquad [2\text{-}46] $$

wobei a und b charakteristische Parameter des Lösungsmittels sind. Tab. 8 enthält diese Größen sowie die Standardabweichung Δ[92]).

Tab. 8. Konstanten der Gl. [2-46][92])

Lösungsmittel	a	b	Δ
D_2O	+3,4	1,04 ± 0,01	±1,7
H_2O	0,0	1,00	0
Formamid	−6,7	0,64 ± 0,05	±7,5
N-Methylformamid	−23,9	0,72 ± 0,06	±7,5
Methanol	−45,6	0,82 ± 0,02	±3,4
Äthanol	−67,0	0,79 ± 0,03	±3,4
N,N-Dimethylformamid	−66,5	0,79 ± 0,05	±5,9
NH_3	−93,7	0,82 ± 0,06	±9,6

Sowohl die S_Y^∞-Werte aus Tab. 6 als auch die a-Werte der Einzelionenentropien aus Tab. 8 legen eine Ordnung der Lösungsmittel nach steigenden Entropien fest:

$$ NH_3 < DMF \approx EtOH < MeOH < NMF < FA < H_2O < D_2O \, . $$

Diese Reihenfolge entspricht keiner Anordnung nach der DZ des Lösungsmittels, dem Dipolmoment seiner Moleküle, seiner Viskosität, seiner Verdampfungsentropie oder irgendeiner anderen sinnvoll korrelierten physikalischen Eigenschaft. Ein qualitatives Verständnis ergibt sich aus dem Bild der „strukturbrechenden" oder „strukturbildenden" Wirkung der Ionen im *Frank*schen Modell[58]). Wasser und Formamid sind als reine Phasen über H-Brücken räumlich, N-Methylformamid[93]), Methanol und Äthanol linear vernetzt, wobei die mittlere Kettenlänge in Methanol größer als in Äthanol ist[94]). DMF bildet keine H-Brücken, seine Moleküle besitzen aber ein hohes Dipolmoment. Es ist nicht abwegig anzunehmen, daß durch Ion-Dipolwechselwirkung eine Strukturierung vergleichbar der in Alkoholen gegeben ist. Argumente hierfür liefern die im 4. Kapitel angeführten dielektrischen Eigenschaften der Elektrolytlösungen[95]). Ammoniak ist ein Lösungsmittel mit sehr schwachen H-Brückenbindungen[92]).

Folgt man der *Frank*schen Vorstellung, dann führt das Einbringen des Ions in das Lösungsmittel zuerst zu einem Abbau der Lösungsmittelstruktur und ist damit mit einer Entropiezunahme $\Delta S^{(I)}$ verbunden. Sodann erfolgt im

---

[93]) *Leader, G. R.* und *J. F. Gormley*, J. Amer. chem. Soc. **73**, 5731 (1951).

[94]) *Brot, P.-C.*, Ann. Physique (2) **13**, 714 (1957).

[95]) *Barthel, J., H. Behret* und *F. Schmithals*, Ber. Bunsenges. physik. Chem. **75**, 305 (1971).

Feld des Ions – abhängig von Gestalt und Ladung des Ions – eine mehr oder weniger weit reichende Neuorientierung der Lösungsmittelmoleküle, ein Prozeß, der mit Entropieabnahme $\Delta S^{(\text{II})}$ verbunden ist. Schließlich ist zur Darstellung der Solvatationsentropie $\Delta_{\text{solv}} S_i^{\infty}$ noch die Entropieabnahme $\Delta S^{(\text{III})}$ durch Verlust an Freiheitsgraden, die das Ion bei der Überführung aus der Gasphase in die flüssige Phase erfährt, zu berücksichtigen:

$$\Delta_{\text{solv}} S_i^{\infty} = \Delta S^{(\text{I})} - \Delta S^{(\text{II})} - \Delta S^{(\text{III})} . \qquad [2\text{-}47]$$

$\Delta S^{(\text{III})}$ ist für ein gegebenes Ion gegenüber jedem Lösungsmittel als der Anteil, der zur idealen Lösung führt, invariant. Ebenso ist $S_i^0(g)$ in $\Delta_{\text{solv}} S_i^{\infty}$ vom Lösungsmittel unabhängig. $\Delta S^{(\text{II})}$ ist für das betrachtete Ion in erster Näherung mit dem Dipolmoment des Lösungsmittelmoleküls zu korrelieren und hat damit in polaren Lösungsmitteln eine relativ geringe Variationsbreite. Diese Überlegungen führen zu einer Darstellung

$$S_i^{\infty} = k S_{\text{Struktur}} + C \qquad [2\text{-}48]$$

für ein gegebenes Ion in verschiedenen Lösungsmitteln, wobei die Konstante C ionenspezifisch ist und S_{Struktur} von der inneren Struktur des Lösungsmittels abhängt. *Criss*, *Held* und *Luksha*[92]) benützen die Abweichung ΔT_s des Siedepunktes vom berechneten idealen Siedepunkt des Lösungsmittels als Maß für S_{Struktur} und finden zufriedenstellend lineare Beziehungen

$$S_i^{\infty} = k' \Delta T_s + C \qquad [2\text{-}49]$$

für die Alkalimetallionen, für die Halogenidionen und für H^+ in den Lösungsmitteln der voranstehend aufgeführten Tabellen.

2.7. Partielles Molvolumen

Das Grenzgesetz für das scheinbare partielle Molvolumen[96])

$$\Phi_V = V_Y^{\infty} + S_V \sqrt{c} \qquad [2\text{-}50]$$

eines vollständig dissoziierten Elektrolyten ist in wäßrigen Elektrolytlösungen vielfach bestätigt worden. Die Erklärung der V_Y^{∞}-Werte in ihrer Abhängigkeit von Ionen und Lösungseigenschaften ist Ziel mehrerer Untersuchungen [vgl. z. B. [97]) und folgende] gewesen und ist bis zur Ermittlung von partiellen Molvolumina V_i^{∞} der Einzelionen geführt worden.

In nichtwäßrigen Lösungsmitteln liegen nur wenige Daten vor, die älteren unter ihnen erreichen entweder nicht den Konzentrationsgültigkeitsbereich der Gl. [2-50] oder nicht die geforderte Meßgenauigkeit, um Aussagen aus

---

[96]) *Masson, D. O.*, Phil. Mag. (7) **8**, 218 (1929).

[97]) *Mukerjee, P.*, J. physic. Chem. **65**, 740, 744 (1961); *Benson, S. W.* und *C. S. Copeland*, J. physic. Chem. **67**, 1194 (1963); *Padova, J.*, J. chem. Physics **39**, 1552, 2599 (1963); **40**, 691 (1964); *Glueckauf, E.*, Trans. Faraday Soc. **61**, 914 (1965); *Mukerjee, P.*, J. physic. Chem. **70**, 2708 (1966); *Zana, R.* und *E. Yeager*, J. physic. Chem. **71**, 521 (1967).

V_Y^∞ bzw. V_i^∞ zu gewinnen. Die partiellen Molvolumina werden aus der Konzentrationsabhängigkeit der Lösungsdichten gewonnen. Gl. [2-50] liefert die Abhängigkeit[98, 99])

$$d = d_0 + \alpha c - \beta c^{3/2} \qquad [2\text{-}51]$$

mit I.S: $\sigma' = 3$; c.g.s.: $\sigma' = -3$, vgl. S. 4]

$$\alpha = (M_Y - V_Y^\infty d_0) \cdot 10^{\sigma'}; \; \beta = S_V d_0 \cdot 10^{\sigma'}.$$

d_0 bedeutet die Dichte des reinen Lösungsmittels, M_Y die Molmasse des Elektrolyten. Die Lösungsmitteldaten zur Berechnung von S_V sind für einige Lösungsmittel bekannt[100]). Man gibt bei der Auswertung der Dichtedaten zweckmäßig den Koeffizienten S_V gemäß loc. cit. [98, 108]) vor und ermittelt d_0 und α in Gl. [2-52][102]) nach üblichen Ausgleichsverfahren [s. auch [38, 103])].

Tab. 9 enthält partielle Molvolumina für solche Salze, für die ein Vergleich in verschiedenen Lösungsmitteln möglich ist. Darüber hinaus liegen Daten für einige Salze in Äthylendiamin[104]) und in N-Methylacetamid[105]) vor.

In Lösungsmitteln niedriger DZ ist der Existenz von Ionenpaaren Rechnung zu tragen[102, 106]).

Zur Diskussion der Einzelionenwerte V_i^∞ wird in der Regel eine Aufspaltung [vgl. z. B. [101, 102, 107])]

$$V_i^\infty = V^{(I)} + \Delta V^{(II)} + \Delta V^{(III)} \qquad [2\text{-}52]$$

vorgenommen. $V^{(I)}$ ist das Eigenvolumen des Ions X_i, $\Delta V^{(II)}$ eine Volumenänderung als Folge der Elektrostriktion, $\Delta V^{(III)}$ eine solche als Folge der Ordnungskräfte. Für wäßrige Elektrolytlösungen wird $\Delta V^{(III)}$ bei d^0-Ionen in der Regel vernachlässigt. $V^{(I)}$ ist proportional r_i^3 (r_i = Ionenradius) und $\Delta V^{(II)}$ ist proportional z_i^2/r_i.

$$V_i^\infty = A r_i^3 - B z_i^2/r_i. \qquad [2\text{-}53]$$

Nach Gl. [2-53] ist bei gleichem Anion ein Ansteigen des Partialvolumens mit wachsendem Ionenradius zu erwarten. Die Daten für Formamid und N-Methylpropionamid [Tab. 9] zeigen denen der wäßrigen Lösung ähnliches Verhalten, bei methanolischen Lösungen findet man als Folge eines höheren Elektrostriktionsanteils niedrigere, teils negative Werte. Die Alkalimethylatreihe in Methanol korrespondiert mit der Reihe der Hydroxyde in Wasser.

Aus den partiellen Molvolumina der Einzelionen lassen sich Solvatationszahlen errechnen. Diese Methode [vgl. [38])] ist neben der Bestimmung der

---

98) *Redlich, O.*, J. physic. Chem. **67**, 496 (1963).

99) *Root, W. C.*, J. Amer. chem. Soc. **55**, 850 (1933).

100) *Hartmann, H.*, *A. Neumann* und *G. Rinck*, Z. physik. Chem. N.F. **44**, 218 (1965).

101) *Padova, J.* und *I. Abrahamer*, J. physic. Chem. **71**, 2112 (1967).

102) *Schwitzgebel, G.* und *J. Barthel*, Z. physik. Chem. N.F. **68**, 79 (1969).

103) *Harned, H. S.* und *B. B. Owen*, The Physical Chemistry of Electrolytic Solutions, 3. Aufl. (New York 1958).

104) *Schmidt, F. C.*, *W. E. Hoffman* und *W. B. Schaap*, Proc. Indiana, Acad. Sci. **72**, 127 (1962).

105) *Gopal, R.* und *M. A. Siddiqui*, J. physic. Chem. **73**, 3390 (1969).

106) *Schwitzgebel, G.* und *J. Barthel*, in Vorbereitung.

107) *Millero, F. J.*, J. physic. Chem. **72**, 4589 (1968).

108) *Redlich, O.* und *P. Rosenfeld*, Z. physik. Chem. **A155**, 65 (1931).

Tab. 9. Partielle Molvolumina V_Y^∞/cm^{-3} von Elektrolyten in verschiedenen Lösungsmitteln

Elektrolyt	Wasser[103]	Methanol[38]	Formamid[109]	Methyl-propion-amid[110]
LiCl	17,06	−9,69	19,60	...
NaCl	16,61	−6,00	21,10	30,7
KCl	26,81	+5,95	32,00	35,5
RbCl	31,87	...	35,90	...
CsCl	39,15	...	42,30	...
LiBr	24,08	−2,61	...	...
NaBr	23,48	0,98	28,00	35,8
KBr	33,73	13,00	38,90	40,9
RbBr	38,71	...	42,60	...
CsBr	46,19	...	49,30	...
NaI	35,10	9,16	39,85	...
KI	45,36	21,13	50,75	...
RbI	50,31	...	54,65	...
CsI	57,74	...	61,05	...
	X = H	$X = CH_3$[102]		
LiOX	−6,0	−4,3	...	...
NaOX	−6,7	−8,8	...	...
KOX	+2,9	+0,6	...	...
RbOX	...	+1,6	...	...
CsOX	...	+1,5	...	...
$NaNO_3$	...	...	33,55	39,6
KNO_3	38,18	...	44,10	44,7
$RbNO_3$	...	...	48,25	...
$CsNO_3$	...	...	54,65	...
NH_4Cl	35,98	13,78	37,20	...
NH_4Br	...	20,75	44,05	...
NH_4NO_3	47,24	29,83	49,24	...
$(CH_3)_4NCl$	107,3[111]	83,0	...	...
$(C_2H_5)_4NCl$	...	140,7	...	...
$(C_2H_5)_4NBr$	...	148,0	...	...
$(C_2H_5)_4NI$	...	...	185,5[112]	...
$(C_3H_7)_4NI$	250,7[111]	...	255,5[112]	...

Solvatationszahlen aus der Ionenbeweglichkeit [vgl.[113]] die am häufigsten angewandte Methode im Bereich der nichtwäßrigen Elektrolytlösungen. Weitere Methoden beruhen auf dem Vergleich von gemessenen und be-

[109]) *Gopal, R.* und *R. K. Srivastava*, J. physic. Chem. **66**, 2704 (1962); J. Ind. chem. Soc. **40**, 99 (1963).

[110]) *Millero, F. J.*, J. physic. Chem. **72**, 3209 (1968).

[111]) *Verrall, R. E.* und *B. E. Conway*, J. physic. Chem. **70**, 3961 (1966).

[112]) *Gopal, R.* und *M. A. Siddiqui*, Z. physik. Chem. N.F. **67**, 122 (1969).

[113]) *Frank, H. S.*, in: *B. E. Conway* und *R. G. Barradas*, Chemical Physics of Ionic Solutions, S. 53 (New York 1966).

rechneten Aktivitätskoeffizienten[114]), auf Entropiedaten [vgl.[29])], auf NMR-Messungen[115]) und auf der Bestimmung der adiabatischen Kompressibilität des Elektrolyten in unendlicher Verdünnung [vgl.[29])]. Als Einzelioneneigenschaften hängen die Solvatationszahlen von der Bestimmungsmethode ab, zudem wird der Begriff der Solvatationszahl in der Literatur nicht einheitlich verstanden. Er reicht von der Abzählung der Lösungsmittelmoleküle in einer primären Solvathülle bis zur Abzählung in äußeren Bereichen[116]). Dennoch geben Solvatationszahlen brauchbare Hinweise auf die Umgebung der Ionen in verschiedenen Lösungsmitteln[29]), jedoch nur wenn solche verglichen werden, die nach der gleichen Methode gewonnen worden sind. Tabelle 10 gibt einen Überblick über die Größenordnung der Zahlenwerte. Diese Zahlenwerte mit den angegebenen Schranken sind Mittelwerte aus verschiedenen Methoden. Soweit keine Schranken angegeben sind, liegt nur eine Bestimmungsmethode vor.

Tab. 10. Solvatationszahlen von Kationen und Anionen in verschiedenen Lösungsmitteln

Ion	Wasser	Methanol	Äthanol	Formamid	N,N-Dimethyl-formamid	Dimethyl-sulfoxid	Sulfolan
Li^+	5 ± 1	5 ± 1	5 ± 1	5 ± 1	$3{,}5 \pm 0{,}5$	$4 \pm 0{,}5$	...
Na^+	5 ± 2	4 ± 1	4 ± 1	4	3	$3 \pm 0{,}5$	2
K^+	4 ± 2	5 ± 1	3	$2{,}5 \pm 0{,}5$	$2{,}5 \pm 0{,}5$	$2{,}5 \pm 0{,}5$	1,5
Rb^+	3 ± 2	3	2	2 ± 1	2,5	...	...
Cs^+	...	3	2	$1{,}5 \pm 0{,}5$	2	...	...
H_4N^+	...	2	2	$1{,}5 \pm 0{,}5$	...	0	...
X_4N^+	0	0	...	0	...	0	...
F^-	4 ± 2	...	...	...	...	...	...
Cl^-	1 ± 1	1 ± 1	2	1,5	<1	<1	...
Br^-	1 ± 1	1	2	1	<1	<1	...
I^-	1 ± 1	<1	1	<1	<1	<1	...
NO_3^-	...	2	2	0	1	0	...
ClO_4^-	...	2	2	...	...	0	...
SCN^-	...	...	...	0	...	0	...
Ba^{++}	...	...	...	7	...	...	...
Sr^{++}	...	...	...	6	...	...	...
Ca^{++}	9 ± 2	...	...	6	...	...	...
Mg^{++}	14 ± 2	...	...	...	...	...	...

114) *Robinson, R. A.* und *R. H. Stokes*, Electrolyte Solutions, 2. rev. Aufl. (London 1970).

115) *Swinehart, J. H.* und *H. Taube*, J. chem. Physics **37**, 1579 (1962).

116) *Lestrade, J.-C., J.-P. Badiali* und *H. Cachet*, in: *M. Davies*, Dielectric and Related Molecular Processes, Vol. 2, S. 106 (London 1975) und dort zitierte Literatur.

3. Kapitel

Elektrolytleitfähigkeit

3.1. Leitfähigkeitsgleichungen

Mit Ausnahme einiger Grenzgesetze sind Leitfähigkeitsgleichungen nur für Lösungen, die einen einzelnen binären Elektrolyten enthalten, bekannt. In diesen Gleichungen wird die spezifische Leitfähigkeit σ der Elektrolytlösung, häufiger die Äquivalentleitfähigkeit Λ als Funktion der Elektrolytkonzentration c ausgedrückt:

$$\Lambda = \Lambda(c; \Lambda^\infty, a, \varepsilon, \eta, T)\,. \qquad [3\text{-}1]$$

Diese Funktion enthält neben c den Grenzwert ($c \to 0$) der Äquivalentleitfähigkeit Λ^∞, den Abstandsparameter a [vgl. hierzu Abschnitt 1.4] sowie Viskosität η, Dielektrizitätszahl ε und Temperatur T der Lösung [vgl.[1-4])].

Leitfähigkeitsgleichungen werden in der Regel in zwei Gestalten angegeben:

$$\Lambda = \Lambda^\infty - \Lambda_\text{I}(c; \Lambda^\infty, a, \varepsilon, T) - \Lambda_\text{II}(c; a, \varepsilon, \eta, T) \qquad [3\text{-}2]$$

oder

$$\Lambda = \Lambda^\infty - Sc^{1/2} + E'c\ln c + J_1 c + J_2 c^{3/2}\,. \qquad [3\text{-}3]$$

Die Leitfähigkeitsgleichung [3-2] enthält zwei, die ungestörte Ionenwanderung Λ^∞ hemmende Effekte, einen Relaxationsterm Λ_I als Folge der durch das äußere Feld bewirkten unsymmetrischen Ladungsverteilung um das wandernde Ion und einen elektrophoretischen Term Λ_II, der sich aus der Wanderung dieses Ions relativ zu dem von der Ionenwolke im Gegenstrom bewegten Lösungsmittel beschreiben läßt. Beide Terme sind konzentrationsabhängig. In der Form von Gl. [3-3] wurde die Leitfähigkeitsgleichung erstmals in der *Fuoss-Onsager*schen Theorie begründet[5,6]). Alle Koeffizienten S, E', J_1 und J_2 enthalten Anteile aus dem Relaxationsterm Λ_I und dem elektrophoretischen Term Λ_II (vgl. Tab. 11 und 12).

---

[1]) *Fuoss, R. M.* und *F. Accascina*, Electrolytic Conductance (New York 1959).

[2]) *Falkenhagen, H.*, Theorie der Elektrolyte (Stuttgart 1971).

[3]) *Harned, H. S.* und *B. B. Owen*, The Physical Chemistry of Electrolyte Solutions, 3. Aufl. (New York 1958).

[4]) *Kortüm, G.*, Lehrbuch der Elektrochemie, 5. Aufl. (Weinheim 1972).

[5]) *Fuoss, R. M.* und *L. Onsager*, J. physic. Chem. **61**, 668 (1957); **62**, 1339 (1958); Proc. nat. Acad. Sci. USA **41**, 274, 1010 (1955).

[6]) *Fuoss, R. M.*, J. Amer. chem. Soc. **79**, 3301 (1957); **80**, 3163, 5059 (1958); **81**, 2659 (1959); J. physic. Chem. **63**, 633 (1959).

In der Form Gl. [3-2] bzw. [3-3] gilt die Leitfähigkeitsgleichung für den vollständig dissoziierten Elektrolyten. Für den assoziierenden ionophoren Elektrolyten und den ionogenen Elektrolyten tragen nur die „freien" Ionen zur Leitfähigkeit bei und es gilt demzufolge

$$\frac{\Lambda}{\alpha} = \Lambda^{\infty} - \Lambda_{\mathrm{I}}(\alpha c; \Lambda^{\infty}, a, \varepsilon, T) - \Lambda_{\mathrm{II}}(\alpha c; a, \varepsilon, \eta, T) \qquad [3\text{-}4]$$

bzw.

$$\frac{\Lambda}{\alpha} = \Lambda^{\infty} - S(\alpha c)^{1/2} + E'(\alpha c)\ln(\alpha c) + J_1(\alpha c) + J_2(\alpha c)^{3/2} \qquad [3\text{-}5]$$

in Verbindung mit einer Gleichgewichtskonstante, die den Dissoziationsgrad α festlegt. Im Falle des assoziierenden symmetrischen Elektrolyten ist dies die Konstante Gl. [1-25].

Leitfähigkeitsgleichungen (Gl. [3-2] bzw. [3-3]) ergeben sich aus der Lösung einer Differentialgleichung, die auf der Kontinuitätsgleichung [7])

$$\mathrm{div}_2(f_{ij}\boldsymbol{v}_{ij}) + \mathrm{div}_1(f_{ji}\boldsymbol{v}_{ji}) = 0 \qquad [3\text{-}6]$$

aufbaut. In Gl. [3-6] sind f_{ij} und f_{ji} die Paarverteilungsfunktionen Gl. [1-26] unter Berücksichtigung des außen an die Elektrolytlösung angelegten elektrischen Feldes, $\boldsymbol{v}_{ij} = \boldsymbol{v}_{ij}(\boldsymbol{r}_1, \boldsymbol{r}_{21})$ ist die Geschwindigkeit eines Ions X_j in $\mathrm{d}V_2$ in der Umgebung eines Ions X_i in $\mathrm{d}V_1$ [s. Abb. 1].

Die Paarverteilungsfunktionen f_{ij} und f_{ji} sind wegen des äußeren Feldes nicht kugelsymmetrisch. Der Verformung der Ionenwolke wird im Sinne einer Störungsrechnung mit einem Ansatz

$$f_{ij}(\boldsymbol{r}_1, \boldsymbol{r}_{21}) = f_{ij}^0(r) + f'_{ij}(\boldsymbol{r}_1, \boldsymbol{r}_{21}) \qquad [3\text{-}7]$$

Rechnung getragen. $f_{ij}^0(r)$ ist die Paarverteilungsfunktion Gl. [1-27] der ungestörten Verteilung, die mit dem elektrostatischen Potential $\psi_i^0(r)$ dieser Verteilung gemäß Gl. [1-32] verknüpft ist. Bei ausschließlich *Coulomb*scher Wechselwirkung zwischen den Ionen gilt auch mit $f'_{ij}(\boldsymbol{r}_1, \boldsymbol{r}_{21})$ eine *Poisson*gleichung

$$\mathrm{div}\,\mathbf{grad}\,\psi'_i(\boldsymbol{r}_1, \boldsymbol{r}_{21}) = -\frac{e_0}{\varepsilon\epsilon_0}\frac{1}{\rho_i}\sum_j f'_{ij}(\boldsymbol{r}_1, \boldsymbol{r}_{21}) z_j \, , \qquad [3\text{-}8]$$

die den unsymmetrischen Teil $\psi'_i(\boldsymbol{r}_1, \boldsymbol{r}_{21})$ des Gesamtpotentials

$$\psi_i(\boldsymbol{r}_1, \boldsymbol{r}_{21}) = \psi_i^0(r) + \psi'_i(\boldsymbol{r}_1, \boldsymbol{r}_{21}) \qquad [3\text{-}9]$$

liefert.

Die Geschwindigkeiten $\boldsymbol{v}_{ij}(\boldsymbol{r}_1, \boldsymbol{r}_{21})$ und $\boldsymbol{v}_{ji}(\boldsymbol{r}_2, \boldsymbol{r}_{12})$ sind mit den für die unsymmetrische Verteilung verantwortlichen Kräften und über diese mit den Potentialen $\psi'_i(\boldsymbol{r}_1, \boldsymbol{r}_{21})$ verknüpft [vgl. [1,2,3])]. Für die Bewegung der kugelförmigen Ionen im hydrodynamischen Kontinuum (Lösungsmittel mit der Viskosität η) wird die *Oseen*-Gleichung angesetzt.

---

[7]) *Onsager, L.*, Physik. Z. **28**, 277 (1927).

Die Aussagemöglichkeit einer Leitfähigkeitsgleichung hängt damit ab

1. von der Form der ihr zugrunde liegenden Paarverteilungsfunktion $f_i^0(r)$,
2. von den in der Berechnung von $\psi_i'(\boldsymbol{r}_1, \boldsymbol{r}_{21})$ ausgeführten Näherungen,
3. von der Form der gewählten Randbedingungen des Problems,
4. von der Natur evtl. zusätzlich einbezogener auf die Ionenbeweglichkeit wirkender Kräfte.

Die Randbedingungen sind in der Literatur verschieden formuliert worden. In der *Fuoss-Onsager*schen Theorie [5]) ebenso wie bei *Falkenhagen* und *Kelbg* [8]) haben sie folgende Gestalt:

$$\lim_{r\to\infty}\left(\frac{\partial\psi_i'}{\partial r}\right)=0;\quad (\psi_i')_{a+0}=(\psi_i')_{a-0};\quad \left(\frac{\partial\psi_i'}{\partial r}\right)_{a+0}=\left(\frac{\partial\psi_i'}{\partial r}\right)_{a-0} \qquad [3\text{-}10\,\mathrm{a-c}]$$

$$[(f_{ij}\boldsymbol{v}_{ij}-f_{ji}\boldsymbol{v}_{ji})\boldsymbol{r}]_a=0\,. \qquad [3\text{-}11]$$

Gl. [3-10 a] beschreibt das Abklingen des Störpotentials mit der Entfernung, die Gln. [3-10 b] und [3-10 c] beschreiben den Übergang der elektrischen Feldkomponenten an der Grenzfläche $r = a$. Gl. [3-11] sagt aus, daß zwei Ionen sich einander nur bis zum Abstand $r = a$ nähern können, dann verschwindet die Geschwindigkeitskomponente in Stoßrichtung, übrig bleibt ggf. eine Tangentialkomponente. Eine mit dem gleichen Näherungsgrad entwickelte Theorie von *Pitts* [9]), ebenso eine Theorie von *Leist* [10]) enthalten die Randbedingungen in abweichender Form, z. B. [10])

$$\lim_{r\to\infty}\psi_i'=0;\quad (\psi_i')_{a+0}=(\psi_i')_{a-0};\quad \left(\frac{\partial\psi_i'}{\partial r}\right)_{a+0}=\left(\frac{\partial\psi_i'}{\partial r}\right)_{a-0} \qquad [3\text{-}12\,\mathrm{a-c}]$$

$$\operatorname{div}\mathbf{grad}\,\psi_i'=0 \quad \text{für} \quad r\le a\,. \qquad [3\text{-}13]$$

Die Gln. [3-12a–c] drücken den Sachverhalt der Gln. [3-10 a–c] aus. Gl. [3-13] sagt, daß sich eine dissymmetrische Ladungsverteilung erst außerhalb der Kugel $r = a$ ausbilden kann. Im Innern der Kugel gilt die *Laplace*-Gleichung $\operatorname{div}\mathbf{grad}\,\psi_i' = 0$. Auf die Unterschiede der verschiedenen Auffassungen wird in Abschnitt 3.4. eingegangen werden.

3.2. Das Ostwaldsche Verdünnungsgesetz

Die einfachste Leitfähigkeitsgleichung $\Lambda = \Lambda^\infty$ berücksichtigt keine Art von Wechselwirkung zwischen den Lösungspartnern und gilt nicht einmal als Grenzgesetz, denn die Funktionen [3-2] bzw. [3-3] laufen nicht mit horizontaler Tangente in $c = 0$ ein. Dennoch findet diese Gleichung im *Ostwald*schen

---

[8]) *Falkenhagen, H.* und *G. Kelbg*, in: *J. O'M. Bockris*, Modern Aspects of Electrochemistry, Vol.2, S.1 (London 1959).

[9]) *Pitts, E.*, Proc. Roy. Soc. (London) **217 A**, 43 (1953).

[10]) *Leist, M.*, Z. physik. Chem. **205**, 16 (1955).

Verdünnungsgesetz[11]) als Leitfähigkeitsgleichung des unvollständig dissoziierten Elektrolyten eine Anwendung

$$\frac{\Lambda}{\alpha} = \Lambda^\infty; \; K_D = \frac{\alpha^2 c}{1-\alpha}. \qquad [3\text{-}14\,\text{a, b}]$$

Das Gleichungssystem [3-14] ist die einfachste Kombination einer Gleichung vom Typ [3-5] mit einer Gleichgewichtskonstanten. Da Gl. [3-14 a] keine Wechselwirkung zwischen den Lösungspartner beachtet, bleibt diese konsequent auch in Gl. [3-14 b] unberücksichtigt: $y_A = y_\pm'^2 = 1$. Die Zusammenfassung der beiden Gleichungen als

$$\frac{1}{\Lambda} = \frac{1}{\Lambda^\infty} + \frac{1}{K_D(\Lambda^\infty)^2} c\Lambda \qquad [3\text{-}15]$$

bildet die Grundlage des Auswerteverfahrens von *Kraus* und *Bray*[12]) zur gleichzeitigen Bestimmung von Λ^∞ und K_D aus einer Linearauftragung der Meßwerte $\Lambda^{-1} = f(c\Lambda)$.

Beide Verfahren, das *Ostwald*sche Verdünnungsgesetz und das Verfahren von *Kraus* und *Bray* sind unzureichende Näherungen der Leitfähigkeitsgleichung. Ihre Anwendung ist als „nullte" Näherung bei sehr schwach dissoziierten ($K_D < 10^{-8}$ mol l^{-1}) Elektrolyten in sehr verdünnten Lösungen ($c < 10^{-3}$ mol l^{-1}) vertretbar.

Diese Konzentrationsangaben machen eine Besonderheit der Leitfähigkeitsuntersuchungen sichtbar. Mit Leitfähigkeitsmessungen lassen sich noch Ionenkonzentrationen nachweisen und auflösen, die mit andern Methoden nicht mehr meßbar sind. Leitfähigkeitsänderungen an sehr verdünnten Lösungen schwach dissoziierter Elektrolyte mit Ionenkonzentrationen von 10^{-10} mol l^{-1} sind noch erfaßbar.

3.3. Das Grenzgesetz der Leitfähigkeit

Das Grenzgesetz der Elektrolytleitfähigkeit[7,13,14]) ist die erste exakte Formulierung einer Leitfähigkeitsgleichung. Ihm liegt die Verteilungsfunktion Gl. [1-28] in linearer Näherung zugrunde. Die Ionen sind als punktförmige Ladungen ($a = 0$) angenommen, die Näherung im gestörten Term ψ_i' der Potentialfunktion ist mit Berücksichtigung der in der Ladung quadratischen Glieder erfolgt. Das Grenzgesetz in der Form Gl. [3-2] enthält den Relaxationsterm als

$$\Lambda_{\text{I}}' = \frac{1}{4\pi\epsilon_0} \frac{|z_+ z_-| e_0^2}{3\varepsilon k T} \frac{p}{1+\sqrt{p}} \Lambda^\infty \kappa \qquad [3\text{-}16]$$

mit

$$p = \frac{|z_+ z_-|}{|z_+| + |z_-|} \frac{\lambda_+^\infty + \lambda_-^\infty}{|z_+|\lambda_-^\infty + |z_-|\lambda_+^\infty},$$

[11]) *Ostwald, W.*, Z. physik. Chem. **2**, 36 (1888).

[12]) *Kraus, C. A.* und *W. C. Bray*, J. Amer. chem. Soc. **35**, 1315 (1913).

[13]) *Onsager, L.*, Physik. Z. **27**, 388 (1926).

[14]) *Debye, P.* und *H. Falkenhagen*, Physik. Z. **29**, 121, 401 (1928).

wobei κ durch Gl. [1-35] gegeben ist und λ_+^∞, λ_-^∞ die Grenzwerte der Ionenleitfähigkeit bei unendlicher Verdünnung bedeuten (vgl. 3.9).

Der elektrophoretische Term hat die Gestalt

$$\Lambda_{\text{II}} = \frac{1}{\Xi} \cdot (|z_+| + |z_-|) \cdot \frac{N_A e_0^2}{6\pi\eta} \cdot \kappa . \qquad [3\text{-}17]$$

Bei Verwendung von SI-Einheiten ist $\Xi = 1$ zu setzen, im e.s. System hat Ξ den Wert $\Xi = 8.98755 \cdot 10^{11}$. Die Viskosität η hat in SI-Einheiten die Dimension $[\text{Nsm}^{-2}]$, in e.s.-Einheiten [P] (Poise).

Als Gleichung vom Typ Gl. [3-3] enthält das Grenzgesetz nur den S-Koeffizienten. Für die Lösung eines symmetrischen Elektrolyten ($|z_+| = |z_-| = z$) lautet dieser

$$S = S_1 \Lambda^\infty + S_2; \quad S_1 = \frac{1}{4\pi\epsilon_0} \frac{z^2 e_0^2 \kappa}{3\varepsilon k T(2 + \sqrt{2}) c^{1/2}}; \quad S_2 = \frac{1}{\Xi} \frac{N_A z^2 e_0^2 \kappa}{3\pi\eta c^{1/2}} . \qquad [3\text{-}18]$$

Auf der Basis veränderter Randbedingungen bestimmten *Fuoss* und *Onsager* [15]) einen elektrophoretischen Term für die Leitfähigkeit kugelförmiger Ionen ($a \neq 0$), *Kaneko* [16]) gelang die Bestimmung des entsprechenden Relaxationsterms. Beide Terme enthalten gegenüber [3-16] und [3-17] den Faktor $(1 + \kappa a)^{-1}$, wenn man die im *Kaneko*schen Ausdruck enthaltene Exponentialfunktion $\exp[(1 - \sqrt{p})\kappa a]$ linear nähert. Damit erhält Gl. [3-3] die Form

$$\Lambda = \Lambda^\infty - \frac{S}{1 + \kappa a} c^{1/2} , \qquad [3\text{-}19]$$

die von *Robinson* und *Stokes* [17]) angegeben wird. Eine Erweiterung des Grenzgesetzes mit $a \neq 0$ ist ebenfalls bei *Gorin* [18]) zu finden.

Selbst der Anwendungsbereich des Grenzgesetzes Gl. [3-18] ist für vollständig dissoziierte Elektrolyte noch auf so niedere Konzentrationsbereiche beschränkt, daß bei hoher Meßgenauigkeit Gl. [3-18] nicht zu bestätigen ist. *Shedlovsky* [19]) hat gezeigt, daß sich auch in sehr verdünnten Lösungen aus exakt gemessenen Λ_c-Werten nach dem Grenzgesetz konzentrationsabhängige Λ_c^∞-Werte ergeben

$$\Lambda_c^\infty = \frac{\Lambda_c + S_2 c^{1/2}}{1 - S_1 c^{1/2}} . \qquad [3\text{-}20]$$

Erst die Auftragung

$$\Lambda_c^\infty = \Lambda^\infty + Bc \qquad [3\text{-}21]$$

---

[15]) *Onsager, L.* und *R. M. Fuoss*, J. physic. Chem. **36**, 2689 (1932).

[16]) *Kaneko, S.*, J. chem. Soc. Japan **56**, 793, 1320 (1935).

[17]) *Robinson, R. A.* und *R. H. Stokes*, J. Amer. chem. Soc. **76**, 1991 (1954); auch: *Robinson, R. A.* und *R. H. Stokes*, Electrolyte Solutions, 2. rev. Aufl. (London 1970).

[18]) *Gorin, M. H.*, J. chem. Physics 7, 405 (1939).

[19]) *Shedlovsky, Th.*, J. Amer. chem. Soc. **54**, 1405 (1932).

liefert bei Extrapolation $c \to 0$ den Λ^∞-Wert des Grenzgesetzes. Besser als das Grenzgesetz ist Gl. [3-19] zur Extrapolation von Λ^∞ geeignet, diese Gleichung erlaubt die Wiedergabe der Meßdaten über einen weiteren Bereich.

Für Lösungen mit nicht vollständig dissoziierten symmetrischen Elektrolyten gilt das Gleichungssystem

$$\frac{\Lambda}{\alpha} = \Lambda^\infty - S(\alpha c)^{1/2}; \quad K_A = K_D^{-1} = \frac{1-\alpha}{\alpha^2 c} \frac{y_A}{y_\pm'^2} \qquad [3\text{-}22\,a, b]$$

$$-\ln y_\pm' = \frac{4{,}202 \cdot 10^6}{(\varepsilon T)^{3/2}} |z_+ z_-| \sqrt{(\alpha c)}; \quad y_A = 1\,. \qquad [3\text{-}22\,c, d]$$

$y_\pm'$ in Gl. [3-22c] ist der Aktivitätskoeffizient des *Debye-Hückel*schen Grenzgesetzes (vgl. [1-37] und [1-38]) und gilt wie Gl. [3-22a] für punktförmige Ionen. Mit der Ionenkonzentration αc an freien Ionen ist Kompatibilität der Gleichungen gegeben. Für neutrale Moleküle oder Ionenpaare ist der Ansatz $y_A = 1$ im Gültigkeitsbereich der Gleichungen [3-22] immer gerechtfertigt.

Messungen am vollständig dissoziierten Elektrolyten liefern bei Auswertung nach dem Grenzgesetz die Grenzleitfähigkeit Λ^∞ als einzige Information. Messungen am ionogenen Elektrolyten oder am assoziierenden ionophoren Elektrolyten liefern bei Auswertung nach dem Gleichungssystem [3-22] Λ^∞ und die Gleichgewichtskonstante K_A bzw. K_D.

Neben numerischen Verfahren steht zur Auswertung ein einfaches schnell konvergierendes graphisches Iterationsverfahren von *Fuoss* und *Kraus*[20]) zur Verfügung. Mit einer Hilfsvariablen $z = (\Lambda^\infty)^{-3/2}(\Lambda c)^{1/2} S$ und einer zugehörigen tabellierten Funktion[21]) $F(z) = 1 - z[1 - z[1 - \cdots]^{-1/2}]^{-1/2}$ läßt sich das Gleichungssystem [3-22] in die Form

$$\frac{F(z)}{\Lambda} = \frac{1}{\Lambda^\infty} + \frac{K_A}{(\Lambda^\infty)^2} \frac{\Lambda c y_\pm'^2}{F(z)} \qquad [3\text{-}23]$$

bringen. Zur Auswertung wird ein Anfangswert $^{(0)}\Lambda^\infty$ vorgegeben, der aus einer Freihandextrapolation gewonnen werden kann. Die Darstellung $F(z)/\Lambda$ als Funktion von $\Lambda c y_\pm'^2/F(z)$ liefert $^{(1)}\Lambda^\infty$, ein verbessertes Λ^∞, und $^{(1)}K_A$. Mit $^{(1)}\Lambda^\infty$ wird das Verfahren wiederholt. Erfahrungsgemäß genügen zwei bis drei Iterationsschritte.

Unter den empirischen Erweiterungen des Grenzgesetzes sei nur die Gleichung

$$\Lambda = \Lambda^\infty - S\sqrt{c} + Bc \qquad [3\text{-}24\,a]$$

bzw.

$$\frac{\Lambda}{\alpha} = \Lambda^\infty - S\sqrt{\alpha c} + B\alpha c \qquad [3\text{-}24\,b]$$

angeführt, deren Grundlage die Untersuchungen sind, die zu den Gln. [3-20] und [3-21] geführt haben. Gl. [3-24b] im Zusammenspiel mit den Gln. [3-22b]

---

[20]) *Fuoss, R. M.* und *C. A. Kraus*, J. Amer. chem. Soc. **55**, 476 (1933).

[21]) *Fuoss, R. M.*, J. Amer. chem. Soc. **57**, 488 (1935).

bis [3-22d] bilden die Basis für ein weiteres Auswerteverfahren zur Bestimmung von Λ^∞ und K_A. Dieses Verfahren von *Shedlovsky*[22]) arbeitet ebenfalls mit tabellierter Hilfsfunktion[23]) und konvergiert gleichermaßen gut. Einen Vergleich der beiden Verfahren findet man bei *Fuoss* und *Shedlovsky*[24]), über die Empfindlichkeit der Verfahren gegen Meßwertstreuungen und Solvenskorrekturen geben Untersuchungen von *Kortüm* et al.[25,26]) Auskunft.

Zur Bestimmung von Assoziationskonstanten $K_A > 10^4\,\mathrm{mol}^{-1}\,\mathrm{l}$ sind die Verfahren auch heute noch sinnvoll einzusetzen. Es ist jedoch zu beachten, daß bei sehr großen Assoziationskonstanten die Extrapolation auf Λ^∞ schwierig werden kann und es mitunter vorteilhafter ist, diesen Wert aus der Additivität von Ionenbeweglichkeiten zu errechnen[27,28]).

3.4. Leitfähigkeitsgleichungen der vollständigen Form für vollständig dissoziierte Elektrolyte

Leitfähigkeitsgleichungen der vollständigen Form [3-3] oder solche adäquaten Inhaltes in der Form [3-2] sind auf der Basis erweiterter Verteilungsfunktionen und weitergetriebener Näherungen erhalten worden. Soweit die Leitfähigkeitsgleichungen in der Form Gl. [3-3] vorliegen, sind die Koeffizienten derselben in den Tabellen 11 und 12 zusammengestellt. Tab. 11 enthält die Koeffizienten von Gleichungen, die bis zum J_1-Term entwickelt worden sind, Tab. 12 diejenigen der Gleichungen, die den J_2-Term enthalten. Die Koeffizienten gelten für 1,1-Elektrolyte und sind wiederum so geschrieben, daß ihre Berechnung sowohl in SI- als auch in e.s.-Einheiten erfolgen kann. Unter Berücksichtigung des Ladungsbetrages ($e_0 \to z e_0$) können sie für jeden symmetrischen Elektrolyten direkt übernommen werden. Die Größe b ist der *Bjerrum*parameter [Definition in Gl. [3-31a]], alle andern Symbole sind vorangehend erklärt. Für die Anwendung der Leitfähigkeitsgleichungen ergeben sich die Zahlenwerte der Tab. 13. Dort ist beim Rechnen mit SI-Einheiten $n = m = 0$ zu setzen, beim Rechnen im e.s.-System gilt $n = 5$ und $m = 2$.

Eine erste Entwicklung mit Einschluß des J_1-Terms von *Fuoss* und *Onsager*[5]) für symmetrische Elektrolyte basiert auf der Verteilungsfunktion (Gl. [1-28]) in quadratischer Näherung

$$f_{ij}^0 = \rho_i \rho_j \left[1 - \frac{e_0 z_j \psi_i^0(r)}{kT} + \frac{1}{2}\left(\frac{e_0 z_j \psi_i^0(r)}{kT}\right)^2 \right] \qquad [3\text{-}25]$$

[22]) *Shedlovsky, Th.*, J. Franklin Inst. **225**, 739 (1938).
[23]) *Dagett, H. M.*, J. Amer. chem. Soc. **73**, 4977 (1951).
[24]) *Fuoss, R. M.* und *Th. Shedlovsky*, J. Amer. chem. Soc. **71**, 1496 (1949).
[25]) *Kortüm, G.* und *H. Wenck*, Ber. Bunsenges. physik. Chem. **70**, 435 (1966).
[26]) *Kortüm, G.* und *K. W. Koch*, Ber. Bunsenges. physik. Chem. **69**, 677 (1965).
[27]) *Mc Innes, D. A.* und *Th. Shedlovsky*, J. Amer. chem. Soc. **54**, 1429 (1932).
[28]) *Shedlovsky, Th.*, in: *W. J. Hamer*, The Structure of Electrolytic Solutions, S. 268 (New York 1959).

Tab. 11. Leitfähigkeitsgleichungen vom Typ $\Lambda = \Lambda^\infty - S c^{1/2} + E' c \ln c + J_1 c$

Term	*Onsager*	*Fuoss-Onsager*	*Kremp-Kraeft-Ebeling*
$S = S_1 \Lambda^\infty + S_2$	$S_1 = \frac{1}{4\pi\epsilon_0} \frac{e_0^2 \kappa}{3 \varepsilon k T (2 + \sqrt{2}) c^{1/2}}$		$S_2 = \frac{1}{\Xi} \frac{N_A e_0^2 \kappa}{3 \pi \eta c^{1/2}}$
$E' = E_1' \Lambda^\infty - E_2'$	0	$E_1' = \frac{(\kappa a b)^2}{24 c}$	$E_2' = S_2 \cdot \frac{\kappa a b}{16 c^{1/2}}$
$J_1 = \sigma_1 \Lambda^\infty + \sigma_2$	0	$\sigma_1 = 2 E_1' \left[\frac{2b^2 + 2b - 1}{b^3} + 0{,}9074 + \ln \frac{\kappa a}{c^{1/2}} \right]$	$\sigma_1 = 2 E_1' \left[\frac{2{,}2125 b^2 + 0{,}75 b - 1}{b^3} + 1{,}1020 + \ln \frac{\kappa a}{c^{1/2}} \right]$
		$\sigma_2 = S_1 S_2 + E_2' \left[\frac{44}{3b} - 2{,}0340 - 2 \ln \frac{\kappa a}{c^{1/2}} \right]$	$\sigma_2 = E_2' \left[\frac{15{,}50}{b} + \frac{2}{b^2} - 1{,}5794 - 2 \ln \frac{\kappa a}{c^{1/2}} \right]$

Tab. 12. Leitfähigkeitsgleichungen vom Typ $\Lambda = \Lambda^\infty - S c^{1/2} + E' c \ln c + J_1 c - J_2 c^{3/2}$

Term	*Pitts/Fernández-Prini* u. *Prue*	*Fuoss-Hsia/Fernández-Prini*	*Fuoss/Justice*
$S = S_1 \Lambda^\infty + S_2$	S_1 und S_2 wie in Tab. 11		
E'	E'_1 und E'_2 wie in Tab. 11 $E' = E'_1 \Lambda^\infty - E'_2$		$E' = E'_1 \Lambda^\infty - 2E'_2$
$J_1 = \sigma_1 \Lambda^\infty + \sigma_2$	$\sigma_1 = 2E'_1 \left[\frac{2}{b} + 1{,}7718 + \ln \frac{\kappa a}{c^{1/2}}\right]$	σ_1 wie *Fuoss-Onsager* in Tab. 11	
	$\sigma_2 = E'_2 \left[\frac{16}{b} + 0{,}02774 - 2 \ln \frac{\kappa a}{c^{1/2}}\right]$	$\sigma_2 = S_1 S_2 + E'_2 \left[\frac{44}{3b} - 1{,}5337 - 2 \ln \frac{\kappa a}{c^{1/2}}\right]$	$\sigma_2 = E'_2 \left[\frac{35}{3b} + \frac{2}{b^2} - 2{,}0689 - 4 \ln \frac{\kappa a}{c^{1/2}}\right]$
$J_2 = \sigma_3 \Lambda^\infty + \sigma_4$	$\sigma_3 = 4 \frac{\kappa a}{c^{1/2}} E'_1 \left[\frac{1{,}2929}{b} + 1{,}5732\right]$	$\sigma_3 = \frac{\kappa a}{c^{1/2}} E'_1 \left[0{,}6094 + \frac{4{,}4748}{b} + \frac{3{,}8284}{b^2}\right]$	
	$\sigma_4 = 16 \frac{\kappa a}{c^{1/2}} E'_2 \left[\frac{1}{b} + 0{,}07828\right]$	$\sigma_4 = \frac{\kappa a}{c^{1/2}} E'_2 \left[\frac{16{,}3906}{b} - \frac{4}{3b^2} + 1{,}1262 - 1{,}2923 b\right] + \frac{\kappa a}{c^{1/2}} S_1 S_2 - E'_2 \cdot \frac{S_2}{\Lambda^\infty} \left[\frac{4}{3b} - 2{,}2194\right]$	$\sigma_4 = \frac{\kappa a}{c^{1/2}} E'_2 \left[\frac{34}{3b} - 1{,}3693\right]$

Tab. 13. Zahlenwerte zur Berechnung der Koeffizienten der Leitfähigkeitsgleichungen (IS: η in $[\mathrm{NSm}^{-2}]$, a in $[m]$; c.g.s.: η in $[P]$, a in [cm])

Symbol	Zahlenwert		
S_1	$0{,}82043 \cdot 10^6$	$(\varepsilon T)^{-3/2}$	
$S_2 \cdot 10^{-n}$	$82{,}484 \cdot 10^{-5}$	$\eta^{-1}(\varepsilon T)^{-1/2}$	
E_1	$6{,}7749 \cdot 10^{12}$	$(\varepsilon T)^{-3}$	$E_1' = 0{,}4343\, E_1$
$E_2 \cdot 10^{-n}$	$0{,}99750 \cdot 10^3$	$\eta^{-1}(\varepsilon T)^{-2}$	$E_2' = 0{,}4343\, E_2$
$S_1 S_2 \cdot 10^{-n}$	$0{,}67672 \cdot 10^3$	$\eta^{-1}(\varepsilon T)^{-2}$	
$(\kappa/c^{1/2}) \cdot 10^m$	$0{,}50290 \cdot 10^{12}$	$(\varepsilon T)^{-1/2}$	
$b \cdot 10^{-m}$	$16{,}709 \cdot 10^{-6}$	$(\varepsilon T)^{-1} \cdot a^{-1}$	

und den Randbedingungen [3-10, 11]. Die Terme S, E' und J_1 enthalten im Relaxationsterm das vollständige Geschwindigkeitsfeld, während im Grenzgesetz nur dessen Komponente in Feldrichtung berücksichtigt ist. Weiterhin berücksichtigt die Gleichung im linearen Glied $J_1 c$ einen kinetischen leitfähigkeitserhöhenden Stoßeffekt[29, 30], der aus der Anhäufung von Ionen hinter dem wandernden Ion resultiert, läßt aber weitere, ebenfalls im linearen Glied wirksamen Effekte außer acht[5, 8]. Mittels einer konzentrationsabhängigen Viskositätskorrektur, die von der *Einstein*-Relation[31])

$$\eta = \eta_0\left(1 + \frac{5}{2}\varphi\right) \quad \text{mit} \quad \varphi = \frac{4\pi R^3}{3}(\rho_+ + \rho_-) = \frac{2}{5} F c^{1}) \qquad [3\text{-}26]$$

(η_0: Viskosität des reinen Lösungsmittels, η: Viskosität der Elektrolytlösung der Konzentration c) Gebrauch macht, kann der durch den in das Lösungsmittel eingebrachten Elektrolyten veränderten Viskosität der Lösung Rechnung getragen werden. In Gl. [3-3] ist dann statt Λ der Ausdruck $\Lambda(1 + Fc)$ mit $F = 6{,}308 \cdot 10^{21} R^3$ (R = hydrodynamischer Radius des Ions in cm) zu schreiben.

Leitfähigkeitsgleichungen mit Ionenabstandsparameter a der Form Gl. [3-2] sind bei *Falkenhagen*, *Leist* und *Kelbg*[32], *Leist*[10] und *Kelbg*[33] zu finden. Sie basieren auf der *Eigen-Wicke*schen oder der diese verallgemeinernden *Falkenhagen-Kelbg*schen Ionenpaarverteilungsfunktion Gl. [1-29]. Bei *Leist* findet man eine empirische Viskositätskorrektur entsprechend der von *Wishaw* und *Stokes*[34], die die Anpassung der Gleichung an Meßwerte bis in höhere Konzentrationsbereiche des Elektrolyten ermöglicht. *Kelbg* führte erstmals eine Randbedingung in der Form [3-11] ein. Die *Kelbg*sche Gleichung für

[29]) *Fuoss, R. M.* und *L. Onsager*, J. physic. Chem. **62**, 1339 (1958).
[30]) Kritische Anmerkung hierzu: *Valleau, J. P.*, J. physic. Chem. **69**, 1745 (1965).
[31]) *Einstein, A.*, Ann. Physik **19**, 289 (1906); **34**, 591 (1911).
[32]) *Falkenhagen, H., M. Leist* und *G. Kelbg*, Ann. Physik (6) **11**, 51 (1952).
[33]) *Kelbg, G.*, Dissertation, zitiert nach[8]).
[34]) *Wishaw, B. F.* und *R. H. Stokes*, J. Amer. chem. Soc. **76**, 2065 (1954).

symmetrische Elektrolyte enthält Relaxationsterm und elektrophoretischen Term in der Form

$$\Lambda_{\rm I} = \frac{1}{4\pi\epsilon_0} \frac{z^2 e_0^2}{6\varepsilon k T} \frac{(2-\sqrt{2})\Lambda^\infty \kappa}{(1+\kappa a)(1+\frac{1}{2}\sqrt{2}\kappa a+\frac{1}{6}\kappa^2 a^2)} \qquad [3\text{-}27]$$

$$\Lambda_{\rm II} = \frac{1}{\Xi} \frac{z^2 e_0^2 N_A}{3\pi\eta} \frac{\kappa}{1+\kappa a}. \qquad [3\text{-}28]$$

Der elektrophoretische Term ist der von *Onsager* und *Fuoss* 1932 gegebene [15]. Einen Vergleich der *Kelbg*schen mit der *Fuoss-Onsager*schen Gleichung findet man in loc. cit. [8].

Die erste Gleichung vom Typ Gl. [3-2] mit einem Näherungsgrad, der der Berücksichtigung eines J_2-Terms entspricht, wurde von *Pitts* [9] angegeben. Eine Entwicklung der *Pitts*gleichung in der Form der Gl. [3-3] stammt von *Fernández-Prini* und *Prue* [35]. Die Koeffizienten dieser Leitfähigkeitsgleichungen sind in Tab. 12 aufgeführt.

*Pitts*gleichung und *Fuoss-Onsager*gleichung haben im wesentlichen den gleichen theoretischen Hintergrund. Der bedeutsamste Unterschied der beiden Gleichungen liegt in den Randbedingungen und deren Behandlung. Dem Unterschied in den elektrostatischen Bedingungen kommt dabei weniger Bedeutung zu [36, 37] als der hydrodynamischen Formulierung, in der die *Fuoss-Onsager*theorie die Grenzen des elektrostatischen und des hydrodynamischen Kontinuums identifiziert. Der J_2-Term der *Pitts*gleichung ist noch unvollständig. Unter den bis zum $c^{3/2}$-Term entwickelten Ausdrücken fehlen diejenigen, die aus der Kontinuitätsgleichung resultieren. Letztere ist nur bis zum c-Term entwickelt. Die ursprüngliche *Fuoss-Onsager*gleichung enthält den J_2-Term nicht. Ein erster J_2-Term wurde nachträglich von *Berns* und *Fuoss* [38] angegeben. Dieser ist unvollständig und wurde von *Justice* [39] korrigiert. Auch letzterer berücksichtigt den $c^{3/2}$-Term aus der Kontinuitätsgleichung nicht. Die Gleichung von *Pitts, Prue* und *Fernández-Prini* und die von *Fuoss-Onsager* mit dem J_2-Term von *Justice* sind Näherungen gleichen Grades. Die Auswertung nach diesen Gleichungen liefert vergleichbare Ergebnisse.

Erst die Revision der Theorie mit einer Neuberechnung des Relaxationsfeldes durch *Fuoss* und *Hsia* [40] lieferte die Basis für einen Ausdruck Gl. [3-3] [37] mit adäquatem J_2-Term. Die Koeffizienten dieser Gleichung sind in Tab. 12 in der Rubrik „*Fuoss-Hsia/Fernández-Prini*" aufgeführt. Auf der abermals von *Fuoss* für den elektrophoretischen Term revidierten Theorie basiert eine

[35] *Fernández-Prini, R.* und *J. E. Prue,* Z. physik. Chem. **228**, 373 (1965).

[36] *Pitts, E., B. E. Tabor* und *J. Daly,* Trans. Faraday Soc. **65**, 849 (1969).

[37] *Fernández-Prini, R.*, Trans. Faraday Soc. **65**, 3311 (1969).

[38] *Berns, D. S.* und *R. M. Fuoss*, J. Amer. chem. Soc. **82**, 5585 (1960).

[39] *Justice, J.-C.*, Thèse de Doctorat d'Etat Science Physique, N⁰ d'enregistrement au C.N.R.S. A.O. 1558 (Paris 1967).

[40] *Fuoss, R. M.* und *K.-L. Hsia,* Proc. nat. Acad. Sci. USA **57**, 1550 (1967).

Reihenentwicklung von *Justice*[41,42]. (Tab. 12 Rubrik „*Fuoss-Justice*“), in der überdies eine Neuberechnung des E'-Terms[43,44]) berücksichtigt ist. Letztere führt jedoch zu keinen bedeutsamen Änderungen der Aussagen der Theorie[41]).

Unabhängig von den Entwicklungen auf der Grundlage des Abschnittes 3.1 sind Ansätze gemacht worden, eine Leitfähigkeitsgleichung aus der statistisch-mechanischen Theorie irreversibler Prozesse zu gewinnen. In den Theorien von *Friedman*[45]), *Falkenhagen* und *Ebeling*[46]) sowie *Résibois* et al.[47]) wird das Grenzgesetz der Leitfähigkeit bestätigt. *Falkenhagen* und *Kremp*[48]) geben erstmals eine Leitfähigkeitsgleichung unter Einschluß des J_1-Terms an (Koeffizienten in[49]). Tab. 11 enthält die Koeffizienten einer späteren Gleichung, die aus Arbeiten von *Kremp*[50]), von *Kremp, Kraeft* und *Ebeling*[51]) und von *Kraeft*[52]) in der Form der Gl. [3-3] approximiert worden ist. Eine Darstellung dieses Problemkreises geben *Falkenhagen, Ebeling* und *Kraeft* in einem Übersichtsartikel[53]).

3.5. Leitfähigkeitsgleichung der vollständigen Form für assoziierende und unvollständig dissoziierte Elektrolyte

Der Übergang von der Leitfähigkeitsgleichung des vollständig dissoziierten Elektrolyten zu der des teilweise assoziierten oder unvollständig dissoziierten Elektrolyten erfolgt, wie am Beispiel des Grenzgesetzes bereits dargestellt, durch Einführen der Assoziationskonstanten über den Dissoziationsgrad des Elektrolyten (vgl. Gln. [3.22a–d]). Man erhält damit für den 1,1-Elektrolyten das Gleichungssystem

$$\Lambda = \alpha[\Lambda^\infty - S\sqrt{\alpha c} + E'\alpha c \ln(\alpha c) + J_1(\alpha c) - J_2(\alpha c)^{3/2}] \qquad [3\text{-}29\text{a}]$$

$$K_A = \frac{1-\alpha}{\alpha^2 c} \cdot \frac{y_A}{y'^2_\pm} \qquad [3\text{-}29\text{b}]$$

$$-\ln y'_\pm = \frac{A\sqrt{\Gamma}}{1+\kappa a}; \quad y_A = 1\,. \qquad [3\text{-}29\text{c,d}]$$

---

[41]) *Barthel, J., J.-C. Justice* und *R. Wachter*, Z. physik. Chem. N.F. **84**, 100 (1973).

[42]) *Renard, E.* und *J.-C. Justice*, J. Solution Chem. **3**, 633 (1974).

[43]) *Chen, M. S.*, Ph. D. Thesis, Dissertation Yale University (1969).

[44]) *Carman, P. C.*, J. physic. Chem. **74**, 1653 (1970).

[45]) *Friedman, H. L.*, Physica **30**, 509, 537 (1964); J. chem. Physics **42**, 450, 462 (1965); *Friedman, H. L.*, in: *B. E. Conway* und *R. G. Barradas*, Chemical Physics of Ionic Solutions, S. 487 (New York 1966).

[46]) *Falkenhagen, H.* und *W. Ebeling*, Ber. dtsch. Akad. Wiss. Berlin **5**, 615 (1963).

[47]) *Résibois, P.* und *N. Hasselle-Schuermanns*, J. chem. Physics **43**, 1016 (1965).

[48]) *Falkenhagen, H.* und *D. Kremp*, Z. physik. Chem. **230**, 85 (1965); Ann. Physik (7) **14**, 322 (1964).

[49]) *Barthel, J.*, Angew. Chem. **80**, 253 (1968); Internat. Ed. **7**, 260 (1968).

[50]) *Kremp, D.*, Ann. Physik (7) **18**, 237 (1966); (7) **17**, 278 (1966).

[51]) *Kremp, D., W. D. Kraeft* und *W. Ebeling*, Ann. Physik (7) **18**, 246 (1966).

[52]) *Kraeft, W. D.*, Z. physik. Chem. **237**, 289 (1968).

[53]) *Falkenhagen, H., W. Ebeling* und *W. D. Kraeft*, in: *S. Petrucci*, Ionic Interactions, Vol. 1, S. 62 (New York 1971).

Die Koeffizienten dieser Leitfähigkeitsgleichung sind wiederum die in den Tabellen 11 und 12 aufgeführten. Insbesondere in der älteren Literatur, die auf der Leitfähigkeitsgleichung ohne J_2-Term fußt, findet man eine Kombination der Gln. [3-29a, b] als

$$\Lambda = \Lambda^{\infty} - S(\alpha c)^{1/2} + E'\alpha c \ln(\alpha c) + (J_1 - K_A y'^2_{\pm} \Lambda)\alpha c \qquad [3\text{-}30]$$

in Verbindung mit dem Aktivitätskoeffizienten Gl. [3-29c] (s. Gl. [1-41]). Die in αc lineare Viskositätskorrektur Gl. [3-26] ist auch hier möglich, wird aber in der Regel nicht durchgeführt.

Die Sammlung von Leitfähigkeitsdaten für mehr als eintausend Systeme[54]) gibt einen Hinweis auf die Bedeutung der Methode, auch für die Anwendungsgebiete. Eine befriedigende Lösung für die praktische Behandlung des Problemkreises zeichnet sich jedoch erst in neuerer Zeit ab.

Die wichtigsten Beiträge der jüngsten Zeit hierzu sind die Möglichkeit der Datenanalyse mit einer begründeten Leitfähigkeitsgleichung, die den J_2-Term enthält, wie sie aufgrund der Arbeiten von *Fuoss* et al., *Fernández-Prini* und *Justice* durchführbar ist und die durch *Wachter*[55]) geschaffene experimentelle Möglichkeit, exakte Leitfähigkeitsdaten über Temperaturbereiche zu ermitteln, die einen wesentlichen Teil des Existenzbereiches der flüssigen Lösungsphase ausmachen.

Zur Beurteilung des umfangreichen in der Literatur vorliegenden Datenmaterials sei eine Klassierung vorangestellt, die versucht, generelle Gesichtspunkte zu berücksichtigen.

Elektrolytlösungen mit hohem Assoziationsgrad des Elektrolyten (etwa $K_A > 10^4$), deren Datenauswertung in den Bereich des Grenzgesetzes fällt, sind bereits früh mit der für dieses Gesetz charakteristischen Sicherheit behandelt worden. Eine Neubehandlung mit Hilfe der vollständigen Leitfähigkeitsgleichung bringt keine gravierenden Änderungen der bekannten Daten Λ^{∞} und K_A.

Faßt man dagegen die Epoche der Untersuchungen mit Hilfe der Gl. [3-30] oder einer Gleichung ähnlichen Inhalts ins Auge, so stößt man auf eine Reihe von Schwierigkeiten, die um so deutlicher werden, je kleiner der Assoziationsgrad des Elektrolyten ist. Die Analyse der Daten zeigt:

1. Aktivitätskoeffizient und Leitfähigkeitsgleichung sind in der Regel inkompatibel. A priori besteht die Möglichkeit, den Aktivitätskoeffizienten des Grenzgesetzes ($a = 0$) oder denjenigen einer seiner Erweiterungen ($a \neq 0$) zu wählen. Ausgehend davon, daß die Konkurrenz von Aktivitätskoeffizient und Assoziationskonstante um die Erfassung der Nahwirkungskräfte sich in einer Veränderung der Assoziationskonstante bei Vorgabe verschiedener Aktivitätskoeffizienten niederschlägt[49]), erhebt sich die Forderung nach Kriterien für die Auswahl des letzteren. In Verbindung mit Gl. [3-30] ist der

---

[54]) *Janz, G. J.* und *R. P. T. Tomkins*, Nonaqueous Electrolytes Handbook, Vol. I (New York 1972).

[55]) *Wachter, R.*, Habilitationsschrift (Regensburg 1973).

oft gemachte Ansatz des Aktivitätskoeffizienten nach dem Grenzgesetz ($a = 0$) inkonsequent, da Gl. [3-30] mit dem Term $J_1(a)$ einen Abstandsparameter $a(J_1)$ fordert. Ebenso inkonsequent sind die Ansätze mit $a(y'_\pm) \neq a(J_1)$ in einem erweiterten Grenzgesetz Gl. [3-29c]. *Prue* et al.[56,57,58]) haben in einer Datenanalyse mit einer älteren Form der Leitfähigkeitsgleichung mit der ad hoc-Forderung nach Gleichsetzung des Abstandsparameters in Leitfähigkeitsgleichung und Aktivitätskoeffizient auf dieses Problem hingewiesen.

2. Mit Änderung des Lösungsmittels ändert sich $a(J_1)$ für das gleiche Salz (z. B.[59])). Im gleichen Lösungsmittel ergeben sich für Salze mit Ionen sehr verschiedener Größe gleiche $a(J_1)$-Werte (z. B.[60])). $a(J_1)$ ist mit solchem Befund als Abstandsparameter im Sinne der älteren *Fuoss-Onsager*theorie nicht vereinbar[61]).

3. Die Datenanalyse mit Gl. [3-30] führt bei schwach assoziierenden Elektrolyten zu negativen Assoziationskonstanten (z. B.[62,63])).

Die aufgezeigten Schwierigkeiten haben im wesentlichen zwei Ursachen, einmal die Außerachtlassung des J_2-Terms in der Datenanalyse und zum andern die beliebige Vorgabe des Aktivitätskoeffizienten.

Folgt man den Überlegungen in Abschnitt 1.3, so ergibt sich für den Aktivitätskoeffizienten des assoziierenden Elektrolyten ein Abstandsparameter $a(y'_\pm) = q$ (Gl. [1-46]). Mit dieser Voraussetzung sei das Gleichungssystem [3-29] zur Datenanalyse herangezogen. Die Datenanalyse zielt auf die Bestimmung von Λ^∞, J_1, J_2 und K_A nach der Methode der kleinsten Fehlerquadrate. S und E' sind unabhängig vom Abstandsparameter und ihre Zahlenwerte, die sich aus den entsprechenden Ausdrücken in Tab. 12 bei Kenntnis von ε, η und T errechnen lassen, werden zusammen mit $a(y'_\pm) = q$ im Gleichungssystem [3-29] vorgegeben. Bezüglich des Auswerteverfahrens selbst wird auf Abschnitt 3.6 verwiesen. Für die Datenanalyse nach der vollständigen Leitfähigkeitsgleichung kommen zwei Gleichungen in Frage, die von *Fuoss-Hsia* in der Form von *Fernández-Prini* (FHFP) und die von *Fuoss-Justice* (FJ) (Koeffizienten in Tab. 12). Das Programm zur Ermittlung der vier oben genannten Koeffizienten wird zur Unterscheidung von weiteren, im Folgenden diskutierten Programmen mit einer nachgestellten Ziffer 4 kenntlich gemacht (also FHFP4 und FJ4). Nach Ermittlung der Koeffizienten Λ^∞, J_1, J_2 und K_A werden entsprechend Tab. 12 daraus die Größen $a(J_1)$ und $a(J_2)$ errechnet *).

---

*) Für die Überlassung der Rechenprogramme sei Herrn Dr. *J.-C. Justice* hier nochmals herzlich gedankt.

[56]) *Prue, J. E.* und *P. J. Sherrington*, Trans. Faraday Soc. **57**, 1795 (1961).

[57]) *Fernández-Prini, R.* und *J. E. Prue*, Trans. Faraday Soc. **62**, 1257 (1966).

[58]) *Prue, J. E.*, in: *B. E. Conway* und *R. G. Barradas*, Chemical Physics of Ionic Solutions, S. 163 (New York 1966).

[59]) *Lind, jr., J. E.* und *R. M. Fuoss*, J. physic. Chem. **65**, 999 (1961).

[60]) *Evans, D. F., C. Zawoyski* und *R. L. Kay*, J. physic. Chem. **69**, 3878 (1965).

[61]) *Justice, J.-C.*, Electrochimica Acta **16**, 701 (1971).

[62]) *Barthel, J.* und *G. Schwitzgebel*, Z. physik. Chem. N.F. **54**, 181 (1967).

[63]) *Evans, D. F., J. A. Nadas* und *M. A. Matesich*, J. physic. Chem. **75**, 1708 (1971).

Tab. 14. Vergleichende Auswertung von Leitfähigkeitsdaten für das System KSCN/n-Propanol

		ε	$\frac{\eta}{cP}$	$\frac{q}{Å}$	$\frac{\Lambda^\infty}{\Omega^{-1}cm^2mol^{-1}}$	J_1	J_2	$\frac{K_A}{mol^{-1}l}$	σ_Λ	$\frac{a(J_1)}{Å}$	$\frac{a(J_2)}{Å}$
25°	FHFP 4	20,48	1,967	13,68	26,60 ± 0,01	2978 ± 37	9731 ± 394	328 ± 3	0,001	12,0 ± 0,2	10,9 ± 0,2
	FJ 4				26,59 ± 0,01	2630 ± 37	8685 ± 398	336 ± 3	0,001	12,5 ± 0,3	11,1 ± 0,2
	FJ 3				26,61 ± 0,01	(2804)	10559 ± 64	348 ± 1	0,002	(*q*)	12,2 ± 0,0
	PFPP 3				26,67 ± 0,02	(3628)	16815 ± 221	373 ± 2	0,007	(*q*)	8,5 ± 0,1
10°	FHFP 4	22,66	2,840	13,02	18,26 ± 0,01	1803 ± 46	6193 ± 456	237 ± 4	0,001	12,0 ± 0,5	11,0 ± 0,4
	FJ 4				18,26 ± 0,01	1601 ± 47	5662 ± 467	245 ± 4	0,001	12,7 ± 0,5	11,4 ± 0,5
	FJ 3				18,26 ± 0,00	(1630)	5955 ± 27	248 ± 0	0,001	(*q*)	11,7 ± 0,0
	PFPP 3				18,30 ± 0,01	(2128)	9475 ± 101	268 ± 1	0,004	(*q*)	8,2 ± 0,1
0°	FHFP 4	24,19	3,710	12,64	13,94 ± 0,00	1237 ± 22	4084 ± 213	191 ± 3	0,001	11,5 ± 0,3	10,5 ± 0,3
	FJ 4				13,93 ± 0,00	1097 ± 23	3741 ± 217	199 ± 3	0,001	12,2 ± 0,3	11,0 ± 0,3
	FJ 3				13,94 ± 0,00	(1127)	4032 ± 15	202 ± 0	0,001	(*q*)	11,4 ± 0,0
	PFPP 3				13,96 ± 0,01	(1480)	6818 ± 70	220 ± 1	0,003	(*q*)	8,0 ± 0,1
−10°	FHFP 4	25,86	4,947	12,28	10,44 ± 0,00	849 ± 22	2778 ± 203	158 ± 4	0,001	11,3 ± 0,4	10,4 ± 0,4
	FJ 4				10,44 ± 0,00	755 ± 23	2586 ± 212	165 ± 3	0,001	12,1 ± 0,5	10,9 ± 0,4
	FJ 3				10,44 ± 0,00	(766)	2662 ± 12	170 ± 0	0,001	(*q*)	11,1 ± 0,0
	PFPP 3				10,46 ± 0,00	(1010)	4253 ± 45	182 ± 1	0,002	(*q*)	7,8 ± 0,1
−20°	FHFP 4	27,53	6,748	11,99	7,66 ± 0,00	571 ± 21	1832 ± 185	129 ± 4	0,001	10,8 ± 0,6	10,1 ± 0,5
	FJ 4				7,66 ± 0,00	509 ± 22	1706 ± 191	137 ± 5	0,001	11,7 ± 0,7	10,6 ± 0,6
	FJ 3				7,66 ± 0,00	(519)	1794 ± 10	139 ± 0	0,000	(*q*)	11,1 ± 0,0
	PFPP 3				7,67 ± 0,00	(687)	2852 ± 31	152 ± 1	0,001	(*q*)	7,7 ± 0,1
−30°	FHFP 4	29,35	9,442	11,71	5,49 ± 0,00	388 ± 11	1285 ± 95	110 ± 3	0,000	11,0 ± 0,5	10,2 ± 0,4
	FJ 4				5,49 ± 0,00	348 ± 12	1214 ± 100	118 ± 3	0,000	11,9 ± 0,5	10,9 ± 0,4
	FJ 3				5,49 ± 0,00	(344)	1173 ± 5	117 ± 0	0,000	(*q*)	10,7 ± 0,0
	PFPP 3				5,49 ± 0,00	(456)	1861 ± 17	129 ± 1	0,001	(*q*)	7,6 ± 0,1
−40°	FHFP 4	31,28	13,600	11,45	3,82 ± 0,00	265 ± 14	936 ± 115	98 ± 6	0,000	11,5 ± 0,9	10,7 ± 0,6
	FJ 4				3,82 ± 0,00	240 ± 15	903 ± 121	106 ± 6	0,000	12,7 ± 0,1	11,5 ± 0,7
	FJ 3				3,82 ± 0,00	(222)	757 ± 7	99 ± 0	0,000	(*q*)	10,6 ± 0,0
	PFPP 3				3,82 ± 0,00	(296)	1196 ± 10	110 ± 1	0,000	(*q*)	7,5 ± 0,0

Tab. 14 enthält die Ergebnisse einer solchen Auswertung für das bei verschiedenen Temperaturen vermessene System KSCN/n-Propanol. Inzwischen ist eine Vielzahl von Systemen über einen weiten Temperaturbereich vermessen und in gleicher Weise ausgewertet worden: Alkalisalze und Tetraalkylammoniumsalze in Propanol, Acetonitril, Propylencarbonat und Mischlösungsmitteln[64]). Der Befund ist stets der, der sich aus dem Beispiel Tab. 14 ablesen läßt. Die Auswertungen FHFP4 und FJ4 unterscheiden sich in den Koeffizienten Λ^∞, J_1, J_2 und K_A nur unwesentlich. Der Unterschied in den Zahlenwerten dieser Koeffizienten rührt allein von der unterschiedlichen Gestalt des E'-Terms her, der bei FHFP als $E' = E'_1 \Lambda^\infty - E'_2$ und bei FJ als $E' = E'_1 \Lambda^\infty - 2E'_2$ auftritt. Zufriedenstellend ist vor allem der Befund $a(J_1) \approx a(J_2)$, der im Hinblick auf den Reihenabbruch mit der Potenz $c^{3/2}$ nicht besser erwartet werden kann. Dies gilt für alle Temperaturen des Meßprogramms, wobei die Lösungsmitteldaten im Bereich $20 < \varepsilon < 31$ und $2 < \eta < 14$ [cP] variieren. Daß ε und η sich hierbei als Temperaturfunktionen ändern und nicht durch Beimischen einer zweiten Lösungsmittelkomponente, sei besonders hervorgehoben. Ein wichtiges und auch bei der Auswertung anderer Systeme[64]) immer wieder festgestelltes Resultat ist das Ergebnis $a(J_1) \approx a(J_2) \approx q$. Damit ist einmal die Kompatibilität des Gleichungssystems gesichert, da $a(y'_\pm) = q$ gesetzt worden war, zum andern erscheint die Bedeutung des Abstandsparameters in neuem Lichte. Der Parameter a ist eher mit der Assoziationsgrenze als mit dem Kontaktabstand der Ionen zu identifizieren. Auf diesen Befund wird in der Diskussion der Assoziation (6. Kapitel) noch einzugehen sein.

Wie sich eine Neuauswertung gemäß FHFP4 gegenüber den Ergebnissen der älteren FO-Gleichung (*Fuoss-Onsager*gleichung [3-30] mit Koeffizienten gemäß Tab. 11) auswirkt, ergibt sich aus dem Beispiel Tab. 15.

Typisch für den Vergleich der beiden Auswertungen ist die systematisch größere Assoziationskonstante K_A(FHFP). Sie ist zu erwarten, da in der FO-Gleichung die Vernachlässigung des J_2-Terms, der dem J_1-Term dem Vorzeichen nach entgegenwirkt, K_A(FO) zu klein ausfallen lassen muß. Bei diesem Sachverhalt ist verständlich, daß bei Anwendung der FO-Gleichung auf Lösungen mit sehr schwach assoziierenden Elektrolyten K_A(FO) negativ ausfallen kann. Der Abstandsparameter $a(J_1)$ der FO-Gleichung, in dieser Diskussion als a^* referiert, ist unrealistisch klein. Aus den Molvolumina der den Tetraalkylammoniumsalzen isosteren Alkane ermittelt man Radien, (z. B. 7 Å für Bu_4N^+ [65])), die diese a^*-Werte nicht mit Kontaktabständen identifizieren lassen. Die Abstandsparameter $a(J_1) \approx a(J_2)$ der FHFP-Gleichung fallen realistisch aus. Wie im Falle der Tab. 14 gilt für diese wiederum $a(J_1) \approx a(J_2) \approx q$.

---

[64]) Veröffentlichung in Vorbereitung.

[65]) *Robinson, R. A.* und *R. H. Stokes*, Electrolyte Solutions, 2. rev. Aufl. (London 1970).

Tab. 15. Auswertung der Ergebnisse von *Kay*, *Zawoyski* und *Evans* nach der FO-Gleichung und nach der FHFP4-Gleichung Tetraalkylammoniumsalze in Methanol (25 °C)
($\varepsilon = 32{,}64$; $\eta = 0{,}5445$ cP; $q = 8{,}58$ Å)

Salz	FO-Gleichung[66]			FHFP4-Gleichung[61]			
	$\frac{\Lambda^\infty}{\Omega^{-1}\,cm^2\,mol^{-1}}$	$\frac{K_A}{mol^{-1}\,l}$	$\frac{a^*}{Å}$	$\frac{\Lambda^\infty}{\Omega^{-1}\,cm^2\,mol^{-1}}$	$\frac{K_A}{mol^{-1}\,l}$	$\frac{a(J_1)}{Å}$	$\frac{a(J_2)}{Å}$
Me_4NCl	120,82 ± 0,06	7,3 ± 0,8	3,28 ± 0,09	121,12 ± 0,02	24,9 ± 1,2	7,8 ± 0,3	7,2 ± 0,3
Bu_4NCl	91,38 ± 0,04	–	3,94 ± 0,04	91,29 ± 0,05	13 ± 5	8,2 ± 1,6	7,8 ± 1,1
Me_4NBr	125,16 ± 0,04	14,0 ± 0,7	3,50 ± 0,09	125,31 ± 0,02	28 ± 2	7,3 ± 0,6	6,8 ± 0,5
Et_4NBr	116,95 ± 0,03	9,8 ± 0,7	3,81 ± 0,11	117,02 ± 0,02	23 ± 3	7,8 ± 1,1	7,2 ± 1
Me_4NI	131,35 ± 0,05	18,0 ± 0,8	3,51 ± 0,10	131,54 ± 0,02	36 ± 2	8,5 ± 0,6	7,9 ± 0,5
n-Am_4NI	97,42 ± 0,02	15,7 ± 0,6	3,70 ± 0,08	97,55 ± 0,05	34 ± 4	8,7 ± 1,2	7,8 ± 0,8

[66]) *Kay, R. L., C. Zawoyski* und *D. F. Evans*, J. physic. Chem. **69**, 4208 (1965).

Die für eine Auswertung von Leitfähigkeitsdaten nach FHFP4 oder FJ4 erforderliche Meßgenauigkeit ($\sigma_\Lambda < 0{,}001$) wird nur mit wenigen Präzisionsmeßanlagen erreicht. *Justice*[61]) hat eine Möglichkeit für eine Datenanalyse von Ergebnissen üblicher Genauigkeit ($\sigma_\Lambda < 0{,}05$) aufgezeigt. Aus dem Ergebnis $a(J_1) \approx a(J_2) \approx q$ bisher vorgenommener FHFP4- und FJ4-Auswertungen leitet er die Hypothese ab, den Koeffizienten J_1 gemäß Tab. 12 mit $a = q$ zu berechnen und zusammen mit S, E' und $a(y'_\pm) = q$ im Gleichungssystem [3-29] vorzugeben. Dann verlangt das Ausgleichsverfahren nurmehr die Bestimmung der drei Koeffizienten Λ^∞, J_2 und K_A, was mit Daten geringerer Meßgenauigkeit möglich ist. Auswertungen dieser Art werden als FHFP3 oder FJ3 referiert. Tab. 14 enthält die Ergebnisse der Auswertung FJ3, der die gleichen Meßdaten wie der FHFP4- und FJ4-Auswertung zugrunde liegen. Bezüglich der signifikanten Größen Λ^∞ und K_A ergeben sich keine Abweichungen, die z. B. außerhalb der Streuungen einer Auswertung von FHFP4 gegenüber FJ4 lägen. Die Abstandsparameter $a(J_2)$ der dreiparametrigen Auswertung passen sich gut in die Reihe der $a(J_2)$-Werte der Datenanalysen mit vier Koeffizienten ein und erfüllen die in der dreiparametrigen Auswertung implizierte Bedingung $a(J_2) \approx q$. Weiterhin enthält diese Tabelle Auswertungen PFPP3 nach der *Pitts*gleichung (Koeffizienten in Tab. 12 unter *Pitts/Fernández-Prini* und *Prue*) mit Vorgabe von S, E', $J_1(q)$ und $a(y'_\pm) = q$. Diese verdeutlichen das Ergebnis der neuerlichen Revision der Theorie durch *Fuoss* und *Hsia*. Die für die Auswertungen FJ3 und PFPP3 errechneten J_1-Werte sind in Klammern angeführt.

Der Abstandsparameter a eines jeden Leitfähigkeitsgleichungssystems unterliegt der Kompatibilitätsbedingung

$$a = a(J_1) = a(J_2) = a(y'_\pm)\,.$$

Fordert man. wie *Justice*, darüber hinaus $a = q$, so bedeutet das eine Maßnahme bezüglich der Randbedingungen [3-10.11] des Differentialgleichungssystems und Modifikation des *Fuoss*schen Modells[74,85]). Tab. 16 enthält eine Zusammenstellung von Daten zu dieser Frage. Die Kontrolle der Aussage erfolgt, indem $a(J_1) = q$ gesetzt wird und dann $a(J_2) \approx q$ gefunden werden muß. Inkonsequenzen der Auswertung nach Gl. [3-30] verschwinden, wie z. B. negative Assoziationskonstanten oder unrealistische Abhängigkeiten der Abstandsparameter von den Ionengrößen. In Tab. 16 ist a^* wiederum der aus der ursprünglichen Auswertung, die nicht in jedem Falle nach der FO-Gleichung erfolgt ist, resultierende Abstandsparameter. Eine Angabe (n.a.) bedeutet, daß die ursprüngliche Auswertung mit Hilfe einer Leitfähigkeitsgleichung für den vollständig dissoziierten (nicht assoziierten) Elektrolyten erfolgt ist. In einigen Arbeiten findet man in diesem Zusammenhang den Hinweis, daß die Auswertung im andern Fall zu negativen Assoziationskonstanten führt. Die in der letzten Spalte aufgeführte Größe a_K^B wird im 6. Kapitel im Zusammenhang mit der Ionenassoziation diskutiert werden.

Anmerkungen zur Tab. 16:

a) in[57]) ist bereits die Auswertung mit Fixierung des a-Wertes in Leitfähigkeitsgleichung und Aktivitätskoeffizient vorgenommen worden. Mit $a = 5$ Å werden die Leitfähigkeitsdaten besser wiedergegeben als mit $a = q$.

b) In[56]) erfolgte Fixierung $a = 5$ Å wie unter a).

c) In[71]) erfolgte Auswertung nach der vollständigen Leitfähigkeitsgleichung Gl. [3-3] für nicht assoziierende Elektrolyte. [71]) enthält J_1 und J_2, jedoch keine a-Werte.

Tab. 16. Vergleichende Auswertung von Leitfähigkeitsdaten nach älteren Leitfähigkeitsgleichungen und nach FHFP 3 oder FJ 3

Lösungsmittel	ε	Salz	ursprüngl. Auswertung				FHFP 3 oder FJ 3 $[a(J_1) = q]$					
			$\frac{\Lambda^\infty}{\Omega^{-1}\,\mathrm{cm}^2\,\mathrm{mol}^{-1}}$	$\frac{K_A}{\mathrm{mol}^{-1}\,\mathrm{l}}$	$\frac{a^*}{\text{Å}}$	Zitat	$\frac{\Lambda^\infty}{\Omega^{-1}\,\mathrm{cm}^2\,\mathrm{mol}^{-1}}$	$\frac{K_A}{\mathrm{mol}^{-1}\,\mathrm{l}}$	$\frac{a(J_2)}{\text{Å}}$	Zitat	$\frac{q}{\text{Å}}$	$\frac{a_K^B}{\text{Å}}$
Wasser												
+ Methanol	74,21	$MnSO_4$	104,9	237	5,2	[67]	105,23 ± 0,05	354 ± 2	14,1	[61]	15,10	4,0
+ Aceton	62,00		80,0	1750	5,1	[68]	81,19 ± 0,09	2157 ± 9	16,2		18,08	3,4
+ Dioxan	57,56		81,0	1156	4,98	[69]	83,08 ± 0,17	1630 ± 18	17,7		19,47	4,1
Wasser	68,00	CsBr	Auswertung in der Originalarbeit bereits nach FJ 3			[70]	105,18 ± 0,03	0,12 ± 0,08	4,6 ± 0,1	[70]	4,12	4,0
+ Tetrahydro-furan	56,69						79,40 ± 0,10	1,17 ± 1,3	5,5 ± 2,5		4,95	4,1
	40,00						61,34 ± 0,02	9,0 ± 0,4	5,5 ± 0,6		7,00	4,0
	24,62						50,16 ± 0,03	101,1 ± 0,9	10,2 ± 0,2		11,38	3,6
	18,30						49,33 ± 0,07	505 ± 4	14,4 ± 0,2		15,31	3,6
	15,60						51,74 ± 0,11	1435 ± 4	17,3 ± 0,1		17,96	3,7
	12,60						59,09 ± 0,18	7895 ± 12	22,1 ± 0,1		22,24	3,8
Wasser	44,60	CsBr	Auswertung in der Originalarbeit bereits nach FJ 3			[70]	74,93 ± 0,02	5,5 ± 0,2	6,6 ± 0,1	[70]	6,28	4,0
+ Dioxan	27,30						55,36 ± 0,01	56,4 ± 0,1	9,1 ± 0,0		10,26	3,8
	19,32						48,20 ± 0,01	264 ± 1	13,1 ± 0,1		14,50	4,1
	16,67						45,90 ± 0,02	557 ± 2	15,0 ± 0,1		16,81	4,2
	15,01						44,77 ± 0,04	892 ± 2	17,2 ± 0,1		18,67	4,5
	12,81						42,92 ± 0,16	2267 ± 11	18,7 ± 0,1		21,87	4,6
	11,00						40,27 ± 0,10	5859 ± 12	21,4 ± 0,1		25,47	4,9
	10,19						39,48 ± 0,07	10687 ± 42	22,2 ± 0,1		27,50	5,0
Sulfolan	43,33	$LiClO_4$	11,053	6,5	(5,0)	[57] a)	11,06 ± 0,01	8 ± 1	5	[61]	6,35	3,3
		KPF_6	9,995	4,6	(5,0)		10,00 ± 0,01	4,6 ± 0,5	7,3			3,4

[67] *Hallada, C. J.* und *G. Atkinson*, J. Amer. chem. Soc. **83**, 3759 (1961).
[68] *Atkinson, G.* und *S. Petrucci*, J. Amer. chem. Soc. **86**, 7 (1964).
[69] *Atkinson, G.* und *C. J. Hallada*, J. Amer. chem. Soc. **84**, 721 (1962).
[70] *Treiner, C.* und *J.-C. Justice*, J. chim. physique **68**, 56 (1971).

Tab. 16 (*Fortsetzung*)

Lösungsmittel	ε	Salz	ursprüngl. Ausw.				FHFP 3 oder FJ 3 $[a(J_1) = q]$					
			$\frac{\Lambda^\infty}{\Omega^{-1}\,cm^2\,mol^{-1}}$	$\frac{K_A}{mol^{-1}\,l}$	$\frac{a^*}{Å}$	Zitat	$\frac{\Lambda^\infty}{\Omega^{-1}\,cm^2\,mol^{-1}}$	$\frac{K_A}{mol^{-1}\,l}$	$\frac{a(J_2)}{Å}$	Zitat	$\frac{q}{Å}$	$\frac{a_K^B}{Å}$
Dimethyl-formamid	35,71	$LiClO_4$	77,42	–	(5,0)	56) b)	77,49 ± 0,02	6,6 ± 0,7	6,5	61)	7,63	5,7
Nitromethan	35,93	Bu_4NBPh_4	67,10 ± 0,03	(n.a.)	–	71) c)	67,14 ± 0,02	3,4 ± 0,3	8,6	61)	7,64	6,8
		Bu_4NBr	97,04 ± 0,05	(n.a.)	–	72)	96,96 ± 0,01	8,2 ± 0,2	7,4			5,2
Acetonitril	36,01	Bu_4NBPh_4	119,90 ± 0,06	8,2	5,18 ± 0,06	73)	119,66 ± 0,10	5,1 ± 0,9	7,3	61)	7,78	6,3
		Bu_4NBr	162,10 ± 0,01	1,4 ± 0,2	3,45 ± 0,04	60)	162,16 ± 0,03	13,2 ± 0,3	7,4			4,3
		Ph_4AsClO_4	159,52 ± 0,06	–	4,51 ± 0,05	75)	159,43 ± 0,02	5,8 ± 0,2	7,8			6,1
Methanol	32,62	Me_3SI	130,32 ± 0,03	23,4 ± 0,6	3,7 ± 0,1	76)	130,46 ± 0,01	39,4 ± 0,1	7,8	61)	8,58	2,9
		KPi	99,28 ± 0,05	11,5 ± 3,1	–	77)	99,41 ± 0,02	29,8 ± 0,3	8,6			3,4
		$Am_3BuNBPh_4$	73,21 ± 0,00	21,5 ± 0,2	–		73,22 ± 0,01	36,7 ± 1	8,7			3,0
Methanol + Cyclohexan	29,58	KOMe	100,54	(n.a.)	–	78)	100,22 ± 0,07	8,8 ± 2,1	11,9 ± 0,6	41)	9,5	7,7
	25,52		93,21	(n.a.)	–	d)	93,13 ± 0,08	30,9 ± 2,6	11,0 ± 0,6		10,98	6,7
	24,72		92,11	(n.a.)	–		91,81 ± 0,07	31,0 ± 2,1	12,5 ± 0,3		11,33	7,3
	21,65		85,75	(n.a.)	–		85,99 ± 0,07	69,3 ± 2,7	12,9 ± 0,3		12,94	6,6
Methanol + CCl_4	18,60	Et_4NClO_4	81,4 ± 0,1	560 ± 15	3,7 ± 0,5	79)	81,62 ± 0,16	695 ± 13	13,6	61)	15,06	3,2

[71]) *Coplan, M. A., M.-C. Justice* und *M. Quintin*, J. chim. physique **65**, 1152 (1968).
[72]) *Unni, A. K. R., L. Elias* und *H. J. Schiff*, J. physic. Chem. **67**, 1216 (1963).
[73]) *Brown, A. M.* und *R. M. Fuoss*, J. physic. Chem. **64**, 1341 (1960).
[74]) *Fuoss, R. M.*, J. physic. Chem. **78**, 1383 (1974); **79**, 1038 (1975).
[75]) *Springer, C. H., J. F. Coetzee* und *R. L. Kay*, J. physic. Chem. **73**, 471 (1969).
[76]) *Evans, D. F.* und *T. L. Broadwater*, J. physic. Chem. **72**, 1037 (1968).
[77]) *Coplan, M. A.* und *R. M. Fuoss*, J. physic. Chem. **68**, 1177 (1964).
[78]) *Barthel, J., M. Knerr* und *G. Engel*, Z. physik. Chem. N.F. **69**, 283 (1970).
[79]) *Conti, F., P. Delogu* und *G. Pistoia*, J. physic. Chem. **72**, 1396 (1968).

Tab. 16. (*Fortsetzung*)

Lösungsmittel	ε	Salz	ursprüngl. Ausw.				FHFP 3 oder FJ 3 $[a(J_1) = q]$					
			$\frac{\Lambda^\infty}{\Omega^{-1}\,cm^2\,mol^{-1}}$	$\frac{K_A}{mol^{-1}\,l}$	$\frac{a^*}{Å}$	Zitat	$\frac{\Lambda^\infty}{\Omega^{-1}\,cm^2\,mol^{-1}}$	$\frac{K_A}{mol^{-1}\,l}$	$\frac{a(J_2)}{Å}$	Zitat	$\frac{q}{Å}$	$\frac{a_K^B}{Å}$
Methanol	31,87	KCl	99,73 ± 0,03	15,66 ± 0,07	(*q*)	[80]) e)	99,86 ± 0,05	23,8 ± 0,5	8,4 ± 0,2	[80])	8,79	4,2
+ n-Butanol	31,10		95,12 ± 0,07	17,64 ± 0,09	(*q*)		95,46 ± 0,14	29,1 ± 1,2	8,2 ± 0,5		9,01	4,0
	29,40		85,11 ± 0,04	21,23 ± 0,14	(*q*)		85,73 ± 0,23	38,2 ± 3,4	8,2 ± 0,8		9,53	4,0
	27,62		75,84 ± 0,05	26,47 ± 0,12	(*q*)		76,17 ± 0,03	43,8 ± 0,5	9,7 ± 0,1		10,14	4,3
Äthanol	24,30	LiCl	38,90	56	–	[81]) f)	38,95 ± 0,02	68 ± 3	11,9	[61])	11,53	4,8
		NaCl	42,16	80	–		42,18 ± 0,03	87 ± 4	12,4			4,1
		KCl	45,40	126	–		45,43 ± 0,02	134 ± 3	11,8			3,3
Äthanol	24,30	KOEt	46,62	36		[82])	46,64 ± 0,04	89,6 ± 4	13,6 ± 0,9	[41])	11,53	4,0
+ Benzol	20,10		48,92	228			49,00 ± 0,07	335 ± 8	14,9 ± 0,6		13,9	3,5
	16,70		49,06	873			49,46 ± 0,06	1130 ± 8	16,4 ± 0,2		16,8	3,5
	16,17		49,65	1150			50,13 ± 0,07	1442 ± 12	16,7 ± 0,2		17,3	3,5
	15,42		49,27	1550			49,90 ± 0,07	1938 ± 12	17,3 ± 0,2		18,2	3,5
	13,41		48,86	4140			49,98 ± 0,11	4950 ± 34	19,4 ± 0,2		20,9	3,7
n-Propanol	20,49	NaOPr	22,55	560	–	[83])	22,61 ± 0,02	672 ± 4	13,6 ± 0,2	[41])	13,59	2,7
	20,49	KOPr	24,23	648	–		24,32 ± 0,02	762 ± 5	12,8 ± 0,2		13,59	2,7
	23,41	CsOPr, 5°	CsOPr in der Originalarbeit bereits nach FHFP 3 ausgewertet			[41])	15,05 ± 0,00	538 ± 1	12,3 ± 0,1		12,83	2,6
	21,91	15°					19,86 ± 0,01	724 ± 2	12,6 ± 0,1		13,23	2,6
	20,49	25°					25,84 ± 0,01	992 ± 2	12,8 ± 0,1		13,67	2,6
	19,18	35°					33,05 ± 0,02	1376 ± 5	13,2 ± 0,1		14,13	2,5

[80]) *De Rossi, C., B. Sesta, M. Battistini* und *S. Petrucci*, J. Amer. chem. Soc. **94**, 2961 (1972).
[81]) *Graham, J. R., G. S. Kell* und *A. R. Gordon*, J. Amer. chem. Soc. **79**, 2352 (1957).
[82]) *Barthel, J., H. J. Gores* und *G. Engel*, Z. physik. Chem. N.F. **72**, 50 (1970).
[83]) *Barthel, J., M. Knerr, G. Schwitzgebel* und *R. Wachter*, Z. physik. Chem. N.F. **72**, 222 (1970).

Tab. 16 (*Fortsetzung*)

Lösungsmittel	ε	Salz	ursprüngl. Ausw.				FHFP 3 oder FJ 3 $[a(J_1) = q]$					
			$\frac{\Lambda^\infty}{\Omega^{-1}\,cm^2\,mol^{-1}}$	$\frac{K_A}{mol^{-1}\,l}$	$\frac{a^*}{Å}$	Zitat	$\frac{\Lambda^\infty}{\Omega^{-1}\,cm^2\,mol^{-1}}$	$\frac{K_A}{mol^{-1}\,l}$	$\frac{a(J_2)}{Å}$	Zitat	$\frac{q}{Å}$	$\frac{a_K^B}{Å}$
n-Propanol	20,49	Pr_4NI	in der Originalarbeit bereits nach FJ3 ausgewertet			[55]) g)	26,27 ± 0,01	516 ± 1	12,9 ± 0,1	[55])	13,68	3,0
		Bu_4NI					24,66 ± 0,03	514 ± 8	14,4 ± 0,9			3,0
		$MeBu_3NI$					25,45 ± 0,01	615 ± 2	13,1 ± 0,1			2,8
		Me_2Bu_2NI					26,56 ± 0,01	673 ± 2	12,7 ± 0,1			2,8
		$EtBu_3NI$					25,52 ± 0,01	543 ± 3	12,9 ± 0,2			2,9
		i-Am_4NI					23,78 ± 0,01	570 ± 0,3	13,9 ± 0,2			2,9
		i-Am_3BuNI					24,10 ± 0,01	565 ± 1	13,2 ± 0,1			2,9
i-Propanol	19,41	Et_4NI	27,62 ± 0,06	1200 ± 20	7,3 ± 0,4	[84]) h)	27,73 ± 0,07	1300 ± 18	13,4 ± 0,6	[84])	14,4	Angabe fehlt
		Pr_4NI	24,47 ± 0,02	1100 ± 10	6,1 ± 0,2		24,52 ± 0,02	1195 ± 8	14,1 ± 0,5			
		Bu_4NI	23,08 ± 0,02	1300 ± 10	6,6 ± 0,3		23,12 ± 0,01	1394 ± 4	13,7 ± 0,2			
		i-Am_3BuNI	22,53 ± 0,01	1690 ± 10	8,0 ± 0,3		22,56 ± 0,01	1772 ± 5	12,4 ± 0,5			
		Me_4NBr	24,49 ± 0,03	1790 ± 15	6,9 ± 0,3		24,55 ± 0,02	1887 ± 6	14,6 ± 0,2			
		Et_4NBr	26,15 ± 0,01	1110 ± 5	7,9 ± 0,2		26,20 ± 0,01	1183 ± 4	13,6 ± 0,2			
		Pr_4NBr	23,09 ± 0,02	850 ± 10	6,5 ± 0,2		23,15 ± 0,01	951 ± 2	13,2 ± 0,2			
		Bu_4NBr	21,52 ± 0,02	890 ± 10	6,2 ± 0,2		21,59 + 0,01	999 ± 3	13,2 ± 0,1			
		Me_4NCl	23,65 ± 0,06	1880 ± 30	8,8 ± 0,7		23,72 ± 0,05	1960 ± 20	11 ± 1			
		Bu_4NCl	20,69 ± 0,02	670 ± 15	8,9 ± 0,5		20,70 ± 0,01	734 ± 6	10,7 ± 0,8			

[84]) *Matesich, M. A., J. A. Nadas* und *D. F. Evans*, J. physic. Chem. **74**, 4568 (1970).

Tab. 16 (*Fortsetzung*)

Lösungsmittel	ε	Salz	ursprüngl. Ausw.				FHFP 3 oder FJ 3 [$a(J_1) = q$]					
			$\frac{\Lambda^\infty}{\Omega^{-1}\,cm^2\,mol^{-1}}$	$\frac{K_A}{mol^{-1}\,l}$	$\frac{a^*}{Å}$	Zitat	$\frac{\Lambda^\infty}{\Omega^{-1}\,cm^2\,mol^{-1}}$	$\frac{K_A}{mol^{-1}\,l}$	$\frac{a(J_2)}{Å}$	Zitat	$\frac{q}{Å}$	$\frac{a_K^B}{Å}$
2,2,2-Trifluor-äthanol	26,67	LiCl	26,38 ± 0,04	130 ± 3	3,2 ± 0,1	[63]) h)	26,66 ± 0,01	192,6 ± 0,7	10,21 ± 0,05	[63])	10,5	Angabe fehlt
		KCl	33,28 ± 0,01	70 ± 4	5,1 ± 0,5		33,19 ± 0,02	121 ± 3	6 ± 2			
		CsCl	36,98 ± 0,01	43 ± 1	4,3 ± 0,1		37,02 ± 0,01	76,6 ± 0,5	9,7 ± 0,1			
		Me_4NCl	39,99 ± 0,04	6 ± 9	6 ± 1		40,00 ± 0,04	29 ± 4	8,1 ± 1,8			
		Bu_4NCl	29,61 ± 0,01	4 ± 6	7 ± 1		29,61 ± 0,01	22 ± 2	6 ± 2			
		KBr	34,94 ± 0,01	48 ± 2	4,1 ± 0,2		34,95 ± 0,01	80,5 ± 1,7	11,1 ± 0,6			
		Me_4NBr	41,43 ± 0,03	(n.a.)	4,08 ± 0,05		41,41 ± 0,01	32,9 ± 0,2	9,74 ± 0,04			
		Et_4NBr	38,58 ± 0,02	(n.a.)	4,99 ± 0,05		38,58 ± 0,03	27,8 ± 1,6	8,9 ± 0,4			
		Pr_4NBr	33,57 ± 0,03	(n.a.)	5,6 ± 0,1		33,49 ± 0,01	17,8 ± 0,4	10,1 ± 0,1			
		Bu_4NBr	31,00 ± 0,01	(n.a.)	5,88 ± 0,06		30,97 ± 0,01	20 ± 1	9,4 ± 0,4			
		KI	36,86 ± 0,02	40 ± 3	4,4 ± 0,3		36,87 ± 0,03	72 ± 2	9,8 ± 0,5			
		Me_4NI	43,56 ± 0,01	(n.a.)	3,91 ± 0,02		43,61 ± 0,00	35,7 ± 0,1	9,84 ± 0,03			
		Et_4NI	40,56 ± 0,01	(n.a.)	4,79 ± 0,04		40,53 ± 0,01	25,6 ± 0,5	10,2 ± 0,1			
		Pr_4NI	35,71 ± 0,01	(n.a.)	5,21 ± 0,04		35,69 ± 0,01	23,4 ± 0,5	10,1 ± 0,2			
		Bu_4NI	33,10 ± 0,01	(n.a.)	5,38 ± 0,05		33,07 ± 0,00	22,2 ± 0,4	10,1 ± 0,1			
		$i\text{-}Am_3BuNI$	32,05 ± 0,02	4 ± 6	6,1 ± 0,8		32,06 ± 0,02	27 ± 2	7,9 ± 1,3			
		Me_4NClO_4	45,37 ± 0,01	10 ± 1	3,9 ± 0,1		45,42 ± 0,02	46 ± 1	10,2 ± 0,2			
		Bu_4NClO_4	34,74 ± 0,01	(n.a.)	4,98 ± 0,02		34,74 ± 0,01	27,7 ± 0,6	9,5 ± 0,2			

[85]) *Justice, J.-C.*, J. physic. Chem. **79**, 454, 1039 (1975).

d) In der Originalarbeit erfolgte Auswertung nach Gl. [3-3] (ohne J_2) für nicht assoziierende Elektrolyte.

e) Auswertung nach FHFP unter Berücksichtigung des *Chen*-Effektes und mit Fixierung $a^* = q$.

f) In[81]) Auswertung nach der *Shedlovsky*gleichung.

g) Die Originalarbeit enthält neben den hier angegebenen Daten für 25 °C die Daten für 10°, 0°, −10°, −20°, −30° und −40° nach FJ3.

h) In der Originalarbeit nach FO (ohne J_2) und FJ3 ausgewertet.

Die direkt zugänglichen Informationen der Leitfähigkeitsuntersuchung sind die Größen Λ^∞, K_A und $a = a(J_1) = a(J_2)$. Der Abstandsparameter a und seine wechselnde Interpretation in der Entwicklung der Leitfähigkeitstheorie ist vorangehend (vgl. auch[61, 86])) diskutiert worden. Seine Bedeutung besteht eher in der Charakterisierung der inneren Konsequenz der Theorie als in der Möglichkeit, aus ihm Informationen bezüglich der Nahordnung in der Umgebung der Ionen zu erhalten. Diese liefern die Größen Λ^∞ und K_A in ausgeprägterem Maße. Als Grenzwert der Leitfähigkeit für die unendlich verdünnte Lösung, wie die Durchsicht von Tab. 16 ausweist, ist die Größe Λ^∞ wenig empfindlich in bezug auf die gewählte Leitfähigkeitsgleichung. Bezüglich der Assoziationskonstante K_A ist eine differenziertere Beurteilung notwendig. Abgesehen von der möglichst hoch angestrebten Meßgenauigkeit σ_{K_A}, die für eine Diskussion auch kleiner Veränderungen von K_A in vergleichenden Untersuchungen, bei denen die Auswertung der Daten nach der gleichen Leitfähigkeitsgleichung erfolgen muß, Bedeutung erlangt, ist die „absolute" Genauigkeit von K_A nicht allzu hoch zu veranschlagen. Als Beurteilungsgrundlage bei der Verwendung von Daten aus der älteren Literatur mag gelten, daß Assoziationskonstanten $K_A > 10^4\,\mathrm{mol^{-1}\,l}$ Auswertemethoden auf der Grundlage der Grenzgesetze und $K_A > 5 \cdot 10^2\,\mathrm{mol^{-1}\,l}$ solchen mit einer Leitfähigkeitsgleichung [3-29] ohne J_2-Term entstammen können. In jedem Fall ist die vollständige Leitfähigkeitsgleichung [3-29] erforderlich, wenn $K_A < 50\,\mathrm{mol^{-1}\,l}$ ausfällt.

Die Gestalt eines Leitfähigkeitsdiagramms $\Lambda = f(c)$ wird von der Assoziationskonstante wesentlich bestimmt. Abb. 3 ist ein typisches Beispiel[87]). Die $\Lambda - \sqrt{c}$-Darstellung für Kaliumalkoholate im jeweils entsprechenden Alkohol als Lösungsmittel reicht vom vollständig dissoziierten CH_3OK in CH_3OH ($K_A = 0$) bis zum i-C_3H_7OK in i-C_3H_7OH mit $K_A = 17\,600\,\mathrm{mol^{-1}\,l}$. Die eingetragenen Meßpunkte entstammen zwei unabhängigen Meßreihen. Die durch die Meßpunkte gezeichneten und auf $c = 0$ extrapolierten Kurvenzüge entsprechen der Gl. [3-29]. Weiterhin ist in jedem Fall die Steigung des Grenzgesetzes für den vollständig dissoziierten Elektrolyten eingezeichnet. Abb. 3 macht deutlich, daß die Abweichung der Meßwerte von dieser Grenz-

[86]) *Fernández-Prini, R.*, in: *A. K. Covington* und *T. Dickinson*, Physical Chemistry of Organic Solvent Systems, S. 525 (London 1973).

[87]) *Barthel, J., R. Wachter* und *M. Knerr*, Electrochimica Acta **16**, 723 (1971).

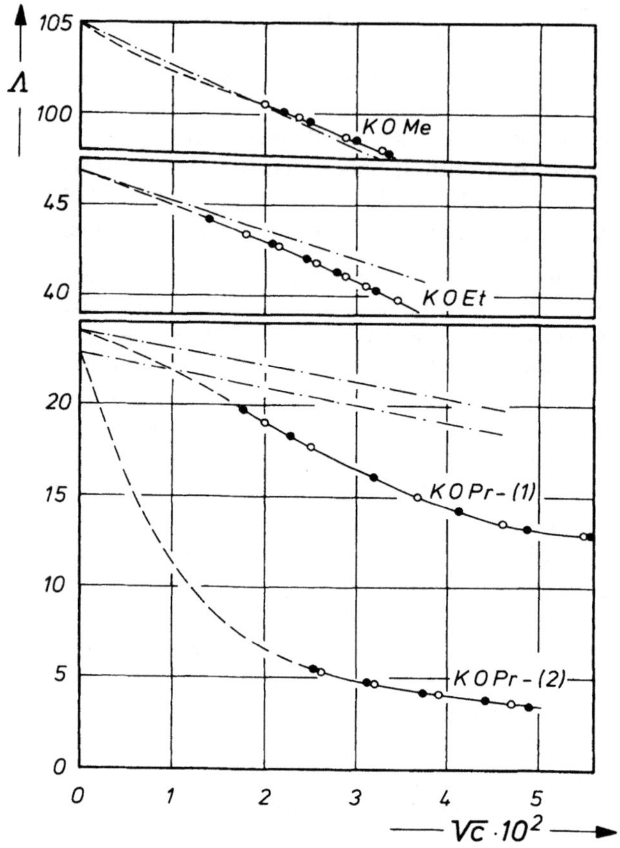

Abb. 3. Leitfähigkeit der Kaliumalkoholate KOR in ihren Alkoholen HOR als Lösungsmittel (25°C); R = CH_3, C_2H_5, n-C_3H_7 und i-C_3H_7[87]. ○ und ● sind Meßwerte aus verschiedenen Konzentrationsreihen.

Tab. 17. Assoziationskonstanten für Kaliumalkoholate in ihren Alkoholen als Lösungsmittel (25 °C) nach verschiedenen Auswertemethoden

Elektrolyt	Lösungsmittel	$K_A/(\text{mol}^{-1}\,\text{l})$ vollständige Leitfähigkeitsgleichung mit J_2	ohne J_2	Grenzgesetz
CH_3OK	CH_3OH	0	negativ	–
C_2H_5OK	C_2H_5OH	90 ± 4	36	–
n-C_3H_7OK	n-C_3H_7OH	762 ± 5	650	600
i-C_3H_7OK	i-C_3H_7OH	18000 ± 1200	17600	21000

geraden nicht als Assoziation gedeutet werden darf. Die Leitfähigkeitsfunktion des vollständig dissoziierten Elektrolyten schneidet die Grenzgerade. Der Schnittpunkt in Abb. 3 stimmt mit dem aus der Gleichsetzung von Gl. [3-3] mit Gl. [3-18] errechneten überein. Die Assoziationskonstanten für verschiedene Auswertungen sind in Tab. 17 enthalten.

Dem Fragenkomplex der Assoziation ist ein besonderes Kapitel (6. Kapitel) gewidmet. Nur einige Ergebnisse seien im Zusammenhang mit der Diskussion der Leitfähigkeitsuntersuchungen hier angeführt. *Bjerrum* formulierte die Assoziationskonstante mit einem elektrostatischen Ansatz aus der Abzählung von Ionen entgegengesetzten Vorzeichens in der Umgebung eines gegebenen Ions[88]). Als asymptotische Näherung seiner Assoziationskonstante ergibt sich für einen symmetrischen Elektrolyten der Ausdruck (vgl. Abschnitt 6.2)

$$K_A = \frac{4\pi\rho a^3}{c}\frac{e^b}{b} \qquad [3\text{-}31]$$

$$b = \frac{z^2 e_0^2}{4\pi\epsilon_0 \varepsilon k T a}. \qquad [3\text{-}31\,a]$$

Die *Bjerrum*sche Assoziationstheorie bringt mit ihrer Assoziationskonstante Gl. [6-16] oder deren asymptotischer Form Gl. [3-31] einen weiteren Abstandsparameter a in die Diskussion, den Abstand der Ionen im Ionenpaar (s. 6. Kapitel). Während die *Bjerrum*theorie als Ionenpaare Konfigurationen zweier Ionen zuläßt, die nicht notwendig Kontaktpaare sind, beschränkt sich die *Fuoss*-Theorie mit der Assoziationskonstante[89])

$$K_A = \frac{4\pi\rho a^3}{3c} e^b \qquad [3\text{-}32]$$

ausschließlich auf die Abzählung solcher.

Für die Theorie der Elektrolytleitfähigkeit ist von Interesse, daß es der ad-hoc-Hypothese einer Assoziationskonstante, d. h. der Einführung der Ionenassoziation über den Dissoziationsgrad des angenommenen Gleichgewichtes $K^+ + A^- \rightleftarrows [K^+A^-]^0$ nicht bedarf. Die erste Herleitung einer Leitfähigkeitsgleichung für ionophore Elektrolyte, die die Notwendigkeit dieser ad-hoc-Hypothese nicht erfordert, wurde mit Beibehaltung des vollständigen *Boltzmann*faktors in der Paarverteilungsfunktion Gl. [1-28] von *Fuoss, Onsager* und *Skinner*[90, 91]) gegeben. In der Leitfähigkeitsgleichung dieser Autoren (FOS-Gleichung)

$$\Lambda = \Lambda^\infty - Sc^{1/2} + E'c\ln\tau^2 + L(a)c - A(a)\Lambda^\infty c e^{-2\tau} \qquad [3\text{-}33]$$

$$\tau = \tfrac{1}{2}ba\kappa \quad (\text{auch: } \tau = A\sqrt{\Gamma} \text{ gemäß Gl. [1-37]}) \qquad [3\text{-}33\,a]$$

[88]) *Bjerrum, N.*, Kgl. danske Vidensk. Selsk., Mat.-fysiske Medd. 7, No. 9 (1926).

[89]) *Fuoss, R. M.*, J. Amer. chem. Soc. **79**, 3301 (1957); **80**, 5059 (1958).

[90]) *Fuoss, R. M.* und *L. Onsager*, J. physic. Chem. **66**, 1722 (1962); **67**, 621, 628 (1963); **68**, 1 (1964).

[91]) *Fuoss, R. M., L. Onsager* und *J. F. Skinner*, J. physic. Chem. **69**, 2581 (1965).

ist $A(a)$ eine Funktion des Abstandsparameters a, der sich mit fallender DZ des Lösungsmittels asymptotisch dem Wert für die *Fuoss*sche Assoziationskonstante (Gl. [3-32]) nähert. Damit enthält Gl. [3-33] als Grenzform die *Fuoss*gleichung für assoziierende Elektrolyte; sie läßt sich für kleine Konzentrationen wegen $\tau^2 = 6E_1'c$ mit $[L(a) + E' \ln 6E_1'] = J_1(a)$ im Bereich der Lösungsmittel niedriger DZ in diese überführen. Andererseits ist in verdünnten Lösungen hoher Dielektrizitätszahl $e^{-2\tau} \approx 1$ und mit Zusammenfassung der linearen Glieder als $J_1(a) = [L(a) - \Lambda^\infty A(a) + E' \ln 6E_1']$ folgt formal die *Fuoss-Onsager*sche Gleichung für nicht assoziierte Elektrolyte. *Ebeling, Kraeft* und *Kremp*[92,93]) geben eine Leitfähigkeitsgleichung gleichen Typs an, deren Grundlage die *Liouville*gleichung ist. Sie stimmt in den Termen S und E' mit der FOS-Gleichung überein, unterscheidet sich aber im linearen Term, im Aktivitätskoeffizienten und im Assoziationsterm. Letzterer liefert in asymptotischer Entwicklung für große *Bjerrum*parameter b die *Bjerrum*sche Assoziationskonstante Gl. [3-31]. Die im Falle assoziierter Elektrolyte nur für kleine Konzentrationen[52]) gültige Gleichung erfuhr eine Revision durch die Untersuchungen von *Ebeling* und *Kraeft*[95,96]). Einen Vergleich der Aussage dieser Gleichung gegenüber der FOS-Gleichung geben *Kraeft* und *Sändig*[97]). Die Erweiterung der Theorie in den Bereich höherer Elektrolytkonzentrationen erfolgt durch *Ebeling, Geisler, Kraeft* und *Sändig*[94]).

Die Literatur enthält neben den bisher diskutierten Leitfähigkeitsgleichungen mit der Zielsetzung allgemein möglicher Anwendbarkeit auf Elektrolyte in Lösung solche mit enger gefaßter Zielsetzung für die Untersuchung spezieller Systeme. Als Beispiele seien die Arbeiten von *Ebeling, Falkenhagen* und *Kraeft*[98]) zum Abfall der Leitfähigkeit mit zunehmender Konzentration einer neutralen Komponente (Zucker, Glycerin, Mannit) zum Lösungsmittel im Rahmen einer molekularen Theorie, in der der Hauptbeitrag zur Leitfähigkeitserniedrigung durch den Raumbedarf der Ionen und der neutralen Moleküle bedingt ist und die Untersuchungen von *Ulbricht* und *Falkenhagen*[99]) zur Leitfähigkeit der Lösungen mit Tetraalkylammoniumionen genannt. Letztere basiert auf den Arbeiten von *Kremp, Ulbricht* und *Kelbg* über irreversible Prozesse in Elektrolyten mit einem Kastenpotential[100]) zur Erfassung der Nahwirkungskräfte.

---

[92]) *Kremp, D., W. D. Kraeft* und *W. Ebeling*, Ann. Physik (7) **18**, 246 (1966).
[93]) *Ebeling, W., W. D. Kraeft* und *D. Kremp*, J. physic. Chem. **70**, 3338 (1966).
[94]) *Ebeling, W., D. Geisler, D. Kraeft* und *R. Sändig*, Wiss. Z. Univ. Rostock **23**, 903 (1974).
[95]) *Ebeling, W.*, Z. physik. Chem. **238**, 400 (1968).
[96]) *Kraeft, W. D.* und *W. Ebeling*, Z. physik. Chem. **240**, 141 (1969).
[97]) *Kraeft, W. D.* und *R. Sändig*, J. chim. physique **67**, 1265 (1970).
[98]) *Ebeling, W., H. Falkenhagen* und *W. D. Kraeft*, Ann. Physik (7) **18**, 15 (1966).
[99]) *Ulbricht, H.* und *H. Falkenhagen*, Z. physik. Chem. **243**, 305, 313 (1970).
[100]) *Kremp, D., H. Ulbricht* und *G. Kelbg*, Z. physik. Chem. **240**, 65, 80 (1969).

3.6. Die Auswertung von Meßdaten

Zur Auswertung von Meßdaten nach Gl. [3-3] stehen mehrere Verfahren zur Verfügung. Die heute zweckmäßigsten sind numerische Ausgleichsverfahren, zu denen die Grundlagen von *Kay*[101, 102]) gegeben worden sind. Nach Vorgabe von Näherungswerten $^{(0)}\Lambda^\infty$, $^{(0)}J_1$, $^{(0)}J_2$ läßt sich Gl. [3-3] in üblicher Weise gemäß

$$\Lambda(^{(0)}\Lambda^\infty + \Delta\Lambda^\infty, {}^{(0)}J_1 + \Delta J_1, {}^{(0)}J_2 + \Delta J_2 = \Lambda(^{(0)}\Lambda^\infty, {}^{(0)}J_1, {}^{(0)}J_2) + \frac{\delta\Lambda}{\delta\Lambda^\infty}\Delta\Lambda^\infty + \frac{\delta\Lambda}{\partial J_1}\Delta J_1 + \frac{\delta\Lambda}{\delta J_2}\Delta J_2 \qquad [3\text{-}34]$$

entwickeln. Nach einem Ausgleichsprogramm werden iterativ $\Delta\Lambda^\infty$, ΔJ_1, ΔJ_2 berechnet, bis eine im Programm vorgegebene Schranke unterschritten wird (Beispiel in[49])). Von *Kay* selbst[101]) wurde die Leitfähigkeitsfunktion als $\Lambda = \Lambda(\Lambda^\infty, a)$ aufgefaßt (bei $J_2 = 0$) und ein entsprechendes numerisches Auswerteverfahren angegeben. Die Übertragung auf weitere Fälle ist unmittelbar vorzunehmen. Die Auswertung der Daten nach einer Leitfähigkeitsgleichung für assoziierende Elektrolyte geht entsprechend Gl. [3-29] im allgemeinen Falle von der Darstellung der Leitfähigkeitsgleichung als $\Lambda = \Lambda(\Lambda^\infty, J_1, J_2, K_A)$ aus. Die den Tabellen 14, 15 und 16 zugrunde liegenden Verfahren FHFP 4 und FHFJ 4 bzw. FHFP 3 und FJ 3 sind Beispiele dieser Art. Die mathematische Problemstellung dieser Auswerteverfahren ergibt sich als Ausgleich nach vermittelnden Beobachtungen.

Neben den numerischen Verfahren existieren eine Reihe graphischer Verfahren, denen jedoch die Möglichkeit für eine Beurteilung der Sicherheit der erhaltenen Ergebnisse abgeht. Ein graphisches Verfahren zur Bestimmung von Λ^∞ und J_1 aus Gl. [3-3] (mit $J_2 = 0$) ist in[1]) angegeben. Hiernach errechnet man nach Vorgabe eines Näherungswertes $^{(0)}\Lambda^\infty$, der aus einer Freihandextrapolation oder einer Darstellung z. B. nach Gl. [3-21] entstammen kann, die Teilfunktion

$$\Lambda_1 = \Lambda + Sc^{1/2} - Ec\log c;\; E = 0{,}4343\,E'\,.$$

Die Darstellung $\Lambda_1 = \Lambda^\infty + J_1 c$ liefert einen verbesserten Extrapolationswert $^{(1)}\Lambda^\infty$, mit dem das rasch konvergierende Verfahren wiederholt wird. J_1 wird aus dem Anstieg der linearen Funktion gewonnen. a wird unter Zugrundelegung des Ausdrucks $J_1(a)$ aus Tab. 11 dann zweckmäßig mittels eines Schachtelverfahrens bestimmt[49,62]).

Die Leitfähigkeitsgleichung für nicht vollständig dissoziierte Elektrolyte Gl. [3-29] ist graphisch auswertbar[2, 104, 105]) (kritische Anmerkungen[103])),

---

[101]) *Kay, R. L.*, J. Amer. chem. Soc. **82**, 2099 (1960).

[102]) *Kay, R. L.*, in: *B. Pesce*, Electrolytes, S. 119 (Oxford 1962).

[103]) *Sadek, H.* und *R. M. Fuoss*, J. Amer. chem. Soc. **81**, 4507 (1959); *Lovas, R., G. Macri* und *S. Petrucci*, J. Amer. chem. Soc. **92**, 6502 (1970).

[104]) *Fuoss, R. M.*, J. Amer. chem. Soc. **79**, 3301 (1957).

[105]) *Fuoss, R. M.* und *F. Accascina*, Proc. nat. Acad. Sci. USA **45**, 1383 (1959).

wenn nach Vorgabe eines geschätzten oder extrapolierten ${}^{(0)}\Lambda^{\infty}$-Wertes aus der Größe

$$\Lambda_1 = \Lambda + S(\alpha c)^{1/2} - E\alpha c \log(\alpha c); \; E = 0{,}4343\, E'$$

eine Funktion $y = (\Lambda_1 - \Lambda^{\infty})(\alpha c)^{-1}$ gebildet wird, die, zur Bestimmung von Λ^{∞} in einem graphischen Schachtelverfahren gegen die Variable $x = y_{\pm}'^{2}\Lambda$ aufgetragen, eine zur Iteration geeignete Gleichung $y = J_1(a) - K_A x$ liefert. Da abgesehen vom ersten Iterationsschritt, in dem $\alpha = \Lambda/{}^{(0)}\Lambda^{\infty}$ gesetzt wird, in jedem weiteren der Schritte zur Bestimmung von Λ^{∞}, J_1 und K_A für jeden Meßwert auch α iterativ nach Gl. [3-29] (mit $J_2 = 0$) zu berechnen ist, wird das Verfahren sehr aufwendig. Abb. 4 gibt ein Beispiel für dieses Verfahren[49, 106]. Das Verfahren läßt sich sinngemäß mit der zusätzlichen Annahme $a(J_1) = q$, die zu FHFP 3 bzw. FJ 3 führt, mit vorgegebener Funktion $\Lambda_1 = \Lambda + S(\alpha c)^{1/2} - E(\alpha c)\log(\alpha c) - J_1(q)\alpha c$ auf die Bestimmung von J_2 und Λ^{∞} aus der vollständigen Leitfähigkeitsgleichung [3-29] erweitern.

Die graphischen Verfahren auf der Grundlage des Grenzgesetzes sind in Abschnitt 3.3 angeführt.

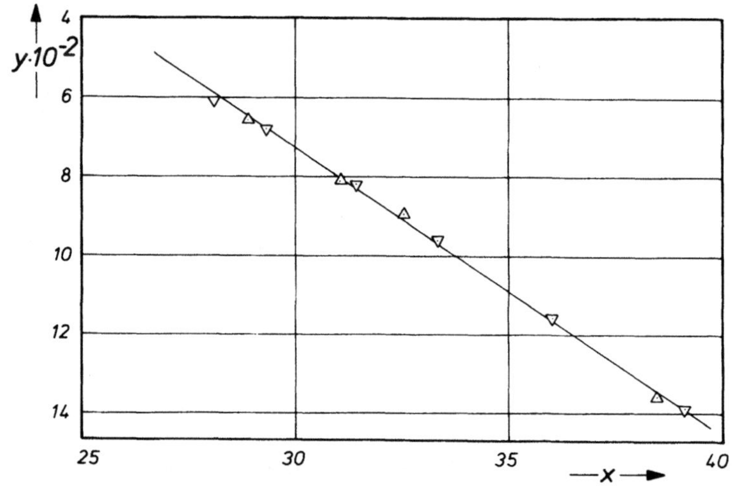

Abb. 4. Bestimmung von Λ^{∞}, J_1 und K_A nach der $x-y$-Methode für $CsOC_2H_5$ in C_2H_5OH (25°C) mit einer Gleichung ohne J_2-Term[49, 106]: $\Lambda^{\infty} = 49{,}49\,\Omega^{-1}\,cm^2\,mol^{-1}$, $J_1 = 1460$, $K_A = 73\,mol^{-1}\,l$. Im Vergleich dazu liefert die Auswertung gemäß FJ 3 (mit J_2-Term): $\Lambda^{\infty} = 49{,}49\,\Omega^{-1}\,cm^2\,mol^{-1}$, $K_A = 121\,mol^{-1}\,l$.

3.7. Messung von Konzentrations- und Temperaturabhängigkeit der Elektrolytleitfähigkeit

Die Genauigkeit, die für die Leitfähigkeitsmessungen gefordert wird, ist oft in nichtwäßrigen Lösungsmitteln nur mit aufwendigen Reinigungsverfahren für die Lösungspartner zu erreichen. Die sogenannte Lösungsmittel-

---

[106]) *Schwitzgebel, G.*, Dissertation (Saarbrücken 1965).

korrektur, bei der unter Voraussetzung der Additivität von Lösungsmittelleitfähigkeit (einschl. möglicher Spuren von Verunreinigungen) σ_{LM} und der Leitfähigkeit der Elektrolytlösung σ_E zur experimentell bestimmten Leitfähigkeit $\sigma_{exp.}$ gearbeitet wird

$$\sigma_E = \sigma_{exp.} - \sigma_{LM}$$

ist für viele nichtwäßrige Lösungsmittel problematisch und sollte durch die Verwendung hochreiner Produkte vermieden werden. Spuren von Verunreinigungen, die die Daten des reinen Lösungsmittels kaum beeinflussen, können beim Zufügen des Elektrolyten mit diesem reagieren und die Leitfähigkeit des Systems in drastischer Weise ändern.

Im allgemeinen sollte der Kontakt der Außenluft mit dem Lösungsmittel bereits im Reinigungsverfahren ausgeschaltet werden[49]. Abb. 5 und Abb. 6 zeigen den Einfluß von Bestandteilen der Außenluft, die im Lösungsmittel gelöst sind. Abb. 5 zeigt $\Lambda - \sqrt{c}$-Kurven, die für $KOCH_3$ in Methanol erhalten werden, wenn einmal (A) hochgereinigtes Methanol, zum andern (B) an der Luft destilliertes Methanol eingesetzt werden. Die störende Verunreinigung ist CO_2, das mit dem eingesetzten Elektrolyten zu Kaliummethylcarbonat reagiert.

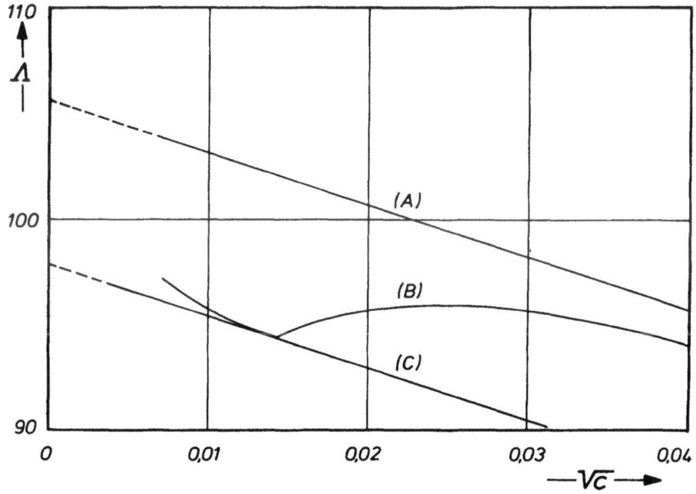

Abb. 5. Einfluß des CO_2-Gehaltes der Lösung auf die Leitfähigkeit von $KOCH_3$ in CH_3OH (25 °C)[49,106]: A: hochgereinigtes Methanol, B: an der Luft destilliertes Methanol. Zum Vergleich C: Kaliummethylkarbonat in Methanol.

Abb. 6 zeigt den Einfluß des Wassergehaltes auf die Leitfähigkeit des Systems NaCl/Methanol[107] und auf das System $NaOCH_3$/Methanol[62]. Aufgetragen ist $\delta = \Delta\Lambda$/Gew.-% H_2O gegen die Wurzel der Elektrolytkonzentration. Im

[107]) *Buttler, J. P., H. J. Schiff* und *A. R. Gordon*, J. chem. Physics **19**, 752 (1951).

Gegensatz zum vorangehenden Beispiel handelt es sich hier um eine Änderung der Eigenschaften des Lösungsmittels, nicht um eine spezifische Reaktion der Verunreinigung mit dem Elektrolyten. Ähnliche unspezifische Effekte durch Wasserzusatz, die aus Viskositätsänderungen herrühren, sind für Nitromethan [72]) und Dimethylformamid [56]) beobachtet worden.

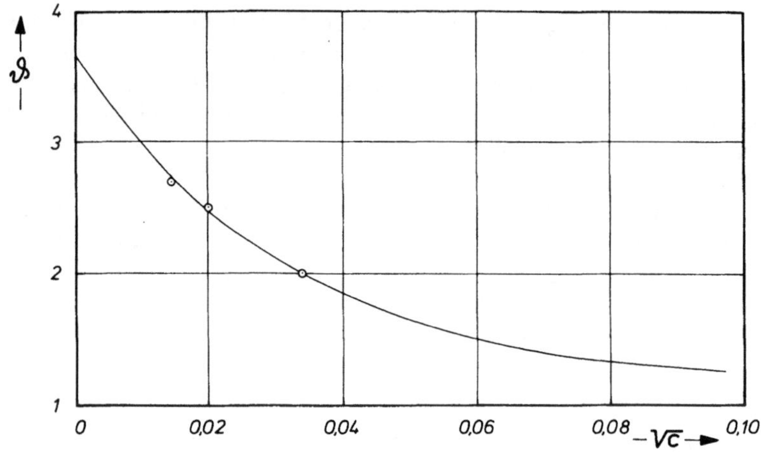

Abb. 6. Einfluß des Wassergehaltes der Lösung auf die Leitfähigkeit [49, 107]). Durchgezogene Linie: NaCl in Methanol, ○: $NaOCH_3$ in Methanol. $\vartheta = \Delta\Lambda/(\text{Gew.-}\%\ H_2O)$.

Zur Bestimmung der Konzentrationsabhängigkeit der Elektrolytleitfähigkeit sind drei Methoden üblich:

1. Ansetzen jeder einzelnen Lösung außerhalb der Meßanordnung und Einschleusen in diese,
2. schrittweises Verdünnen einer konzentrierten Elektrolytlösung in der Meßanordnung (s. Abb. 7),
3. schrittweises Konzentrieren, ausgehend vom reinen Lösungsmittel (s. Abb. 8).

Messungen an nichtwäßrigen Elektrolytlösungen werden zweckmäßig nach dem Konzentrierungsverfahren ausgeführt. Dessen Vorteile gegenüber den beiden andern Verfahren sind evident: die benötigte Lösungsmittelmenge ist wesentlich geringer und das Lösungsmittel bleibt von der verdünntesten bis zur konzentriertesten Lösung der Meßreihe unverändert. Die Fehlergrenze, die für die Konzentrationsangabe der verdünntesten Lösung zu setzen ist, läßt sich leichter einhalten als in einem Verdünnungsverfahren, dessen Fehler von der konzentriertesten bis zur verdünntesten Lösung steigen. Das Konzentrierungsverfahren ist in mehreren Varianten bekannt. Der Elektrolyt kann zunächst in Form einer konzentrierten Stammlösung aus einer Wägebürette zugegeben werden. Dieses Verfahren empfiehlt sich, wenn der Elektrolyt in reiner Phase flüssig (z. B. HCl) oder sehr hygroskopisch (z. B. Li-Salze) ist. Bei Salzen wählt man alternativ die schrittweise Zugabe eingewoge-

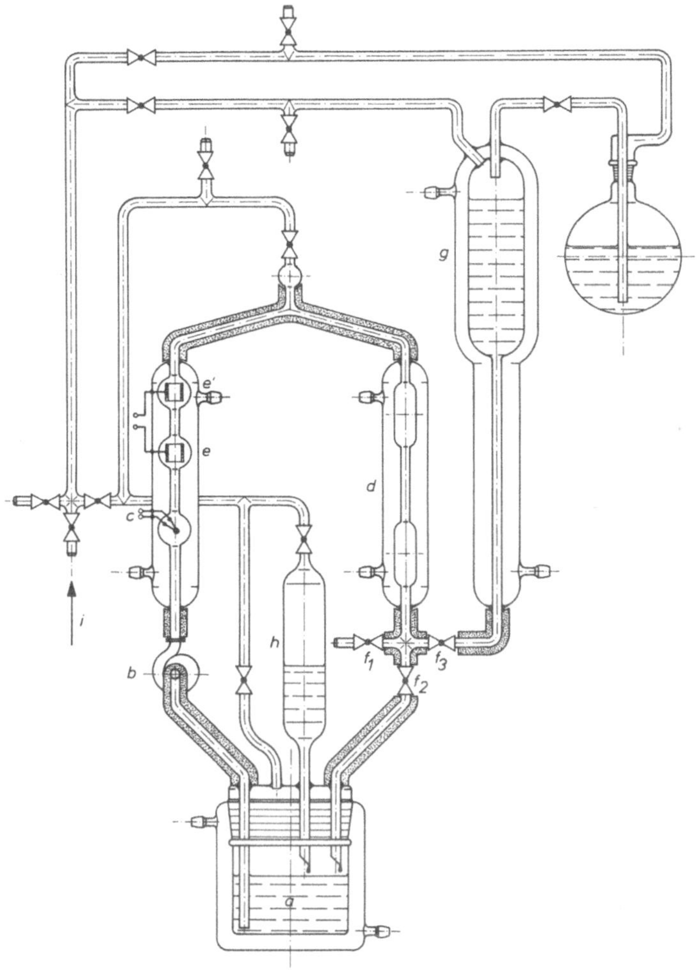

Abb. 7. Umlaufapparatur zur Bestimmung der Konzentrationsabhängigkeit der Elektrolytleitfähigkeit unter Schutzgas nach der Methode der schrittweisen Verdünnung[49, 106].
a: Elektrolytvorrat, b: Umwälzpumpe, c: Thermistor, e und e': zylinderförmige Platinelektroden der Meßstrecke, d: Bürette (durch das Ventil f_1 wird bei geschlossenem f_2 eine bekannte Menge der Elektrolytlösung ausgeschleust und aus dem Lösungsmittelvorrat g über das Ventil f_3 durch reines Lösungsmittel ersetzt), h: hochkonzentrierte Stammlösung, i: Schutzgaseingang. Alle Leitungswege sind thermostatisiert oder isoliert.

ner Elektrolytmengen, insbesondere dann, wenn die Löslichkeit des Salzes die Herstellung einer Stammlösung nicht erlaubt.

Zum Einbringen des Elektrolyten unter Schutzgas in die Meßapparatur sind verschiedene Modelle von Schleusen üblich[55, 108]. Als weitere Methode

[108]) *Hawes, J. L.* und *R. L. Kay*, J. physic. Chem. **69**, 2420 (1965).

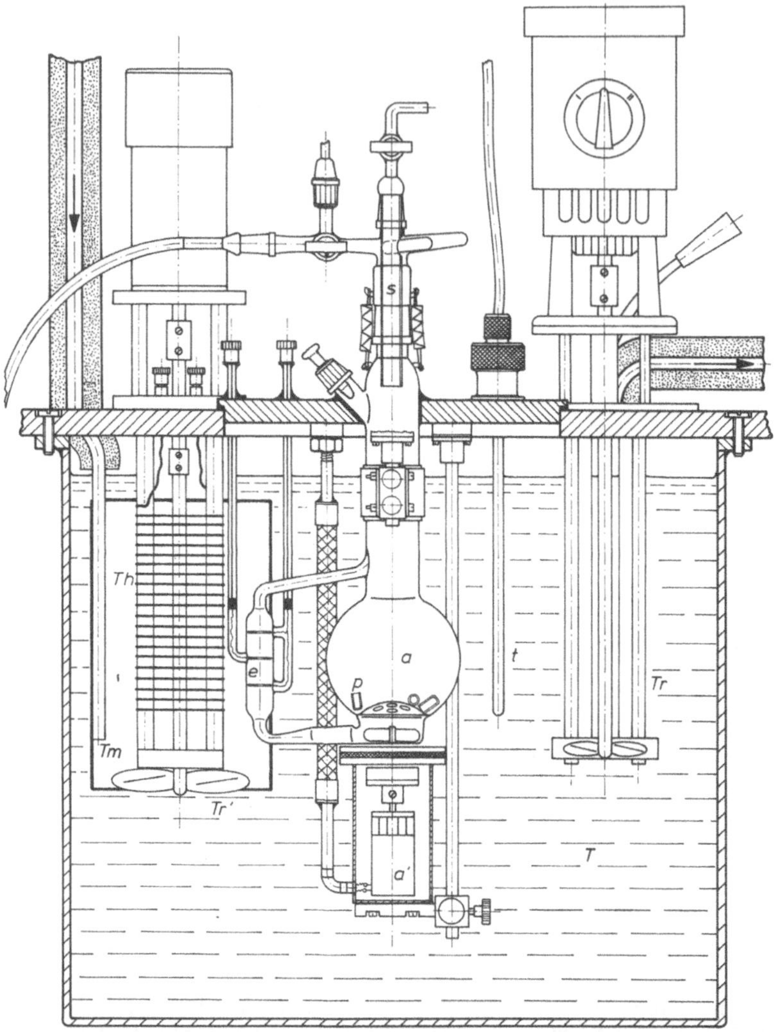

Abb. 8. Meßanordnung zur Bestimmung der Konzentrationsabhängigkeit der Elektrolytleitfähigkeit unter Schutzgas nach der Methode der schrittweisen Konzentrationserhöhung[55]. a: Elektrolytvorrat und Mischgefäß mit Rührer, a': Rührmotor, e: Meßzweig mit Dreielektrodensystem (die beiden äußeren Elektroden führen Erdpotential und begrenzen damit die Meßstrecke). s: Schleuse zum Einführen der Probenbehälter p. T: Thermostatenbad mit Rührer Tr, der gleichzeitig die Umwälzung der Badflüssigkeit durch einen außerhalb des Thermostaten befindlichen Wärmeaustauscher vornimmt. Tm: Mischkammer, in der die aus dem Wärmeaustauscher zurückkommende Badflüssigkeit mittels des Rührers Tr' mit dem Restbad vermischt wird. t: Temperaturfühler zur Regelung der Thermostatenheizung Th. Steuerteil und Regelung dieses Meßplatzes, der im Bereich −70 °C bis +50 °C mit einer Genauigkeit von 0,001 K arbeitet, s.[55]. Weitere Meßanordnungen[49,109,110].

[109] *Barthel, J.* und *G. Schwitzgebel*, Z. physik. Chem. N.F. **54**, 173 (1967).
[110] *Wachter, R.* und *J. Barthel*, Electrochimica Acta **16**, 713 (1971).

ist in diesem Zusammenhang die schrittweise Konzentrierung der Lösung durch Erzeugung des Elektrolyten in der Meßapparatur durch chemische oder elektrochemische Methoden zu nennen, wenn der Elektrolyt in reiner Phase nicht oder nur schwer mit dem notwendigen Reinheitsgrad darstellbar ist[111]).

Die für Auswertung der Meßdaten nach FHFP4 und FJ4 gesetzte Fehlerschranke bedingt eine Temperaturkonstanz von 0,001 K in der Meßzelle. Diese Anforderung sowie die weitere Forderung nach einer Absolutgenauigkeit der Temperatur von 0,01 K machen verständlich, daß Präzisionsmessungen der Temperaturabhängigkeit der Elektrolytleitfähigkeit über große Temperaturbereiche erst in jüngster Zeit durchgeführt worden sind[55,64]). Bei solchen Untersuchungen hat sich die Methode der isologen Schnitte (Vermessen einer Elektrolytkonzentration bei allen Temperaturen des Meßprogramms, dann Übergang zur nächsten Konzentration)[110]) bewährt. Die Methode der isologen Schnitte bietet gegenüber der Methode der isothermen Schnitte (Vermessung der Konzentrationsreihe bei einer Temperatur vor dem Übergang zur nächsten Temperatur) den offensichtlichen Vorteil, daß wiederum nur eine Lösungsmitteleinwaage erforderlich ist und jede Elektrolytlösung nur einmal hergestellt werden muß. Allerdings ist die Methode der isologen Schnitte an eine Meßanordnung gebunden, mit der ein definiertes Temperaturprogramm mit einer Reproduzierbarkeit von 10^{-3} K durchfahren werden kann.

Die für jede Meßstrecke (Abb. 7 und 8) charakteristische Zellenkonstante $B[\mathrm{cm}^{-1}] = l/q$ ist der Quotient aus Länge (l) und Querschnitt (q) des elektrolytischen Leiters. Zur Bestimmung der Zellenkonstante B und ihrer Temperaturabhängigkeit kann man von den Standardwerten wäßriger KCl-Lösungen ausgehen. Genau vermessene Werte liegen für Standardlösungen der Konzentration 1 M, 0,1 M und 0,01 M (bzw. für die entsprechenden demalen Lösungen) bei den Temperaturen 0°, 18° und 25 °C vor[112]). Ein anderes Verfahren, das die Zellenkonstante bei 25 °C liefert, beruht darauf, aus einer der Leitfähigkeitsgleichungen für wäßrige KCl-Lösungen

$$\Lambda = 149{,}93 - 94{,}65c^{1/2} + 58{,}74c\log c + 198{,}4c$$
(Gültigkeitsbereich < 0,012 Mol/l, 25 °C)[113])

$$\Lambda = 149{,}87 - 94{,}87c^{1/2} + 58{,}63c\log c + 224{,}1c - 254{,}5c^{3/2}$$
(Gültigkeitsbereich < 0,05 Mol/l, 25 °C)[114])

Wertepaare Λ, c zur Eichung zu entnehmen.

---

[111]) *Barthel, J.* und *G. Schwitzgebel*, Z. analyt. Chem. **220**, 188 (1966).
[112]) *Jones, G.* und *B. C. Bradshaw*, J. Amer. chem. Soc. **55**, 1780 (1933).
[113]) *Lind, jr., J. E., J. J. Zwolenik* und *R. M. Fuoss*, J. Amer. chem. Soc. **81**, 1557 (1959).
[114]) *Justice, J.-C.*, J. chim. physique **65**, 353 (1968).

3.8. Selbstdiffusionskoeffizienten und ihre Kopplung mit der Elektrolytleitfähigkeit

Der mit den *Fick*schen Gesetzen definierte Diffusionskoeffizient D ist, wie die Äquivalentleitfähigkeit Λ (Gl. [3-1]), in Elektrolytlösungen von der Konzentration und den Parametern der Lösung abhängig.

$$D = D(c; D^{\infty}, a, \varepsilon, \eta, T). \qquad [3\text{-}35]$$

Für den Koeffizienten der Interdiffusion, d. h. den Koeffizienten in einem System Elektrolyt(Y)/Lösungsmittel (L) gilt im Konzentrationsbereich des *Debye-Hückel*schen Grenzgesetzes ein von *Onsager* und *Fuoss* [15]) hergeleitetes Grenzgesetz, das von *Pikal* analog der „vollständigen Leitfähigkeitsgleichung" bis zum Term in $c^{3/2}$ erweitert und für assoziierende Elektrolyte formuliert worden ist [115]). Die Herleitung der Gleichungen für die Interdiffusion geht, wie die Leitfähigkeitstheorie, von der Ionenpaarverteilung Gl. [1-28] und der Kontinuitätsgleichung (Gl. [3-6]) aus. Für Lösungen eines binären Elektrolyten enthalten die Diffusionsgleichungen keinen Anteil aus dem Relaxationseffekt. Assoziation wird bei *Pikal* wie in den Leitfähigkeitsgleichungen von *Fuoss, Onsager* und *Skinner* oder *Kremp, Kraeft* und *Ebeling* durch Beibehaltung der vollständigen Exponentialfunktion in der Ionenpaarverteilung begründet (man vgl. Abschnitt 3.5). Der Grenzwert D^{∞} des Diffusionskoeffizienten ergibt sich aus der bekannten *Nernst-Hartley*beziehung (vgl. z. B. [65]))

$$D^{\infty} = \frac{(|z_+| + |z_-|) D_+^{\infty} D_-^{\infty}}{|z_+| D_+^{\infty} + |z_-| D_-^{\infty}} \quad \text{mit} \quad D_i^{\infty} = \Xi \cdot \frac{kT}{N_A e_0^2} \frac{\lambda_i^{\infty}}{|z_i|}, \qquad [3\text{-}36\,\text{a,b}]$$

wobei D_i^{∞} formal (vgl. [126])) der Diffusionskoeffizient der Ionenart X_i ist. (Bezüglich Ξ s. Gl. [3-17].) Die experimentelle Überprüfung der erweiterten Diffusionsgleichung erfolgt bei *Pikal* an wäßrigen Elektrolytlösungen [115]).

Für den Problemkreis der nichtwäßrigen Elektrolytlösungen hat die neuere Entwicklung auf einem anderen Teilgebiet, dem der Selbstdiffusion, relevantere Beiträge erbracht. Selbstdiffusion wird beobachtet, wenn man dem binären Gemisch Elektrolyt (Y)/Lösungsmittel (L) Spuren eines markierten Elektrolyten (Y^*) zusetzt. Man erzeugt durch Versuchsbedingungen einen Gradienten von dessen Konzentration c^* und bestimmt über den Diffusionskoeffizienten D für die Spurendiffusion, d. h. den Koeffizienten einer Interdiffusion, den Selbstdiffusionskoeffizienten als Grenzwert D^* für verschwindende Konzentration c^*.

Für die Konzentrationsabhängigkeit des Selbstdiffusionskoeffizienten sind wiederum aufbauend auf den Ionenpaarverteilungsfunktionen und der Kontinuitätsgleichung im Rahmen der *Fuoss-Onsager*-Theorie Gleichungen, die wie die Leitfähigkeitsgleichungen bis zum $c^{3/2}$-Term reichen, entwickelt worden

[115]) *Pikal, M. J.*, J. physic. Chem. **75**, 663 (1971).

$$D^* = D^{*\infty}[1 + S_D c^{1/2} + E_{1,D} c \ln c + J_{1,D} c + E_{2,D} c^{3/2} \ln c^{3/2} + J_{2,D} c^{3/2}] = D^{*\infty}[1 + \Theta(c)]\,. \qquad [3\text{-}37]$$

Das Grenzgesetz mit Einschluß des $c^{1/2}$-Terms geht auf *Onsager*[116–118]) zurück. Es wurde ebenfalls aus der statistisch mechanischen Theorie von *Friedman*[45]), *Resibois* und *Hasselle-Schuermans*[47]) und von *Turq*[119]) hergeleitet. Im Gegensatz zur Interdiffusion ist im Falle der Selbstdiffusion der Relaxationseffekt ausschlaggebend, der Einfluß des elektrophoretischen Effektes ist verschwindend klein. Die vollständige Gleichung mit Einschluß des $c^{3/2}$-Terms ist für den Sonderfall des symmetrischen Elektrolyten mit Ionen gleicher Leitfähigkeit in jüngster Zeit veröffentlicht und auf nichtwäßrige Elektrolytlösungen angewandt worden[120–123]).

Für den unvollständig dissoziierten bzw. teilweise assoziierenden Elektrolyten in Lösung gilt analog der Leitfähigkeitsgleichung [3-5]

$$D^* = \alpha D^{*\infty}[1 + \Theta(c)] + (1 - \alpha) D^*_A \qquad [3\text{-}38]$$

in Verbindung mit der Assoziationskonstanten K_A, die den Dissoziationsgrad α festlegt[121–123]). Bezüglich der Aktivitätskoeffizienten in K_A gelten die gleichen Überlegungen wie für die Leitfähigkeitstheorie. Abweichend von Gl. [3-5] enthält Gl. [3-38] einen Term für die Diffusion des Ionenpaares, das im Diffusionsprozeß am Materialtransport beteiligt ist. D^*_A ist der Diffusionskoeffizient des Assoziates.

Die Verknüpfung der aus Diffusionsmessungen an radioaktiv markierten Ionen zugänglichen Einzelionendiffusionskoeffizienten D^*_i mit der Leitfähigkeit der Elektrolytlösung in der Form[122–124])

$$\varphi = \frac{1}{\Xi} \frac{N_A e_0^2}{kT} \frac{D^*_+ + D^*_-}{\Lambda} \qquad [3\text{-}39]$$

hat sich für die Untersuchung der Elektrolyteigenschaften als fruchtbar erwiesen. Die dimensionslose Größe φ hat wegen Gl. [3-36b] in unendlich verdünnten Lösungen den Wert $\varphi = 1$. Damit liegt der sonst nur durch Extrapolation erreichbare Wert bei $c = 0$ fest.

Für CsBr[123]) und NaCl[125]) in Wasser-Dioxanmischungen bis zu niedrigen Dielektrizitätszahlen des Mischlösungsmittels sind die aus Leitfähigkeitsmessungen und der Analyse der Funktion φ (Gl. [3-39]) ermittelten Assoziationskonstanten kompatibel.

---

116) *Onsager, L.*, Phys. Rev. **37**, 405 (1931); **38**, 2265 (1931).
117) *Onsager, L.*, Ann. N.Y. Acad. Sci. **46**, 241 (1945).
118) *Onsager, L.* und *S. K. Kim*, J. physic. Chem. **61**, 215 (1957).
119) *Turq, P.*, Chem. Physics Letters **5**, 432 (1970).
120) *Turq, P.*, Chem. Physics Letters **15**, 579 (1972).
121) *Turq, P., R. Deloncle* und *M. Chemla*, J. chim. physique **68**, 1305 (1971).
122) *Chemla, M.*, Rev. Roumaine de Chimie **17**, 63 (1972).
123) *Latrous, H., P. Turq* und *M. Chemla*, J. chim. physique **69**, 1650 (1972).
124) *Turq, P., F. Lantelme* und *M. Chemla*, Electrochimica Acta **14**, 1081 (1969).
125) *Ilzycer, D.*, Thèse (3e cycle), Fac. Sciences Univ. Paris VI, Lab. Electrochim. (Paris 1971).

3.9. Ionenleitfähigkeiten

Ionenleitfähigkeiten λ_i, d. h. Leitfähigkeiten von Einzelionen X_i, sind über die Überführungszahlen t_i der entsprechenden Ionenarten X_i zugänglich.

$$\lambda_i = \frac{t_i \sigma}{|z_i| c_i}; \quad t_i = \frac{q_i}{q} \qquad [3\text{-}40]$$

σ (vgl. 3.1) bedeutet die spezifische Leitfähigkeit der Elektrolytlösung, q_i ist der Bruchteil der insgesamt transportierten Ladung q, der bei reiner Elektrizitätsleitung durch die Ionen X_i relativ zum Lösungsmittel transportiert wird (vgl. z. B. [126]).

Wie in den vorangehenden Abschnitten erfolgt in der Diskussion Beschränkung auf 1,1-Elektrolyte. Es gilt dann

$$t_+ = \frac{\lambda_+}{\lambda_+ + \lambda_-}; \quad t_- = \frac{\lambda_-}{\lambda_+ + \lambda_-}; \qquad [3\text{-}41]$$

und damit

$$t_+ + t_- = 1 . \qquad [3\text{-}42]$$

Überführungszahlen sind Funktionen der Zusammensetzung der Elektrolytlösung und ihrer Temperatur. Für die unendlich verdünnte Lösung gilt:

$$\lambda_+^\infty = t_+^\infty \Lambda^\infty; \quad \lambda_-^\infty = t_-^\infty \Lambda^\infty; \quad \Lambda^\infty = \lambda_+^\infty + \lambda_-^\infty . \qquad [3\text{-}43]$$

Im Gegensatz zu den Ionenleitfähigkeiten λ_+^∞ und λ_-^∞ hängen die Überführungszahlen t_+^∞ und t_-^∞ vom jeweiligen Gegenion in der Lösung des binären Elektrolyten ab und sind damit keine ionenspezifischen Größen.

Die Konzentrationsabhängigkeit der Überführungszahlen wird in der Regel im Rahmen des Grenzgesetzes der Elektrolytleitfähigkeit Gln. [3-16] bis [3-18] oder seiner Erweiterung Gl. [3-19] dargestellt. Überführungszahlen enthalten nach den Autoren, die auf den *Fuoss-Onsager*schen Arbeiten aufbauen, keinen Anteil des Relaxationsterms [7, 127, 128]. In allgemeiner Weise ist [128])

$$t_i^\infty = t_i + \frac{0{,}5 - t_i}{\Lambda^\infty} \Lambda_{\text{II}} , \qquad [3\text{-}44]$$

wobei Λ_{II} der elektrophoretische Term des Grenzgesetzes oder einer seiner Erweiterungen ist. Nach *Périé*, *Périé* und *Chemla* [129]), basierend auf der *Justice*schen revidierten Behandlung des Leitfähigkeitsproblems, gilt jedoch

$$t_i^\infty = t_i + \frac{0{,}5 - t_i}{\Lambda - \Lambda_{\text{II}}} \Lambda_{\text{II}} , \qquad [3\text{-}45]$$

---

[126]) *Haase, R.*, Transportvorgänge (Darmstadt 1973).

[127]) *Stokes, R. H.*, J. Amer. chem. Soc. **76**, 1988 (1954); *Sidebottom, D. P.* und *M. Spiro*, J.C.S. Faraday I, **69**, 1287 (1973).

[128]) *Kay, R. L.* und *J. L. Dye*, Proc. nat. Acad. Sci. USA **49**, 5 (1963).

wobei mit Λ ein Relaxationsanteil in Gl. [3-45] auftritt. Λ_{II} ist der elektrophoretische Term der vollständigen Leitfähigkeitsgleichung [3-2] bzw. seine Entwicklung Gl. [3-3]. Die Koeffizienten dieser Entwicklung sind analog denjenigen in Tab. 11 oder 12 berechenbar. Auswertungen nach Gl. [3-45] sind bisher an CsBr in Dioxan-Wasser-Mischungen, an NaCl in Äthanol und an Me_4NClO_4 in Acetonitril vorgenommen worden[129]). Gl. [3-45] impliziert den auch in Gl. [3-44] enthaltenen Ansatz, daß im binären Elektrolyten die Koeffizienten im elektrophoretischen Term für Anion und Kation gleich sind.

Der Deutung der Ionenleitfähigkeit λ_i^∞ des Einzelions X_i im Rahmen des hydrodynamischen Modells liegt ein einfaches Bild zugrunde. In der unendlich verdünnten Lösung ist das Ion X_i im stationären Zustand der Bewegung zwei Kräften unterworfen, der durch das äußere Feld $\mathbf{E}$ erzeugten Kraft $\mathbf{K}_i = e_0 z_i \mathbf{E}$ und der gleichgroßen Reibungskraft $\mathbf{K}_i' = -k_i^\infty \mathbf{v}_i$ und bewegt sich dann mit konstanter Geschwindigkeit $\mathbf{v}_i$ in bezug auf das Lösungsmittel. Die aus dieser Betrachtungsweise resultierende positive Größe $u_i^\infty = |z_i| e_0 / k_i^\infty$, die Beweglichkeit des Ions X_i, ist in unendlich verdünnter Lösung mit der Ionenleitfähigkeit λ_i^∞ gemäß $\lambda_i^\infty = F u_i^\infty$ (F = Faradaykonstante) verknüpft:

$$\lambda_i^\infty = \frac{1}{\Xi} \cdot \frac{N_A e_0^2 |z_i|}{k_i^\infty}. \qquad [3\text{-}46]$$

Das kinetische Modell[130,131]) beschreibt λ_i als Folge von Platzwechselvorgängen, in denen Gleichgewichtsplätze für die Ionen X_i in Abständen L voneinander existieren. Der Platzwechselvorgang ist mit einer *Gibbs*schen Aktivierungsenergie $\Delta G^{\ddagger}$ verknüpft:

$$\lambda_i^\infty = \frac{1}{\Xi} \frac{N_A e_0^2 |z_i| L^2}{6h} e^{-\Delta G^{\ddagger}/RT} = \frac{1}{\Xi} \frac{N_A e_0^2 |z_i| L^2}{6h} e^{\Delta S^{\ddagger}/R} e^{-\Delta H^{\ddagger}/RT}. \qquad [3\text{-}47]$$

Im Vergleich zur Vielzahl der Leitfähigkeitsmessungen ist die Zahl der Bestimmung von Einzelionenleitfähigkeiten λ_i^∞ vergleichsweise gering. Wegen der experimentellen Schwierigkeiten der Direktbestimmung mittels Überführungszahlen behilft man sich oft mit Näherungen, in denen die Leitfähigkeit eines Elektrolyten mit gleichgestaltigen Ionen, die zudem annähernd gleiche Wechselwirkung mit dem Lösungsmittel haben, bestimmt und dem Ansatz

$$\lambda_+^\infty = \lambda_-^\infty = 0{,}5\,\Lambda^\infty \qquad [3\text{-}48]$$

---

[129]) *Périé, M.*, *J. Périé* und *M. Chemla*, Electrochimica Acta (im Druck); 26th I.S.E. Meeting, Abstracts of papers, S. 109 (Baden 1975).

[130]) *Stern, A. E.* und *H. Eyring*, J. physic. Chem. **44**, 955 (1940).

[131]) *Barreira, F.* und *G. J. Hills*, Trans. Faraday Soc. **64**, 1359 (1968); *Brummer, S. B.*, J. chem. Physics **42**, 1636 (1965); *Brummer, S. B.* und *G. J. Hills*, Trans. Faraday Soc. **57**, 1816, 1823 (1961); *Hills, G. J.*, in: *B. E. Conway* und *R. G. Barradas*, Chemical Physics of Ionic Solutions, S. 521 (New York 1966).

unterworfen wird. Beispiele sind $(C_4H_9)_4NBFPh_3$[132], $(C_4H_9)_4NB(C_6H_5)_4$[133], $(i\text{-}C_5H_4)_3(C_4H_9)NB(C_6H_5)_4$[134], $(i\text{-}C_5H_{11})_4NB(i\text{-}C_5H_{11})_4$, (weitere s. Tab. 19)[135,152,154]. Für die ersten beiden Salze wird von den Autoren eine Genauigkeit von ca. 1% für Einzelionenbestimmungen nach Gl. [3-48] angegeben, für das letzte 0,1‰. Solche Angaben haben jedoch nur für ein gegebenes Lösungsmittel Gültigkeit (vgl. Tab. 19 und dort zitierte Literatur).

Direktbestimmungen sind mit hoher, den Präzisionsleitfähigkeitsmessungen vergleichbarer Genauigkeit möglich. Auch hier ist in jüngster Zeit der Zugang zur Bestimmung der Temperaturabhängigkeit in nichtwäßrigen Lösungsmitteln über größere Temperaturbereiche geschaffen worden[136]. Tab. 18 enthält Daten für $\lambda^\infty(Me_4N^+)$ und $\lambda^\infty(Et_4N^+)$ in den Lösungen der entsprechenden Perchlorate in Acetonitril im Bereich −35 °C bis 25 °C aus Überführungs- und Leitfähigkeitsmessungen.

Tab. 18. Ionenleitfähigkeiten in Acetonitril bei verschiedenen Temperaturen[136])

	$\frac{\lambda_i^\infty}{\Omega^{-1}\,cm^2\,mol^{-1}}$				
Temp.	Me_4N^+	Et_4N^+	K^+	ClO_4^-	I^-
25°	94,14	85,03	84,30	103,16	102,34
15°	85,43	77,07	76,14	93,72	92,66
5°	76,94	69,34	68,23	84,52	83,24
−5°	68,71	61,85	60,58	75,57	74,08
−15°	60,73	54,59	53,20	66,87	65,22
−25°	53,01	47,59	46,12	58,45	56,68
−35°	45,58	40,85	39,34	50,31	48,45

Tab. 19 gibt eine Übersicht über Ionenleitfähigkeiten in verschiedenen Lösungsmitteln bei 25 °C.

Die Diskussion der Ionenbeweglichkeiten fußt auf dem hydrodynamischen Modell [3-46], dem kinetischen Modell [3-47] oder geht von einem Protonen- bzw. Elektronensprungmechanismus aus.

Unter der Voraussetzung, daß sich die Gesetze der Hydrodynamik auf die Bewegung von Ionen im Lösungsmittel anwenden lassen, gilt für kugelförmige Ionen X_i mit dem Radius r_i in einem Kontinuum der Viskosität η und für den Grenzfall ausschließlicher Haftreibung

$$k_i^\infty = 6\pi\eta r_i\,. \qquad [3\text{-}49\,a]$$

132) *Fowler, D. L.* und *C. A. Kraus*, J. Amer. chem. Soc. **62**, 2237 (1940).

133) *Fuoss, R. M.* und *E. Hirsch*, J. Amer. chem. Soc. **82**, 1013 (1960); *Brown, A. M.* und *R. M. Fuoss*, J. physic. Chem. **64**, 1341 (1960).

134) *Coplan, M. A.* und *R. M. Fuoss*, J. physic. Chem. **68**, 1177 (1964).

135) *Coetzee, J. F.* und *G. P. Cunningham*, J. Amer. chem. Soc. **87**, 2529 (1965).

136) *Hammer, H.*, Dissertation (Saarbrücken 1975); *Ströder, U.*, Diplomarbeit (Regensburg 1975); *Gores, H. J.*, Dissertation (Saarbrücken 1974); *Hammer, H.* und *J. Barthel* (in Vorbereitung).

Tab. 19a. Ionenleitfähigkeiten $\lambda_i^\infty/[\Omega^{-1}\,cm^2\,mol^{-1}]$ in verschiedenen Lösungsmitteln

	Methanol 25 °C	Äthanol 25 °C	Propanol 25 °C	Formamid 25 °C	N-Methylformamid 25 °C	N,N-Dimethylformamid 25 °C
H^+	146,1 [138]	...	...	10,8 [142]	...	...
Li^+	...	17,05 [140]	...	9,03 [143]	...	[d]25,0 [56]
Na^+	45,2 [137]	20,31 [140]	...	10,10 [143]	21,56 [145]	[d]29,9 [56]
K^+	52,4 [137]	23,55 [140]	...	[a]12,75 [143]	[a]22,13 [145]	[d]30,8 [56]
	[a]52,2 [139]	[a]23,4 [139]	...	12,7 [142]	...	...
Rb^+	...	...	...	12,8 [142]	...	[d]32,4 [56]
Cs^+	...	...	...	13,87 [143]	24,39 [145]	[d]34,5 [56]
Ag^+	...	...	...	...	...	[d]35,2 [56]
Tl^+	...	...	...	...	...	[d]38,6 [56]
H_4N^+	...	...	...	15,6 [142]	...	[d]38,7 [56]
Me_4N^+	...	29,65 [141]	[b]14,40 [141]	13,41 [143]	...	...
Et_4N^+	...	29,27 [141]	[b]15,05 [141]	11,03 [143]	26,20 [145]	...
Pr_4N^+	...	22,98 [141]	[b]12,19 [141]	8,12 [143]	...	...
Bu_4N^+	...	19,67 [141]	[b]10,71 [141]	6,83 [143]	...	...
Am_4N^+	...	...	...	5,81 [144]	...	22,9 [144]
i-Am_4N^+	...	...	...	...	...	...
$Hept_4N^+$	...	14,93 [141]	8,29 [141]	4,90 [143]	...	...
Me_3PhN^+	...	...	...	10,7 [142]	...	...
i-Am_3BuN^+	...	18,31 [141]	[b]10,17 [141]	6,34 [143]	...	...
$OctdMe_3N^+$	...	...	...	...	...	...
Cl^-	[a]52,39 [137]	[a]21,85 [140]	[b]10,45 [141]	17,12 [143]	19,70 [145]	[d]55,1 [56]
Br^-	56,7 [139]	23,88 [141]	[b]12,22 [141]	17,17 [143]	21,56 [145]	[d]53,6 [56]
I^-	...	27,00 [141]	[b]13,81 [141]	16,73 [143]	22,76 [145]	[d]52,3 [56]
NO_3^-	...	...	...	17,4 [142]	...	[d]57,3 [56]
SCN^-	62,2 [139]	27,4 [139]	...	17,2 [142]	...	...
ClO_4^-	...	...	[b]16,42 [141]	...	...	[d]52,4 [56]
Pi^-	...	...	...	9,13 [144]	13,08 [145]	37,5 [144]
PF_6^-	...	...	...	...	...	...
$HCOO^-$	...	...	...	15,3 [142]	...	...
CH_3COO^-	39,4 [138]	...	...	11,9 [142]	...	...
$PhCOO^-$	...	...	...	9,8 [142]	...	...
$PhSO_3^-$	...	...	...	10,4 [142]	...	...
$OctdSO_4^-$	...	...	...	...	...	...
i-Am_4B^-	...	...	...	...	...	...
Ph_4B^-	...	...	...	6,04 [143]	...	...

[a] Beweglichkeiten auf der Grundlage von Überführungszahlen.

[b] Beweglichkeiten basieren auf λ^∞(i-Am_3BuN^+) und λ^∞($Hept_4N^+$). Diese Werte wurden mittels der *Walden*regel aus den entsprechenden Werten in Äthanol ermittelt.

[c] Beweglichkeiten basieren auf $\lambda^\infty(OctdMe_3N^+) = \lambda^\infty(OctdSO_4^-)$. Octd = octadecyl

[d] Beweglichkeiten basieren auf $\lambda^\infty(Bu_4N^+) = \lambda^\infty(Ph_3FB^-)$ und Anwendung der *Walden*regel.

[e] Beweglichkeiten basieren auf λ^∞(i-Am_4N^+) = $\lambda^\infty(Ph_4B^-)$ bzw. λ^∞(i-Am_4N^+) = λ^∞(i-Am_4B^-).

[f] Beweglichkeiten basieren auf λ^∞(i-Am_4N^+) = λ^∞(i-Am_4B^-) und $\lambda^\infty(ClO_4^-)$ aus EMK-Messungen.

[137]) *Butler, J. P., H. I. Schiff* und *A. R. Gordon*, J. chem. Physics **19**, 752 (1951); *Davies, J. A., R. L. Kay* und *A. R. Gordon*, J. chem. Physics **19**, 749 (1951).

Tab. 19b. Ionenleitfähigkeiten $\lambda_i^\infty/[\Omega^{-1}\,\mathrm{cm}^2\,\mathrm{mol}^{-1}]$ in verschiedenen Lösungsmitteln

	N-Methyl-acetamid 40 °C	Acetonitril 25 °C	Dimethyl-sulfoxid 25 °C	Sulfolan 30 °C	Nitromethan 25 °C	Propylen-carbonat 25 °C
H^+	9,18[147]	…	…	…	…	…
Li^+	6,63[147]	69,8[136]	…	4,33[152]	…	[f]7,30[153]
Na^+	8,13[147]	77,5[136]	14,2[149]	3,61[149]	…	…
K^+	[a]8,23[147]	84,3[136]	15,0[149]	4,05[152]	…	[f]11,97[153]
	[c]8,4[146]	…	…	…	…	…
Rb^+	…	86,3[136]	…	4,16[152]	…	…
Cs^+	9,63[147]	87,9[136]	…	4,27[152]	…	…
Ag^+	…	83,5[136]	…	…	…	…
Tl^+	…	92,0[136]	…	…	…	…
H_4N^+	9,52[147]	…	…	4,97[152]	…	…
Me_4N^+	12,08[148]	[a]94,14[136]	[e]18,60[151]	…	[e]54,51[135]	…
	[c]12,0[146]	[e]94,55[135]	…	…	…	…
Et_4N^+	11,58[148]	[a]85,03[136]	[e]17,06[151]	3,98[152]	[e]47,65[135]	[f]13,28[153]
Pr_4N^+	9,13[148]	70,6[136]	[e]13,41[151]	…	[e]39,20[135]	…
Bu_4N^+	7,83[148]	61,8[136]	11,7[149]	…	[e]34,06[135]	[f]9,39[153]
Am_4N^+	7,33[148]	55,8[136]	10,41[144]	2,50[144]	…	…
i-Am_4N^+	…	57,5[136]	[e]10,61[151]	…	[e]31,51[135]	[f]8,185[153]
	…	[e]57,24[135]	…	…	…	…
$Hept_4N^+$	6,80[148]	…	[e]9,18[151]	…	…	…
Me_3PhN^+	[c]10,2[146]	…	14,5[149]	…	…	…
i-Am_3BuN^+	…	…	…	…	…	…
$OctdMe_3N^+$	[c]7,1[146]	…	10,5[149]	…	…	…
	…	…	[c]10,0[150]	…	…	…
Ph_4As^+	…	56,4[136]	…	…	…	…
Cl^-	11,47[147]	…	24,40[151]	9,30[152]	[e]62,51[134]	[f]20,20[153]
Br^-	12,87[147]	101,1[136]	23,6[149]	8,92[152]	[e]62,91[134]	[f]19,26[153]
	[c]18,8[146]	[e]100,05[134]	24,06[151]	…	…	…
I^-	14,67[147]	102,3[136]	23,3[149]	7,22[152]	…	[f]18,765[153]
NO_3^-	[c]14,5[146]	…	26,6[149]	…	…	…
SCN^-	16,25[147]	…	28,7[149]	9,64[152]	…	…
ClO_4^-	16,83[147]	103,2[136]	[a]24,12[149]	[a]6,685[152]	…	[f]18,78[153]
Pi^-	11,96[147]	[e]77,32[134]	16,92[144]	5,28[144]	…	…
PF_6^-	…	102,6[136]	…	5,95[152]	…	…
$PhSO_3^-$	[c]10,3[146]	…	…	…	…	…
$OctdSO_4^-$	[c]7,1[146]	…	9,5[149]	…	…	…
	…	…	10,0[150]	…	…	…
i-Am_4B^-	…	57,0[136]	[e]10,61[151]	…	[e]31,51[134]	[f]8,185[153]
	…	[e]57,24[134]	…	…	…	…
Ph_4B^-	…	57,8[136]	[e]10,61[151]	…	[c]31,57[134]	…
	…	57,72[134]	…	…	…	…

[138]) *Shedlovsky, T.* und *R. L. Kay*, J. physic. Chem. **60**, 151 (1956) mit Daten aus [137]).

[139]) *Smisko, J.* und *L. R. Dawson*, J. physic. Chem. **59**, 84 (1955).

[140]) *Graham, J. R.* und *A. R. Gordon*, J. Amer. chem. Soc. **79**, 2350 (1957); *Graham, J. R., G. S. Kell* und *A. R. Gordon*, J. Amer. chem. Soc. **79**, 2352 (1957).

Unter Gleitreibungsbedingungen ist

$$k_i^\infty = 4\pi\eta r_i\,. \qquad [3\text{-}49\,b]$$

Die Verknüpfung von Gl. [3-46] mit einer der Gleichungen [3-49] liefert

$$\lambda_i^\infty \eta = \text{const.} \qquad [3\text{-}50]$$

und schließlich in Verbindung mit Gl. [3-43] die *Walden*regel

$$\Lambda^\infty \eta = \text{const.} \qquad [3\text{-}51]$$

Diese einfachen Gesetzmäßigkeiten sind in vielen Fällen hilfreich. Sie können zur Abschätzung von Λ^∞-Werten, wie sie bei den Iterationsverfahren zur Auswertung von Leitfähigkeitsdaten benötigt werden, Verwendung finden[49]. In der Regel sind sie für große Ionen und Lösungsmittel mit geringer Eigenassoziation gut erfüllt[56,135,141,143]. Abweichungen geben Hinweise auf Wechselwirkungen des Ions mit seiner Umgebung. In der Form

$$r_i^{(s)} = \Xi \frac{N_A e_0^2 |z_i|}{6\pi\lambda_i^\infty \eta}$$

mit $r_i^{(s)}$ in der Bedeutung des Radius eines solvatisierten Ions wird Gl. [3-46] in Verbindung mit Gl. [3-49a] als *Stokes*sches Gesetz[66]) zur Bestimmung von Solvatationszahlen kleiner Ionen herangezogen[56,66,142,147,154], indem man $r_i^{(s)}$ mit dem Radius r_i des nackten Ions vergleicht. Mit dem Ansatz eines DZ-abhängigen Radius in Gl. [3-49a] versucht *Fuoss*[155,156] halbempirisch, die Orientierung von Lösungsmittelmolekülen in der Umgebung des wandernden Ions zu erfassen. Die statistische Behandlung des Problems findet man bei

---

[141]) *Evans, D. F.* und *P. Gardam*, J. physic. Chem. **72**, 3281 (1968) mit $\lambda^\infty(Cl^-)$ in Äthanol aus [140]), bez. Propanol s. Legende zu Tab. 19.

[142]) *Notley, J. M.* und *M. Spiro*, J. physic. Chem. **70**, 1502 (1966).

[143]) *Thomas, J.* und *D. F. Evans*, J. physic. Chem. **74**, 3812 (1970) mit $t^\infty(K^+)$ aus [142]).

[144]) *Bruno, P.* und *M. Della Monica*, J. physic. Chem. **76**, 1049 (1972), $\lambda^\infty(Na^+)$ und $\lambda^\infty(K^+)$ in DMF aus [56]), $\lambda^\infty(ClO_4^-)$ in DMSO aus [149]).

[145]) *Gopal, R.* und *O. N. Bhatnagar*, J. physic. Chem. **70**, 3007 (1966).

[146]) *Dawson, L. R., E. D. Wilhoit, R. R. Holmes* und *P. G. Sears*, J. Amer. chem. Soc. **79**, 3004 (1957).

[147]) *Gopal, R.* und *O. N. Bhatnagar*, J. physic. Chem. **69**, 2382 (1965).

[148]) *Singh, R. D., P. P. Rastogi* und *R. Gopal*, Canadian J. Chem. **46**, 3525 (1968) mit $t^\infty(K^+)$ aus [147]).

[149]) *Della Monica, M., D. Masciopinto* und *G. Tessari*, Trans. Faraday Soc. **66**, 2872 (1970).

[150]) *Sears, P. G., G. R. Lester* und *R. L. Dawson*, J. physic. Chem. **60**, 1433 (1956).

[151]) *Arrington, D. E.* und *E. Griswold*, J. physic. Chem. **74**, 123 (1970).

[152]) *Della Monica, M., U. Lamanna* und *L. Senatore*, J. physic. Chem. **72**, 2124 (1968).

[153]) *Mukherjee, L. M., D. P. Boden* und *R. Lindauer*, J. physic. Chem. **74**, 1942 (1970).

[154]) *Spiro, M.*, in: *A. K. Covington* und *T. Dickinson*, Physical Chemistry of Organic Solvent Systems, S. 635 (London 1973).

[155]) *Fuoss, R. M.*, Proc. nat. Acad. Sci. USA **45**, 807 (1959).

[156]) *Sadek, H.* und *R. M. Fuoss*, J. Amer. chem. Soc. **81**, 4507 (1959).

Boyd[157]) und *Zwanzig*[158]). Eine revidierte Form dieser Theorie[159]) trägt dem Umstand Rechnung, daß Solvensmoleküle in unmittelbarer Nachbarschaft der Ionen am Relaxationsprozeß nicht teilhaben. Mit ε_s als Extrapolationswert der frequenzabhängigen komplexen Dielektrizitätszahl auf der Niederfrequenzseite des Lösungsmittelrelaxationsgebietes, ε_∞ derjenigen auf der Hochfrequenzseite und τ als Relaxationszeit (vgl. auch: 4. Kapitel) folgt[159, 160])

$$\lambda_i = \frac{1}{\Xi} \frac{N_A e_0^2 |z_i|}{k_i^\infty + \frac{3}{4s} \frac{1}{4\pi\varepsilon_0} \frac{(e_0 z_i)^2}{r_i^3} \frac{(\varepsilon_s - \varepsilon_\infty)\tau}{\varepsilon_s(2\varepsilon_s + 1)}}. \qquad [3\text{-}52]$$

Unter Haftreibungsbedingungen ist k_i^∞ nach Gl. [3-49a] und $s = 2$ zu wählen, für Gleitreibungsbedingungen k_i^∞ nach Gl. [3-49b] und $s = 1$. Gemäß Gl. [3-52] besitzt die Funktion $\lambda_i = f(r_i)$, wobei r_i der kristallographische Radius des Ions X_i ist, für jedes Lösungsmittel und jede Temperatur ein Maximum[136, 143, 160, 161]), s. auch[162]). In dipolar aprotischen Lösungsmitteln sprechen zumindest für Tetraalkylammoniumionen die experimentellen Gegebenheiten eher für Gleitreibungs- als für Haftreibungsbedingungen. Dies gilt in ausgeprägtem Maße für tiefe Temperaturen[136]).

Diskussionen der Ionenbeweglichkeit auf der Grundlage des kinetischen Modells findet man in[87, 131, 136, 154]), solche eines Protonen- oder Elektronensprungmechanismus in[66, 154, 163]).

---

[157]) *Boyd, R. H.*, J. chem. Physics **35**, 1281 (1961).

[158]) *Zwanzig, R.*, J. chem. Physics **38**, 1603 (1963).

[159]) *Zwanzig, R.*, J. chem. Physics **52**, 3625 (1970).

[160]) *Fernández-Prini, R.* und *G. Atkinson*, J. physic. Chem. **75**, 239 (1971).

[161]) *Friedman, H. L.*, Chem. Britain **9**, 300 (1973).

[162]) *Yeager, H. L.* und *B. Kratochvil*, J. physic. Chem. **73**, 1963 (1969).

[163]) *Conway, B. E.*, in: *J. O'M. Bockris* und *B. E. Conway*, Modern Aspects of Electrochemistry, Vol. 3, S. 43 (London 1964).

4. Kapitel

Dielektrische Eigenschaften

4.1. Dielektrika im statischen und niederfrequenten Wechselfeld

Die Beschreibung des elektrischen Zustandes geht von der elektrischen Feldstärke $\boldsymbol{E}$ und der dielektrischen Verschiebung $\boldsymbol{D}$ aus[1,2]). Zwischen beiden Feldvektoren besteht die lineare Beziehung

$$\boldsymbol{D} = \epsilon_0 \varepsilon \boldsymbol{E} . \qquad [4\text{-}1]$$

ϵ_0 ist die elektrische Feldkonstante, ε die Dielektrizitätszahl des Mediums, in dem das elektrische Feld $\boldsymbol{E}$ die Verschiebung $\boldsymbol{D}$ bewirkt.

Die elektrische Polarisation $\boldsymbol{P}$ eines Mediums ist einerseits durch die makroskopisch definierte Dielektrizitätszahl ε

$$\boldsymbol{P} = \boldsymbol{D} - \epsilon_0 \boldsymbol{E} = \epsilon_0(\varepsilon - 1)\boldsymbol{E} , \qquad [4\text{-}2]$$

andererseits mittels molekular definierter Größen, der Orientierungspolarisation $\boldsymbol{P}_\mu$ und der Verschiebungspolarisation $\boldsymbol{P}_\alpha$ als

$$\boldsymbol{P} = \boldsymbol{P}_\mu + \boldsymbol{P}_\alpha \qquad [4\text{-}3]$$

gegeben. Die Verknüpfung der Gln. [4-2] und [4-3] ist der Ausgangspunkt für die Diskussion der molekularen Eigenschaften eines Dielektrikums mittels makroskopischer Meßgrößen.

Die *Onsager*theorie[3,4]) liefert aus dieser Verknüpfung für ein System mit den Komponenten Y_i die Gleichung

$$\frac{(\varepsilon - 1)(2\varepsilon + 1)}{3\varepsilon} \frac{M}{d} = \frac{N_A}{\epsilon_0} \sum_i \frac{x_i}{1 - f_i \alpha_i} \left(\alpha_i + \frac{1}{3kT} \frac{\mu_i^2}{1 - f_i \alpha_i} \right), \qquad [4\text{-}4]$$

wobei α_i die Polarisierbarkeit eines Moleküls der Komponente Y_i, μ_i sein Dipolmoment und f_i den Faktor seines Reaktionsfeldes bedeuten.

$$M = \sum_i x_i M_i$$

ist die mittlere molare Masse der Mischung mit der Dichte d und der Dielektrizitätszahl ε, in der die Komponenten Y_i mit den Molenbrüchen x_i enthalten sind.

---

[1]) *Mie, G.*, Lehrbuch der Elektrizität und des Magnetismus, 3. Aufl. (Stuttgart 1948).

[2]) *Sommerfeld, A.*, Vorlesung über theoretische Physik, Bd. III, 5. Aufl. (Leipzig 1967).

[3]) *Böttcher, C. J. F.*, Theory of Electric Polarisation, 1. Aufl. (Amsterdam 1952); Vol. 1, 2. Aufl. (Amsterdam 1973).

[4]) *Onsager, L.*, J. Amer. chem. Soc. **58**, 1486 (1936).

Das Reaktionsfeld $\boldsymbol{R}_i$ der *Onsager*theorie ist die Folge der Polarisation der Umgebung eines Dipolmoleküls der Art Y_i durch dessen eigenes Dipolmoment $\boldsymbol{\mu}_i$. Diese Polarisation ist dem Dipolvektor $\boldsymbol{\mu}_i$ gleichgerichtet und folgt jeder seiner Richtungsänderungen. Sie ergibt das Reaktionsfeld

$$\boldsymbol{R}_i = \frac{f_i}{1 - f_i \alpha_i} \boldsymbol{\mu}_i \,, \qquad [4\text{-}5]$$

das seinem Ursprung nach wohl ein Moment im Molekül der Art Y_i induzieren, nicht aber Y_i ausrichten kann. Das Reaktionsfeld ist für verschiedene Molekülmodelle im Lösungsmittel[3,5,6]) und in der Elektrolytlösung[7]) berechnet worden. Für kugelförmige polarisierbare Moleküle (Radius a_i) im Dielektrikum mit der Dielektrizitätszahl ε ist

$$f_i = \frac{1}{4\pi\epsilon_0} \frac{1}{a_i^3} \frac{2\varepsilon - 2}{2\varepsilon + 1} \,. \qquad [4\text{-}6]$$

Die *Debye*theorie[8]) kennt das Reaktionsfeld nicht und macht demzufolge keinen Unterschied zwischen dem ausrichtenden Feld, dem das Molekül in $\boldsymbol{P}_\mu$ unterworfen ist, und dem inneren Feld, das in $\boldsymbol{P}_\alpha$ die induzierten Dipole erzeugt. In dieser Theorie sind beide Felder dem *Lorentz*feld identisch und die Verknüpfung der Gln. [4-2] und [4-3] führt zu

$$[P] = \frac{\varepsilon - 1}{\varepsilon + 2} \frac{M}{d} = \frac{N_A}{3\epsilon_0} \sum_i x_i \left(\alpha_i + \frac{\mu_i^2}{3kT} \right). \qquad [4\text{-}7]$$

Die Größe $[P]$ heißt die molare Polarisation der Lösung.

Die Polarisierbarkeit α wird in den vorangehenden Gleichungen aus der Beziehung $\boldsymbol{m} = \alpha \boldsymbol{E}$ erklärt, wobei $\boldsymbol{m}$ das Moment ist, das einer dielektrischen Kugel (Radius a, Dielektrizitätszahl $\varepsilon_\infty^{\mathrm{IR}}$) im Vakuum von einem elektrischen Feld $\boldsymbol{E}$ induziert wird.

$$\alpha = 4\pi\epsilon_0 \frac{\varepsilon_\infty^{\mathrm{IR}} - 1}{\varepsilon_\infty^{\mathrm{IR}} + 2} \cdot a^3 \,. \qquad [4\text{-}8]$$

Der Radius a der kugelförmigen Moleküle wird durch eine Packung der Moleküle bestimmt, für die

$$\frac{4\pi}{3} a^3 \rho = 1 \qquad [4\text{-}9]$$

ist. ρ bedeutet in Gl. [4-9] die Teilchendichte. Die Definition der Größe $\varepsilon_\infty^{\mathrm{IR}}$ wird in Abschnitt 4.2 gegeben.

Mit den Definitionen der Gln. [4-8] und [4-9] folgt aus der Verknüpfung der Gln. [4-4] und [4-6] für eine reine Phase (Einkomponentensystem)

$$\frac{(\varepsilon - \varepsilon_\infty^{\mathrm{IR}})(2\varepsilon + \varepsilon_\infty^{\mathrm{IR}})}{\varepsilon(\varepsilon_\infty^{\mathrm{IR}} + 2)^2} = \frac{\rho\mu^2}{9\epsilon_0 kT} \,. \qquad [4\text{-}10]$$

---

[5]) *Böttcher, C. J. F.*, Physica **5**, 635 (1938).

[6]) *Scholte, T. G.*, Physica **15**, 437 (1949).

[7]) *Dubois, J. E.* und *J. Barthel*, Compt. rend. Acad. Sci. (Paris) **241**, 1460 (1955).

[8]) *Debye, P.*, Physik. Z. **13**, 97 (1912).

*Debye*theorie und *Onsager*theorie behandeln die Umgebung eines Moleküls als Kontinuum. In Arbeiten von *Kirkwood*[9,10]), *Fröhlich*[11]) und *Cole*[12]) wird eine statistisch-mechanische Behandlung des Problems gegeben. Sowohl aus den Theorien von *Fröhlich* und von *Cole*[13]) als auch aus der Theorie von *Kirkwood* läßt sich für die reine Phase eine Gleichung

$$\frac{(\varepsilon - \varepsilon_\infty^{\mathrm{IR}})(2\varepsilon + \varepsilon_\infty^{\mathrm{IR}})}{\varepsilon(\varepsilon_\infty^{\mathrm{IR}} + 2)^2} = \frac{\rho g \mu^2}{9\epsilon_0 kT} \qquad [4\text{-}11]$$

herleiten, die sich von der *Onsager*gleichung [4-10] nur um einen Korrelationsparameter g unterscheidet. Dieser charakterisiert die Anordnung der Dipole im Verband: $g = 1$, wenn die Fixierung eines Dipols im Verband keinen Einfluß auf die Ausrichtung der übrigen hat; $g > 1$, wenn die Fixierung eines Dipols die Nachbardipole parallel ausrichtet und $g < 1$, wenn die Ausrichtung antiparallel erfolgt.

4.2. Dielektrika im hochfrequenten Wechselfeld

Über einen weiten Bereich im Niederfrequenzgebiet (bis etwa 10^7 Hz bei 25 °C für die gebräuchlichen polaren Lösungsmittel) ändert sich die Gesamtpolarisation Gl. [4-3] mit gleicher Frequenz wie das angelegte Feld $\boldsymbol{E}$. Die permanenten Dipole sind in der Lage, sich mit dem äußeren Feld umzuorientieren. Dieser Prozeß erfolgt ohne Energieverlust für das angelegte elektromagnetische Feld. Steigert man die Frequenz weiter, so erreicht man ein Frequenzgebiet (etwa $10^8 - 10^{12}$ Hz für obiges Beispiel), in dem die permanenten Dipole des Dielektrikums sich im äußeren Feld nicht mehr vollständig ausrichten bis schließlich im Gebiet der optischen Frequenzen überhaupt keine Orientierung der Dipole mehr erfolgt. Das Gebiet der optischen Frequenzen ist ein Dispersionsgebiet für die Verschiebungspolarisation $\boldsymbol{P}_\alpha$. Dem Ursprung der dort beobachteten Absorptionsspektren gemäß unterscheidet man in $\boldsymbol{P}_\alpha$ einen atomaren (IR) und einen elektronischen (UV) Anteil.

In den Dispersionsgebieten findet Absorption elektromagnetischer Energie statt. Die formale Beschreibung der dielektrischen Eigenschaften erfolgt mit Hilfe komplexer Feldgrößen $\boldsymbol{D}^*$ und $\boldsymbol{E}^*$ und einer komplexen Dielektrizitätszahl ε^* gemäß

$$\boldsymbol{D}^* = \epsilon_0 \varepsilon^* \boldsymbol{E}^* . \qquad [4\text{-}12]$$

Mit $\boldsymbol{E}^* = E_m \mathrm{e}^{j\omega t}$ und $\boldsymbol{D}^* = D_m \mathrm{e}^{j(\omega t - \delta)}$ für eine elektromagnetische Welle der Kreisfrequenz ω folgt

$$\epsilon_0 \varepsilon^* = \frac{D_m}{E_m} \mathrm{e}^{-j\delta} = \epsilon_0(\varepsilon' - j\varepsilon'') . \qquad [4\text{-}13]$$

---

[9]) *Kirkwood, J. G.*, J. chem. Physics **4**, 592 (1936).

[10]) *Kirkwood, J. G.*, J. chem. Physics **7**, 911 (1939).

[11]) *Fröhlich, H.*, Theory of Dielectrics, 2. Aufl. (London 1957).

[12]) *Cole, R. H.*, J. chem. Physics **27**, 33 (1957).

[13]) *Hill, N. E., W. E. Vaughan, A. H. Price* und *M. Davies*, Dielectric Properties and Molecular Behaviour (New York 1969).

Der „Verlustwinkel“ δ und die im Dielektrikum dissipierte Energie W ergeben sich als

$$\mathrm{tg}\,\delta = \frac{\varepsilon''}{\varepsilon'} \quad \text{und} \quad W = \epsilon_0 \frac{\omega E_m^2}{2} \varepsilon'' . \qquad [4\text{-}14a,b]$$

Das niederfrequente Dispersionsgebiet ist ein Relaxationsgebiet. In ihm kommt die Orientierungspolarisation $\boldsymbol{P}_\mu$ mit steigender Frequenz des Feldes zum Verschwinden. Es ist ein übliches Verfahren, Orientierungspolarisation und Verschiebungspolarisation durch Bestimmung der statischen Dielektrizitätszahl (= Dielektrizitätszahl der Lösung im Frequenzgebiet unterhalb des Relaxationsgebietes) und der Dielektrizitätszahl im Frequenzgebiet oberhalb des Relaxationsgebietes zu separieren[3,14,15]. Die Bestimmung der Dielektrizitätszahl oberhalb des Relaxationsgebietes erfolgt in der Praxis als Messung des Brechungsindex n im IR-Bereich unter Verwendung der *Maxwell*beziehung $\varepsilon = n^2$. Da diese Messungen jedoch im Dispersionsgebiet der optischen Frequenzen erfolgen, ist zur Ermittlung der gesamten Verschiebungspolarisation eine Extrapolation des Brechungsindex aus dem IR-Bereich auf den Wert n_∞ bei unendlicher Wellenlänge erforderlich

$$\varepsilon_\infty^{\mathrm{IR}} = n_\infty^2 . \qquad [4\text{-}15]$$

Die Verwendung des Brechungsindex n_D (Wellenlänge der $\mathrm{Na_D}$-Linie) liefert häufig brauchbare Näherungsverfahren[16,17].

4.3. Dielektrische Relaxation

Zur Untersuchung von Relaxationsprozessen stehen zwei Klassen von Verfahren zur Verfügung, die Sprung- und Impulsverfahren sowie die Dispersions- und Absorptionsverfahren.

Im Falle der dielektrischen Polarisation geht man beim Sprungverfahren vom feldfreien Zustand im Dielektrikum ($E = 0$ und damit $P_\mu = 0$) aus. Zum Zeitpunkt $t = 0$ wird das Feld sprungartig auf den Wert E gebracht. Die Polarisation antwortet mit dem Aufbau des der Feldstärke E entsprechenden Gleichgewichtswertes $P_\mu^{(\mathrm{eq})}$ in einem Zeitgesetz 1. Ordnung. Wenn mit $P_\mu(t)$ der zum Zeitpunkt t gehörende Wert bezeichnet wird, gilt

$$\frac{\mathrm{d}P_\mu(t)}{\mathrm{d}t} = \frac{1}{\tau}\left[P_\mu^{(\mathrm{eq})} - P_\mu(t)\right] . \qquad [4\text{-}16]$$

τ ist die Relaxationszeit des Prozesses. Mit $P_\mu(0) = 0$ folgt aus Gl. [4-16]

$$P_\mu(t) = P_\mu^{(\mathrm{eq})}(1 - \mathrm{e}^{-t/\tau}) .$$

---

[14]) *Smyth, C. P.*, Dielectric Behaviour and Structure (New York 1955).

[15]) *Guggenheim, E. A.*, Trans. Faraday Soc. **45**, 714 (1949); **47**, 573 (1951).

[16]) *Böttcher, C. J. F.*, Physica **6**, 59 (1939).

[17]) *Böttcher, C. J. F.*, Rec. trav. chim. **62**, 119 (1943).

Im Dispersionsverfahren unterwirft man das Dielektrikum einer periodischen Störfunktion $E^* = E_m e^{j\omega t}$ und untersucht die Antwortfunktion $P^*_\mu(t)$. Als Ausgangsgleichung dient die mit komplexen Größen geschriebene Gl. [4-16], in der

$$P^{*(\mathrm{eq})}_\mu = P^*_s - P^*_\infty = \epsilon_0(\varepsilon_s - \varepsilon_\infty)E^*$$

ist (vgl. Gl. [4-3]). P^*_s ist die mit der Niederfrequenzdielektrizitätszahl (statische DZ) ε_s komplex angesetzte Gesamtpolarisation, P^*_∞ mit einer Hochfrequenz-DZ ε_∞ der vom Relaxationsprozeß nicht veränderte Anteil von P^*_s. Aus dem partikulären Integral der Differentialgleichung ergibt sich die Antwortfunktion $P^*_\mu(t)$ und damit wegen Gl. [4-1], [4-3] und [4-12]

$$\varepsilon^*(\omega) = \varepsilon_\infty + \frac{\varepsilon_s - \varepsilon_\infty}{1 + j\omega\tau} \qquad [4\text{-}17]$$

und

$$\varepsilon'(\omega) = \varepsilon_\infty + \frac{\varepsilon_s - \varepsilon_\infty}{1 + \omega^2\tau^2}\,; \; \varepsilon''(\omega) = \frac{\varepsilon_s - \varepsilon_\infty}{1 + \omega^2\tau^2}\,\omega\tau\,. \qquad [4\text{-}18\,\mathrm{a,b}]$$

Abb. 9 zeigt den Verlauf der Funktionen $\varepsilon' = f(\log\omega)$ und $\varepsilon'' = f(\log\omega)$.

Die Gleichungen [4-18a, b] [18]) sind die Parameterdarstellung eines Kreises in der $\varepsilon', \varepsilon''$-Ebene, dessen Mittelpunkt die Koordinaten $\{(\varepsilon_s + \varepsilon_\infty)/2; 0\}$ hat und dessen Radius $(\varepsilon_s - \varepsilon_\infty)/2$ beträgt (Abb. 9).

$$\left(\varepsilon' - \frac{\varepsilon_s + \varepsilon_\infty}{2}\right)^2 + (\varepsilon'')^2 = \left(\frac{\varepsilon_s - \varepsilon_\infty}{2}\right)^2. \qquad [4\text{-}18\,\mathrm{c}]$$

In Verbindung mit der molaren Polarisation $[P]$ nach Gl. [4-7] läßt sich in verlustbehafteten Medien eine komplexe Größe

$$[P]^* = \frac{\varepsilon^* - 1}{\varepsilon^* + 2}\frac{M}{d} = [P]_\infty + \frac{[P]_s - [P]_\infty}{1 + j\omega\tau'} \qquad [4\text{-}19]$$

festlegen [21]). Eine einfache Rechnung unter Verwendung der getroffenen Definitionen ergibt den Bezug zwischen den Relaxationszeiten τ der Polarisation und τ' der molaren Polarisation

$$\tau = \tau'\,\frac{\varepsilon_s + 2}{\varepsilon_\infty + 2} \qquad [4\text{-}20]$$

und unter Verwendung von Gl. [4-7] für ein Einkomponentensystem [19])

$$[P]^* = \frac{N_A}{3\epsilon_0}\left[\alpha + \frac{\mu^2}{3kT}\cdot\frac{1}{1 + j\omega\tau'}\right]. \qquad [4\text{-}21]$$

Die Ableitung einer dieser Gleichung entsprechenden Beziehung im Rahmen der *Onsager*theorie wird von *Collie, Hasted* und *Ritson* gegeben [20]).

[18]) *Cole, K. S.* und *R. H. Cole*, J. chem. Physics **9**, 341 (1941).

[19]) *Debye, P.*, Polar Molecules (New York 1929).

[20]) *Collie, C. H., J. B. Hasted* und *D. M. Ritson*, Proc. phys. Soc. **60**, 145 (1948).

[21]) *Debye, P.*, Physik. Z. **35**, 101 (1934).

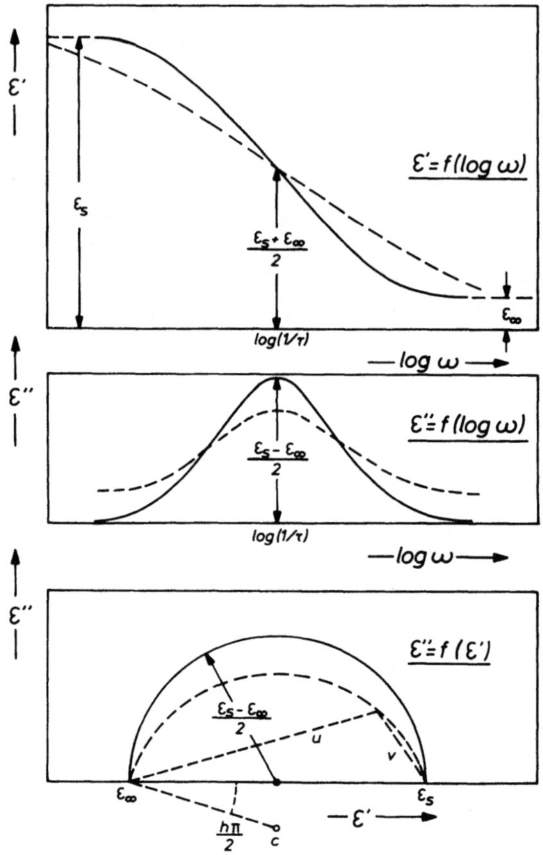

Abb. 9. Relaxationsdiagramme nach *Debye* (ausgezogene Kurven) und nach *Cole-Cole* (gestrichelte Kurven).

Bisher wurde vorausgesetzt, daß die Orientierung der Dipole im Dielektrikum mit einer einzigen diskreten Relaxationszeit zu beschreiben ist. Dies ist nicht allgemein, insbesondere nicht bei Elektrolytlösungen, zu erwarten. In solchen Fällen ist die Dispersion der Dielektrizitätszahl das Ergebnis einer Summe von Relaxationsprozessen mit unterschiedlichen Relaxationszeiten und an Stelle von Gl. [4-17] tritt die allgemeinere Beziehung

$$\varepsilon^*(\omega) = \varepsilon_\infty + (\varepsilon_s - \varepsilon_\infty)\int_0^\infty \frac{G(\tau)}{1 + j\omega\tau}\,d\tau; \quad \int_0^\infty G(\tau)\,d\tau = 1 \qquad [4\text{-}22]$$

$$\varepsilon' = \varepsilon_\infty + (\varepsilon_s - \varepsilon_\infty)\int_0^\infty \frac{G(\tau)\,d\tau}{1 + \omega^2\tau^2} \qquad [4\text{-}23a]$$

$$\varepsilon'' = (\varepsilon_s - \varepsilon_\infty)\int_0^\infty \frac{\omega\tau\, G(\tau)\,d\tau}{1 + \omega^2\tau^2}\,. \qquad [4\text{-}23b]$$

Liegen die τ-Werte der verschiedenen Relaxationsprozesse hinreichend weit voneinander entfernt, so läßt sich Gl. [4-22] in eine Summe von Prozessen nach Gl. [4-17] auflösen[22-24]. In der Regel repräsentiert jedoch die Verteilungsfunktion $G(\tau)$ eine spektrale Verteilung von Relaxationszeiten. Zur Darstellung solcher Prozesse haben verschiedene Autoren empirische Funktionen vorgeschlagen.

Nach *Fuoss* und *Kirkwood*[25]) ist $G(\tau)$ gegeben, wenn $\varepsilon'' = f(\omega)$ bekannt ist. Diese Autoren schlagen zur Beschreibung der Ergebnisse eine Funktion

$$\varepsilon''(\omega) = \varepsilon''_m \operatorname{sech}[\beta \ln(\omega/\omega_m)] \qquad [4\text{-}24]$$

vor, in der ε''_m der Maximalwert von $\varepsilon''(\omega)$ und ω_m die dazugehörige Kreisfrequenz ist. $0 < \beta \leq 1$ ist Anpassungsparameter und Maß für die Breite der Relaxationszeitverteilung. Für $\beta = 1$ geht Gl. [4-24] in Gl. [4-18b] über.

Von *Cole* und *Cole*[18]) wird zur Beschreibung eines Relaxationsprozesses mit spektraler Relaxationszeitverteilung die Gleichung

$$\varepsilon^*(\omega) = \varepsilon_\infty + \frac{\varepsilon_s - \varepsilon_\infty}{1 + (j\omega\tau_0)^{1-h}} \qquad [4\text{-}25]$$

vorgeschlagen, in der τ_0 der Schwerpunkt der Verteilung der Relaxationszeiten und $0 \leq h < 1$ wiederum ein empirisches Maß für die Breite der Verteilung ist. $h = 0$ liefert den Fall Gl. [4-17] für eine singuläre Relaxationszeit. Trennung von Real- und Imaginärteil in Gl. [4-25] führt zu

$$\varepsilon' = \varepsilon_\infty + (\varepsilon_s - \varepsilon_\infty) \frac{1 + (\omega\tau_0)^{1-h} \sin\frac{h\pi}{2}}{1 + 2(\omega\tau_0)^{1-h} \sin\frac{h\pi}{2} + (\omega\tau_0)^{2(1-h)}} \qquad [4\text{-}26a]$$

$$\varepsilon'' = (\varepsilon_s - \varepsilon_\infty) \frac{(\omega\tau_0)^{1-h} \cos\frac{h\pi}{2}}{1 + 2(\omega\tau_0)^{1-h} \sin\frac{h\pi}{2} + (\omega\tau_0)^{2(1-h)}}. \qquad [4\text{-}26b]$$

Der Kurvenverlauf für $\varepsilon' = f(\log\omega)$ und $\varepsilon'' = f(\log\omega)$ sowie der für $\varepsilon'' = f(\varepsilon')$ ist in Abb. 9 für $h \neq 0$ (gestrichelte Linien) eingezeichnet. Die Darstellung $\varepsilon'' = f(\varepsilon')$ liefert einen Kreisbogen durch ε_∞ und ε_s, dessen Mittelpunkt (C) unterhalb der ε'-Achse liegt. Aus Abb. 9 ist die Konstruktion von C ersichtlich. Eine einfache Rechnung liefert die Beziehung

$$\left(\frac{v}{u}\right)^{(1-h)} = \omega\tau_0\,, \qquad [4\text{-}27]$$

---

[22]) *Pottel, R.*, Ber. Bunsenges. phys. Chem. **69**, 363 (1965).

[23]) *Pottel, R.*, in: *B. E. Conway* und *R. G. Barradas*, Chemical Physics of Ionic Solutions, S. 581 (New York 1966); *Cachet, H., I. Epelboin* und *J.-C. Lestrade*, Electrochimica Acta **11**, 1759 (1966).

[24]) *Tamm, K.* und *M. Schneider*, Z. Angew. Phys. **20**, 544 (1966).

[25]) *Fuoss, R. M.* und *J. G. Kirkwood*, J. Amer. chem. Soc. **63**, 385 (1941).

die zur Bestimmung von τ_0 benutzt werden kann. Die Bedeutung der Größen u und v ist Abb. 9 zu entnehmen.

Davidson und *Cole*[26]) geben die Beziehung

$$\varepsilon^*(\omega) = \varepsilon_\infty + \frac{\varepsilon_s - \varepsilon_\infty}{(1 + j\omega\tau_0)^\alpha} \qquad [4\text{-}28]$$

mit einem Relaxationszeitschwerpunkt τ_0 und einem empirischen Parameter α an. $\alpha = 1$ liefert wiederum Gl. [4-17].

$$\varepsilon' = \varepsilon_\infty + (\varepsilon_s - \varepsilon_\infty)\cos^\alpha(\omega\tau_0)\cos(\alpha\omega\tau_0) \qquad [4\text{-}29\,a]$$

$$\varepsilon'' = (\varepsilon_s - \varepsilon_\infty)\cos^\alpha(\omega\tau_0)\sin(\alpha\omega\tau_0)\,. \qquad [4\text{-}29\,b]$$

Die Ortskurve ist in Abb. 10 wiedergegeben. Der Parameter α ergibt sich aus dem Tangentenanstieg auf der Hochfrequenzseite ($\omega\tau_0 \to \infty$) als $(d\varepsilon''/d\varepsilon') = \text{tg}(\pi\alpha/2)$.

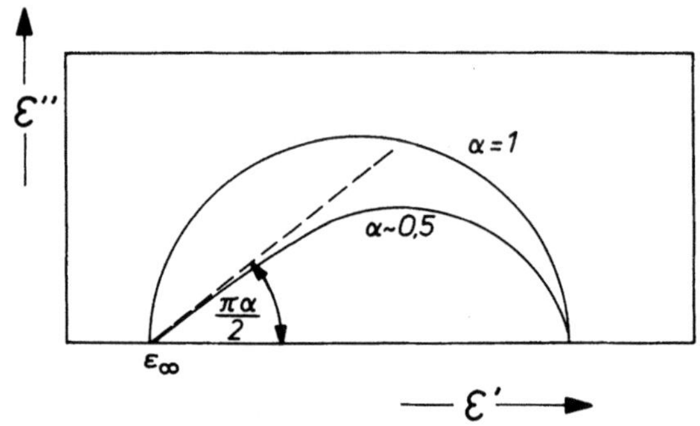

Abb. 10. Relaxationsdiagramme nach *Debye* ($\alpha = 1$) und *Cole-Davidson* (Beispiel $\alpha \sim 0{,}5$).

Der *Cole-Cole*-Fall kann in bezug auf τ_0 als symmetrische Verteilung von Elementarprozessen, deren Relaxationszeiten dicht liegen und von denen jeder alleine einen *Debye*-Kreis liefern würde, gedeutet werden, der *Davidson-Cole*-Fall resultiert aus einer unsymmetrischen Verteilung in bezug auf τ_0.

Neben diesen makroskopischen Beschreibungen, zu denen auch die älteren Darstellungen von *Wagner*[27]) und *Yager*[28]) mit einer *Gauß*-Verteilung der Relaxationszeiten in $G(\tau)$ und die oben beschriebene empirische Darstellung von *Fuoss* und *Kirkwood* zu rechnen sind, stehen solche, die ein molekulares Bild als Ausgangspunkt haben. In diesem Zusammenhang ist zunächst eine molekulare Theorie der Relaxationszeitverteilung von *Fröhlich*[11]) zu nennen. In dieser wird angenommen, daß die Bewegung des Dipols von Potentialbarrieren bestimmt wird, deren Höhen für Lösungen eine uniforme Ver-

[26]) *Davidson, D. W.* und *R. H. Cole,* J. chem. Physics **18**, 1417 (1950).
[27]) *Wagner, K. W.,* Ann. Physik (4) **40**, 817 (1913).
[28]) *Yager, W. A.,* Physics **7**, 434 (1936).

teilung zwischen $H = H_0$ und $H = H_0 + h_0$ besitzen. Für ein Molekül, dessen Barriere die Höhe $H_0 + h(0 \leq h \leq h_0)$ hat, ist die Relaxationszeit

$$\tau = A \cdot \exp\{(H_0 + h)/kT\} = \tau_0 \exp(h/kT) \qquad [4\text{-}30]$$

$$\tau_0 = A \exp(H_0/kT).$$

Dann erstreckt sich das Intervall der Relaxationszeiten von τ_0 bis $\tau_1 = \tau_0 \exp(h_0/kT)$. Mit der Relaxationszeitverteilungsfunktion $G(\tau) = \frac{kT}{\tau h_0} (\tau_0 < \tau < \tau_1)$ ergibt sich

$$\varepsilon^*(\omega) = \varepsilon_\infty + (\varepsilon_s - \varepsilon_\infty) \frac{kT}{h_0} \int_{\tau_0}^{\tau_1} \frac{d(\ln \tau)}{1 + j\omega\tau}. \qquad [4\text{-}31]$$

Die Theorie von *Fröhlich* beinhaltet eine Temperaturabhängigkeit der Breite der Relaxationszeitverteilung.

Nach der *Eyring*schen Theorie der Reaktionsgeschwindigkeit [29]) erhält man eine mikroskopische Relaxationszeit

$$\tau = \frac{h}{kT} e^{-\Delta S^{+}/R} e^{\Delta H^{+}/RT} \qquad [4\text{-}32]$$

mit der üblichen Bedeutung von ΔS^{+} und ΔH^{+} als Aktivierungsgrößen des molekularen Prozesses. Eine molekulare Theorie von *Bauer* [30]) baut mit ausschließlicher Beachtung der Dipolrotation auf den gleichen Grundlagen auf.

Speziell zum Problemkreis der Relaxationsprozesse in Elektrolytlösungen sind in jüngster Zeit allgemeine molekularstatistische Darstellungen erfolgt, insbesondere seitens der Forschergruppe „Physique des Liquides et Electrochimie“ des C.N.R.S. Hierzu und bezüglich weiterer Ansätze sei auf den Übersichtsartikel von *Lestrade, Badiali* und *Cachet* [31]) und die dort zitierte Literatur verwiesen.

4.4. Relaxationsprozesse in Elektrolytlösungen

Die Untersuchungen der Mikrowellen-Dielektrizitätszahlen von Elektrolytlösungen weisen zwei Richtungen auf, einmal die Arbeiten über das Verhalten von Elektrolytlösungen mit polaren Lösungsmitteln hoher und mittlerer Dielektrizitätszahl ($\varepsilon_s > 40$) und zum andern die über Elektrolytlösungen mit apolaren Lösungsmitteln ($\varepsilon_s < 3$). Mit dem Vorbehalt einer späteren Revision der folgenden, den Sachverhalt extrem vereinfachenden Aussage bedeutet das, daß im ersten Falle die Relaxation der Lösungsmitteldipole und im andern die des Elektrolyten, der in apolaren Lösungsmitteln fast ausschließ-

---

[29]) *Glasstone, S., K. J. Laidler* und *H. Eyring*, The Theory of Rate Processes (New York 1941).

[30]) *Bauer, E.*, Cah. Phys. **20**, 1 (1944).

[31]) *Lestrade, J.-C., J.-P. Badiali* und *H. Cachet*, in: *M. Davies*, Dielectric and Related Molecular Processes, Vol. 2, S. 106 (London 1975).

lich in der Form von Ionenpaardipolen vorliegt, beobachtet wird. Die Relaxationsgebiete liegen frequenzmäßig verschieden, im ersten Falle bei kleineren Relaxationszeiten (Tab. 20) als im zweiten (Tab. 22). Im dazwischenliegenden Bereich ($3 < \varepsilon_s < 40$) ist das Lösungsmittel polar, die Ionenassoziation jedoch mehr oder weniger ausgeprägt, es können – z. B. in Essigsäureäthylester – zwei Relaxationsgebiete auftreten. Die vorangehenden Zahlenangaben bei der Abgrenzung der Fälle beziehen sich auf Lösungen von 1,1-Elektrolyten.

4.5. Das Relaxationsgebiet des Lösungsmittels

In polaren Lösungsmitteln, in denen der Elektrolyt bei niederen Konzentrationen praktisch vollständig dissoziiert, ändert das Einbringen eines Elektrolyten ins Dielektrikum dessen dielektrisches Verhalten in mehrfacher Hinsicht. Die Elektrolytlösung ist leitend und infolgedessen ist schon im Niederfrequenzgebiet Energiedissipation gegeben. Diese Gegebenheit ist jedoch im Zusammenhang mit der Frage nach der Möglichkeit, Aussagen über die Struktur von Elektrolytlösungen aus der Bestimmung der Dispersion der Dielektrizitätszahl zu finden, nicht relevant. Die Leitfähigkeitsverluste der Lösung können – mit Näherungsansätzen – erfaßt werden. Von Bedeutung ist vielmehr, daß die Ionen des Elektrolyten infolge ihrer Felder die Lösungsmittelmoleküle orientieren und aus der Konkurrenz dieses Effektes mit der Orientierung der Lösungsmoleküle im reinen Lösungsmittel Schlüsse auf spezifische Einflüsse des Elektrolyten auf das Lösungsmittel gezogen werden können. Untersuchungen dieser Art wurden zunächst an wäßrigen Elektrolytlösungen ausgeführt[22, 24, 32–46]) und haben Hinweise über die Anordnung und Eigenschaften der Wasserdipole in der Solvathülle von Kationen und Anionen gegeben[32, 35–39, 41, 43, 45, 46]). Im Falle von 2,2-Elektrolyten wurde neben dem Relaxationsgebiet des Wassers ein weiteres, davon abgetrenntes für die Relaxation der Ionenpaare gefunden[22, 24]). In neueren Arbeiten[43, 45, 46]) wurde der Versuch unternommen, die Relaxationszeiten der

---

[32]) *Hasted, J. B., D. M. Ritson* und *C. H. Collie*, J. chem. Physics **16**, 1 (1948).

[33]) *Saxton, J. A.*, Proc. Roy. Soc. (London) **A 213**, 473 (1952).

[34]) *Lane, J. A.* und *J. A. Saxton*, Proc. Roy. Soc. (London) **A 214**, 531 (1952).

[35]) *Haggis, G. H., J. B. Hasted* und *T. J. Buchanan*, J. chem. Physics **20**, 1452 (1952).

[36]) *Hasted, J. B.* und *S. H. M. El Sabeh*, Trans. Faraday Soc. **49**, 1003 (1953).

[37]) *Hasted, J. B.* und *G. W. Roderick*, J. chem. Physics **29**, 17 (1958).

[38]) *Pottel, R.*, in: *F. Franks*, Water – a Comprehensive Treatise, Vol. 3, S. 401 (New York 1973).

[39]) *Hasted, J. B.*, in: *M. Davies*, Dielectric and Related Molecular Processes, Vol. 1, S. 121 (London 1972).

[40]) *Harris, F. E.* und *C. T. O'Konski*, J. physic. Chem. **61**, 310 (1957).

[41]) *Pottel, R.* und *O. Lossen*, Ber. Bunsenges. physik. Chem. **71**, 135 (1967).

[42]) *Weiß, E., E. Gerdes* und *H.-J. Hoffmann*, Z. physik. Chem. **228**, 51 (1965); *Gerdes, E., W. D. Kraeft* und *M. Zecha*, Z. physik. Chem. **241**, 25 (1969).

[43]) *Giese, K., U. Kaatze* und *R. Pottel*, J. physic. Chem. **74**, 3718 (1970).

[44]) *Barthel, J., F. Schmithals* und *H. Behret*, Z. physik. Chem. N.F. **71**, 115 (1970).

[45]) *Giese, K.*, Ber. Bunsenges. physik. Chem. **76**, 495 (1972).

[46]) *Kaatze, U.*, Ber. Bunsenges. physik. Chem. **77**, 447 (1973).

dielektrischen Untersuchungen mit den Reorientierungszeiten der Wassermoleküle aus magnetischen Kernresonanzuntersuchungen[47,48]) zu korrelieren. Die statische Dielektrizitätszahl konzentrierter Salzlösungen wurde zur Erklärung des spezifischen Salzeffektes in der Kinetik chemischer Reaktionen herangezogen[49]).

Die ersten Messungen in polaren nichtwäßrigen Lösungsmitteln sind die von *Lane* und *Saxton* [vgl.[33])] bei den Wellenlängen $\lambda = 1{,}24$ cm und $\lambda = 3{,}21$ cm (beide Wellenlängen liegen oberhalb der Sprungwellenlänge λ_s *)) in methanolischen Elektrolytlösungen. Die Autoren berechnen aus den Meßwerten unter der Voraussetzung eines *Debye*schen Relaxationsmechanismus ε_s-Werte und daraus die konzentrationsabhängige Erniedrigung $\Delta\varepsilon_s = \varepsilon_s^{\mathrm{LM}} - \varepsilon_s$ der statischen Dielektrizitätszahl der Salzlösung (ε_s) gegenüber der des reinen Lösungsmittels ($\varepsilon_s^{\mathrm{LM}}$). Sie diskutieren diese im Zusammenhang mit der *Hückel*schen Erweiterung des *Debye-Hückel*schen Grenzgesetzes für den Aktivitätskoeffizienten (vgl. Gl. [1-42]). Die δ-Werte aus dem *Hückel*schen Ansatz[50])

$$\varepsilon_s = \varepsilon_s^{\mathrm{LM}} - \delta c \qquad [4\text{-}33]$$

ergeben sich nach diesen Autoren in guter Übereinstimmung mit ihren $\Delta\varepsilon_s$-Werten der wäßrigen Elektrolytlösungen, weniger zufriedenstellend für die methanolischen. Neuere Messungen schränken den Gültigkeitsbereich von Gl. [4-33] auch für wäßrige Elektrolytlösungen erheblich ein[51]). Auf Meßwerten bei $\lambda = 3{,}2$ cm basieren auch die Aussagen von *Hasted* und *Roderick*[37]) bezüglich methanolischer und äthanolischer Lösungen. Die Extrapolation auf ε_s erfolgt mit vorgegebenen h-Werten auf der Grundlage der Gl. [4-25]. Erst in neueren Arbeiten[51-55]) sind Meßdaten für alkoholische Elektrolytlösungen zu finden (Tab. 20), die über einen hinreichend großen Frequenzbereich zur Konstruktion von $\varepsilon', \varepsilon''$-Diagrammen ausreichen. Sowohl in methanolischen Lösungen als auch in äthanolischen Lösungen wurde eine Auswertung mittels *Debye*kreisen vorgenommen. Abb. 11 zeigt das Beispiel LiI in C_2H_5OH (25 °C)[53]). Eine versuchsweise Auswertung nach Gl. [4-25] liefert zwar kleine h-Werte, aber keine bessere Wiedergabe der Meßwerte durch diese Funktionen.

Das Verhalten der alkoholischen Lösungen ist dem wäßriger Lösungen vergleichbarer Konzentration ähnlich, die relative Erniedrigung $\Delta\varepsilon_s/\varepsilon_s^{\mathrm{LM}}$ der statischen Dielektrizitätszahl methanolischer Lösungen mit der Elektrolyt-

*) Die Sprungwellenlänge λ_s ist die der Relaxationszeit τ zugeordnete Wellenlänge.

47) *Endom, L., H. G. Hertz, B. Thül* und *M. D. Zeidler*, Ber. Bunsenges. phys. Chem. **71**, 1008 (1967); *Engel, G.* und *H. G. Hertz*, Ber. Bunsenges. phys. Chem. **72**, 808 (1968).

48) *Hertz, H. G.*, in: *H. Falkenhagen*, Theorie der Elektrolyte, S. 479 (Stuttgart 1971).

49) *Barthel, J.*, J. chim. physique, N° special **1969**, 199.

50) *Hückel, E.*, Physik. Z. **26**, 93 (1925).

51) *Schmithals, F.*, Dissertation (Saarbrücken 1969); *Behret, H.*, Dissertation (Saarbrücken 1970).

52) *Badiali, J.-P., H. Cachet* und *J.-C. Lestrade*, J. chim. physique **64**, 1350 (1967).

53) *Cachet, H., I. Epelboin* und *J.-C. Lestrade*, Electrochimica Acta **11**, 1759 (1966).

54) *Barthel, J., H. Behret* und *F. Schmithals*, Ber. Bunsenges. phys. Chem. **75**, 305 (1971).

55) *Behret, H., F. Schmithals* und *J. Barthel*, Z. physik. Chem. N.F. **96**, 73 (1975).

konzentration ist jedoch sehr viel stärker. Die Relaxationszeit τ (bzw. die Sprungwellenlänge λ_s) ändert sich dabei gegenüber der des reinen Lösungsmittels nicht signifikant. Wie in wäßrigen Lösungen ist die beobachtete Relaxationszeit den Lösungsmittelmolekülen zuzuordnen.

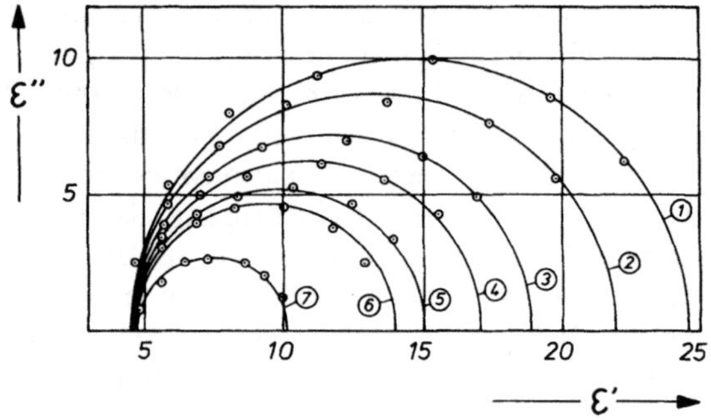

Abb. 11. Darstellung des Relaxationsgebietes für Lithiumjodid-Äthanollösungen (25 °C) mittels *Debye*kreisen[53]).
(1) reines LM, (2) 0,09 M, (3) 0,23 M, (4) 0,34 M, (5) 0,46 M, (6) 0,55 M, (7) 0,92 M.

Hasted und *Roderick*[37]) weisen darauf hin, daß die stark konzentrationsabhängige Erniedrigung von ε_s in methanolischen Lösungen nicht mit dem Bild einer Solvatation alleine erklärt werden kann. Nach diesen Autoren muß ein strukturbrechender Effekt der Salze auf die Lösungsmittelstruktur angenommen werden. Alkohole bilden in reiner Phase mittels Wasserstoffbrücken Assoziatketten[56–58]), wobei die Alkylgruppen zueinander vorzugsweise in trans-Stellung

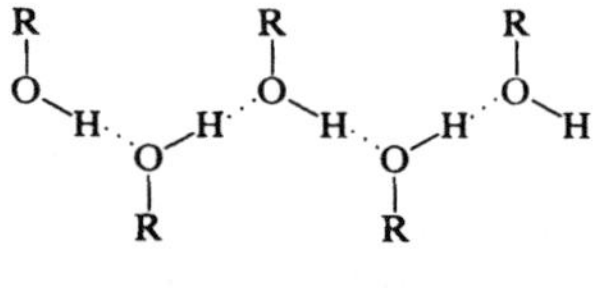

anzunehmen sind. Ein Brechen dieser Ketten mit einer Verkleinerung der mittleren Kettenlänge der Verteilung ist nicht notwendige Voraussetzung für die ε_s-Erniedrigung beim Elektrolytzusatz. Dies müßte eine Verschiebung der Sprungwellenlänge λ_s in Abhängigkeit der Konzentration nach kürzeren Wellenlängen hin zur Folge haben. Die Ergebnisse in Tab. 20 zeigen diesen Befund nicht. Die angegebenen Relaxationszeiten für alkoholische Lösungen sind allerdings wegen der auf der Hochfrequenzseite anschließenden Dispersionsgebiete und wegen der nicht berücksichtigten Ionenassoziation so unsicher, daß die Relaxationszeiterhöhung mit steigender Salzkonzentration

[56]) *Oster, G.* und *J. G. Kirkwood*, J. chem. Physics **11**, 175 (1943).
[57]) *Dannhauser, W.* und *R. H. Cole*, J. chem. Physics **23**, 1762 (1955).
[58]) *Brot, P.-C.*, Ann. Physique (2) **13**, 714 (1957).

nicht überbewertet werden sollte. *Badiali, Cachet* und *Lestrade*[52]) nehmen mit Bezug auf eine Diskussion des *Kirkwood*schen *g*-Parameters (Gl. [4-11]) eine „Solvatation" (vgl. auch[31])) durch Alkoholketten an.

Tab. 20. Statische (ε_s) und hochfrequente (ε_∞) Dielektrizitätszahl sowie Relaxationszeiten (τ), Sprungwellenlängen (λ_s) und *Fuoss-Kirkwood*parameter (β) polarer Lösungsmittel und ihrer Elektrolytlösungen (25 °C).

Lösungsmittel	Elektrolyt und Konzentration	ε_s	ε_∞	$\frac{\tau}{ps}$	$\frac{\lambda_s}{cm}$	β	Bemerkungen	Zitat
$HCONH_2$	–	109,5	7,0	36,9	6,95	1,00		54, 55)
	0,5 M $LiNO_3$	96,5	7,6	37,4	7,05	1,00		
	0,5 M $NaNO_3$	96,9	7,7	38,3	7,2	1,00		
	0,5 M KNO_3	98,6	7,8	37,4	7,05	1,00		
	1,0 M $LiNO_3$	87,4	8,6	39,3	7,4	1,00		
	1,0 M $NaNO_3$	88,7	8,2	41,0	7,7	1,00		
	1,0 M LiCl	87,0	8,4	42,0	7,9	1,00		
	2,0 M $LiNO_3$	72,7	7,9	44,8	8,4	0,94		
$HCONHCH_3$	–	182	5,4	123	23,2	0,99		54, 55)
	1,0 M $LiNO_3$	85	6,0	91	17,1	0,97		
$HCON(CH_3)_2$	–	37,4	4,5	11,0	2,07	1,00		54, 55)
	0,5 M $LiNO_3$	34,9	4,8	12,2	2,3	0,78		
C_2H_5OH	–	24,3	4,4	–	31	–	bis 4 g/l H_2O	53)
	–	25,3	4,5	–	28	–	23 g/l H_2O	
	0,16 M LiCl	20,8	4,5	–	33	–	0,7 g/l H_2O	
	0,25 M	19	4,5	–	33	–	1,1 g/l H_2O	
	0,30 M	18,3	4,45	–	35	–	3,2 g/l H_2O	
	–	19,95	4,55	–	32	–	22 g/l H_2O	
	0,50 M	16,3	4,5	–	36	–	2,9 g/l H_2O	
	0,80 M	13,8	4,5	–	37	–	4,2 g/l H_2O	
	0,125 M $LiClO_4$	20,7	4,5	–	32	–	4 g/l H_2O	53)
	0,31 M	17,5	4,6	–	31	–	4 g/l H_2O	
	0,47 M	15,5	4,75	–	30	–	4 g/l H_2O	
	0,94 M	11,5	4,75	–	27	–	4 g/l H_2O	
CH_3OH	–	32,6	5,55	52,2	–	–	0,25 g/l H_2O	52)
	–	32,9	6,15	56,8	–	–	2 g/l H_2O	
	0,02 M $LiClO_4$	31,6	5,5	51,3	–	–	0,34 g/l H_2O	52)
	0,05 M	30,45	5,9	54,0	–	–	0,37 g/l H_2O	
	0,07 M	29,75	6,2	55,8	–	–	0,54 g/l H_2O	
	0,1 M	28,8	5,35	50,5	–	–	0,71 g/l H_2O	
	0,02 M $NaClO_4$	31,6	5,9	53,0	–	–	0,31 g/l H_2O	52)
	0,05 M	30,7	6	54,0	–	–	0,37 g/l H_2O	
	0,07 M	29,95	6,05	54,0	–	–	0,37 g/l H_2O	
	0,1 M	29,4	6,15	56,8	–	–	0,55 g/l H_2O	
	0,0085 M $Mg(ClO_4)_2$	32,2	6	54,9	–	–	0,91 g/l H_2O	52)
	0,017 M	32,15	6,1	56,8	–	–	1,57 g/l H_2O	
	0,031 M	31,5	6	57,9	–	–	1,51 g/l H_2O	
	0,047 M	31,0	5,8	58,9	–	–	1,52 g/l H_2O	

Tab. 20 (*Fortsetzung*)

Lösungsmittel	Elektrolyt und Konzentration	ε_s	ε_∞	$\frac{\tau}{\text{ps}}$	$\frac{\lambda_s}{\text{cm}}$	β	Bemerkungen	Zitat
$(CH_3)_2SO$	–	47,3	5,7	19,6	3,7	1,00		[54, 55]
	0,5 M $LiNO_3$	42,2	5,7	22,2	4,25	0,93		
	0,5 M $NaNO_3$	43,8	4,2	22,0	4,15	0,88		
	0,5 M LiCl	41,8	4,3	22,8	4,3	0,88		
	1,0 M $LiNO_3$	39,4	4,7	27	5,1	0,83		
	2,0 M $LiNO_3$	35,9	4,8	45	8,2	0,74		
$(CH_3)_6N_3PO$	–	29,6	3,3	80	15,0	0,92		[54, 55]
	0,5 M $LiNO_3$	21,3	3,3	88	16,6	0,78		
CH_3OH	–	32,6	5,1	47	8,9	1,0		[54, 55]
	0,5 M $LiNO_3$	22,1	5,5	49	9,2	1,0		
	0,5 M LiCl	21,8	5,5	49	9,2	1,0		
	1.0 M $LiNO_3$	18,2	5,5	51	9,6	1,0		
	2,0 M $LiNO_3$	14,9	5,5	53	10,0	1,0		
C_2H_5OH	0,09 M LiI	21,45	4,5	–	32	–	7 g/l H_2O	[53]
	0,23 M	18,5	4,5	–	32	–	8 g/l H_2O	
	0,34 M	16,8	4,6	–	32	–	11 g/l H_2O	
	0,46 M	15,1	4,6	–	32	–	12 g/l H_2O	
	0,55 M	13,95	4,7	–	28	–	15 g/l H_2O	
	0,92 M	10	4,75	–	22	–	20 g/l H_2O	
	0,045 M $Mg(ClO_4)_2$	23,4	4,6	–	32	–	4 g/l H_2O	[53]
	0,12 M	22,85	4,55	–	34	–	4,5 g/l H_2O	
	0,24 M	20,2	4,9	–	33	–	8 g/l H_2O	
	0,40 M	16,1	4,8	–	30	–	14 g/l H_2O	
	0,81 M	11	5,2	–	23	–	25 g/l H_2O	

Die aus Untersuchungen an wäßrigen Lösungen vielfach übernommene Hypothese des Aufbrechens von Wasserstoffbrücken[37] zur Erklärung einer über den Solvatationseffekt hinausgehenden Größe der ε_s-Depression ist nicht zwingend. Eine gleichgroße ε_s-Erniedrigung mit parallel verlaufender Relaxationszeiterhöhung wird z. B. in den den methanolischen Lösungen nahezu isodielektrischen Lösungen im aprotischen Lösungsmittel Hexamethylphosphorsäuretriamid gefunden[54, 55] (Tab. 20). Ein ähnlicher Befund ergibt sich in Elektrolytlösungen mit N,N-Dimethylformamid[54, 55] und Dimethylsulfoxid[54, 55] als Lösungsmittel, allerdings erhält man abweichend von methanolischen Lösungen eine Relaxationszeitstreuung, was sich in den *Kirkwood-Fuoss*-Parametern $\beta \neq 1$ (Tab. 20) oder im *Cole*schen Parameter $h \neq 0$ ausdrückt.

Neben den Ergebnissen in den aprotischen Lösungsmitteln stehen die in Formamid[54, 55] als einem weiteren protischen Lösungsmittel zum Vergleich zur Verfügung. In diesem Lösungsmittel hoher Dielektrizitätszahl ($\varepsilon = 109$) ist die ε_s-Erniedrigung mit wachsender Salzkonzentration derjenigen wäßriger Lösungen vergleichbar. Die gleichzeitig steigenden Relaxationszeiten machen jedoch – wie in methanolischen Lösungen – die Annahme des Öffnens von

Wasserstoffbrückenbindungen als Erklärung hier nicht zwingend. In N-Methylformamid jedoch, das als reines Lösungsmittel in Kettenform [59]) assoziiert, wird bei Salzzusatz ein drastischer Abfall sowohl von ε_s als auch der Relaxationszeiten beobachtet (Tab. 20) [54, 55]). Dieser Befund ist mit einer Verkleinerung von Assoziatketten vereinbar. N-Methylformamid ist neben Wasser bisher als einziges Lösungsmittel bekannt, in dem gleichzeitig ε_s-Erniedrigung und Abnahme der Relaxationszeit beobachtet werden *).

In allen Lösungsmitteln der Tab. 20 beobachtet man mit dem zugesetzten Elektrolyten eine ε_s-Erniedrigung (Abb. 12). Dabei treten keine Merkmale auf, die eine Unterscheidung von protischen und aprotischen Lösungsmitteln erlauben. Ebensowenig ist eine solche Unterscheidung bei Hinzunahme der Relaxationszeit bzw. der Sprungwellenlänge zu treffen. Mit Ausnahme der Lösungen in Wasser und N-Methylformamid besteht die Tendenz für einen Anstieg der Relaxationszeiten mit steigender Elektrolytkonzentration. Aussagen bezüglich der Relaxationszeiten sind jedoch in der Regel unsicher. Die Verschiebungen sind klein. Ihrer Bestimmung liegt eine modellgebundene Auswertegleichung zugrunde (vgl. Abschnitt 4.6). Abb. 13 zeigt Fälle einer relativen Relaxationszeitverschiebung $\Delta\tau/\tau_{LM}$ (τ_{LM} = Relaxationszeit des reinen Lösungsmittels), bei denen in bezug auf die Richtung und die Größenordnung der Verschiebung eine Aussagemöglichkeit besteht.

Die Lösungen mit Lösungsmitteln hoher Dielektrizitätszahl ($\varepsilon_s^{LM} > 70$) liefern – abgesehen von der Unsicherheit, die die Auswerteverfahren bedingen – die zuverlässigsten Informationen. Die Ionenassoziation ist gering und verfälscht das Ergebnis entsprechend wenig. In anderen Lösungsmitteln gewinnt die Ionenassoziation mit fallender Dielektrizitätszahl des Lösungsmittels Bedeutung, auch wenn sie im Bereich der Lösungsmittel mittlerer Dielektrizitätszahl ($\varepsilon_s^{LM} > 25$) an der Darstellung der Ergebnisse durch Relaxationskreise nicht unmittelbar sichtbar wird. Ionenassoziation erniedrigt die Konzentration an freien Ionen in der Lösung, die Zuordnung der dielektrischen Daten zur analytischen Konzentration des Elektrolyten muß dem Rechnung tragen. Im folgenden Abschnitt 4.6 wird das Relaxationsgebiet der Ionenassoziate untersucht. Dieses setzt sich im Rahmen der aktuellen Meßmethoden für 1,1-Elektrolyte nur in einigen Lösungsmitteln niedriger Dielektrizitätszahl ($\varepsilon_s^{LM} < 20$) vom Relaxationsgebiet der Lösungsmittelmoleküle ab und liegt auf dessen Niederfrequenzseite. Die in Lösungsmitteln mit $\varepsilon_s^{LM} \approx 20$, z. B. im System n-$Bu_4NI$/Äthanol [53]) oder $LiNO_3$/Aceton [54]), auf der Niederfrequenzseite des Lösungsmittelrelaxationsgebietes beobachtete Verformung der Relaxationskurven sind auf Ionenassoziation zurückzuführen. Auch wenn im Bereiche der Lösungsmittel mittlerer Dielektrizitätszahl ($\varepsilon_s^{LM} > 25$) die Wiedergabe der Meßwerte durch eine Modellfunktion (z. B.

---

*) Es sei angemerkt, daß auch in wäßrigen Elektrolytlösungen abweichendes Verhalten möglich ist. Für KF- und CsF-Lösungen [60]) ist der ε_s-Abfall mit Ansteigen der Relaxationszeiten gekoppelt.

[59]) *Leader, G. R.* und *J. F. Gormley*, J. Amer. chem. Soc. **73**, 5731 (1951).

[60]) *Krüger, J.*, Dissertation (Saarbrücken 1973).

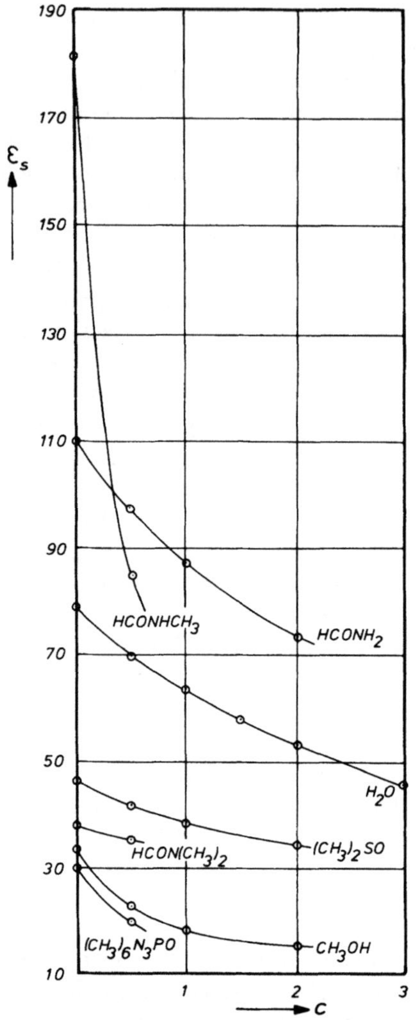

Abb. 12. Konzentrationsabhängigkeit der extrapolierten statischen Dielektrizitätszahl ε_s von Alkalinitratlösungen mit verschiedenen Lösungsmitteln (25°C)[54,55] (N-Methylformamid mit $NaNO_3$, alle übrigen Lösungen mit $LiNO_3$).

*Debye*kreis) erfolgen kann, ist die ermittelte Relaxationszeit unsicher. Die Datenanalyse vieler Systeme zeigt, daß ohne eine über die Meßfehler hinausgehende nachweisbare Verformung der Lösungsmittelrelaxationskurve $\varepsilon'' = f(\varepsilon')$ die Meßpunkte durch Ionenassoziation auf dieser Kurve zu höheren Frequenzen verschoben sein können. Der Grund für die Außerachtlassung dieser Information liegt in einer Unzulänglichkeit der üblichen Auswerteverfahren, von denen keines einen Ausgleich bezüglich der drei Meßgrößen ε', ε'' und ω erlaubt. Eine Lösung dieses Problems steht noch aus.

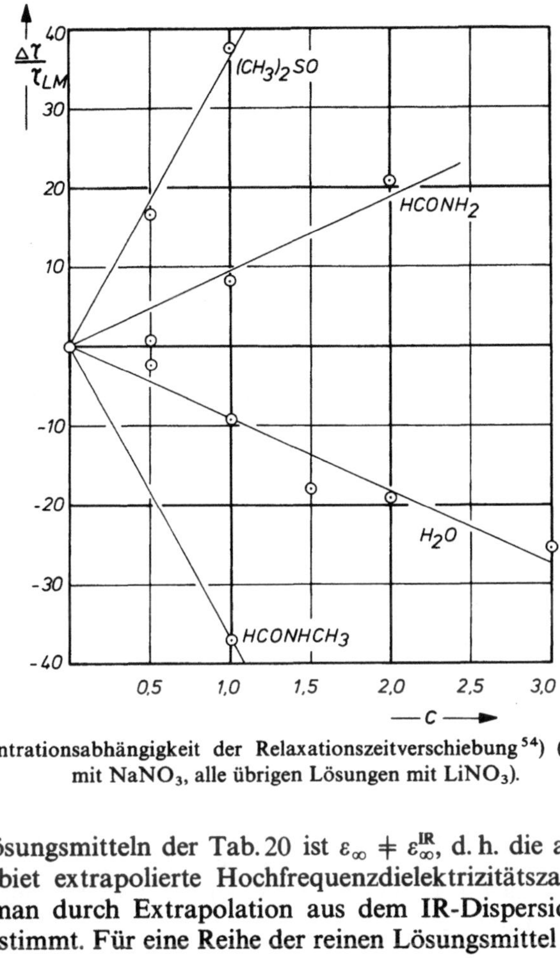

Abb. 13. Konzentrationsabhängigkeit der Relaxationszeitverschiebung[54]) (N-Methylformamid mit $NaNO_3$, alle übrigen Lösungen mit $LiNO_3$).

In allen Lösungsmitteln der Tab. 20 ist $\varepsilon_\infty \neq \varepsilon_\infty^{IR}$, d. h. die aus dem Hauptrelaxationsgebiet extrapolierte Hochfrequenzdielektrizitätszahl ist nicht die gleiche, die man durch Extrapolation aus dem IR-Dispersionsgebiet erhält und die P_α bestimmt. Für eine Reihe der reinen Lösungsmittel sind zusätzliche Relaxationsgebiete im Hochfrequenzgebiet bekannt (vgl. hierzu [31])). In jüngster Zeit ist auch über ein solches bei Wasser berichtet worden[61]). Die in den älteren Auswertungen häufig implizierte Annahme, ε_∞ werde vom gelösten Elektrolyten nicht verändert und sei unabhängig von dessen Konzentration, wird durch neue genauere Messungen in Frage gestellt. Auch für wäßrige Lösungen liegen Hinweise für ein gegenteiliges Verfahren vor[60]).

Der *Hückel*sche Ansatz Gl. [4-33] besitzt nur für ein kleines Konzentrationsgebiet Gültigkeit. Zufriedenstellend bis zu hohen Konzentrationen (ca. 2M in Wasser) ist ein Ansatz[51, 62])

$$\varepsilon_s = \varepsilon_s^{LM} - \delta c + \beta c^2 . \qquad [4\text{-}34]$$

---

[61]) *Zafar, M. S., J. B. Hasted* und *J. Chamberlain*, Nature Physical Science **243**, 106 (1973).

[62]) *Badiali, J.-P., H. Cachet, F. Govaerts* und *J.-C. Lestrade*, Compt. rend. Acad. Sci. Paris **265 C**, 149 (1967).

Die spezifische Wirkung der Alkalihalogenide, die sich in wäßrigen Lösungen in einer ε_s-Erniedrigung bei gleicher Konzentration und gleichem Kation in der Reihenfolge Li > Na > K > Rb > Cs[44]) ergibt, wird für die wenigen bekannten Fälle in nichtwäßrigen Lösungsmitteln auch beobachtet. Eine molekulare Interpretation für den Konzentrationsgradienten δ (Gl. [4-33]) liefert die *Kirkwood-Fröhlich*gleichung (Gl. [4-11]). Für Konzentrationen im Gültigkeitsbereich der Gl. [4-33] erhält man wegen $\frac{\partial \varepsilon_s}{\partial c} = -\delta$ aus Gl. [4-11] die Beziehung:

$$-\frac{2\varepsilon_{LM}^2 + (\varepsilon_\infty^{IR})^2}{\varepsilon_{LM}^2(\varepsilon_\infty^{IR} + 2)^2}\,\delta = \frac{\mu^2}{9\epsilon_0 kT}\left[g\left(\frac{\partial \rho}{\partial c}\right) + \rho\left(\frac{\partial g}{\partial c}\right)\right]. \qquad [4\text{-}35]$$

In Gl. [4-35] wird ε_∞^{IR} für kleine Salzkonzentrationen als konzentrationsunabhängig vorausgesetzt. Dann sind für den Konzentrationsgradienten δ der Dielektrizitätszahl der Elektrolytlösung die Änderung der Teilchendichte ρ der relaxationsfähigen Lösungsmitteldipole und die Änderung des Korrelationsparameters g verantwortlich. $(\partial\rho/\partial c)$ hat zwei Anteile: einmal eine Dichteänderung der Lösung, die pyknometrisch bestimmbar ist, zum andern bedeutet die Solvatation – zumindest bei kleinen Kationen – eine Orientierung von Lösungsmitteldipolen im Zeitmittel durch die Ionen derart, daß sie für die Orientierungspolarisation im äußeren Feld ausfallen. In aprotischen Lösungsmitteln erfolgt die „Bindung" der Solvatmoleküle an die Ionen vermöge der gegenseitigen Donor-Acceptoreigenschaften. In aprotischen Lösungsmitteln gilt häufig $g = 1$ über große Temperaturbereiche. N,N-Dimethylformamid (DMF) erfüllt diese Bedingung im Temperaturbereich $-60°$ bis $+150\,°C$[63]). *Badiali* et al.[62]) untersuchten Benzol-DMF-Mischungen und Dioxan-DMF-Mischungen über den Molenbruchbereich $0{,}20 \le x_{DMF} \le 1$ und stellten eine Variation des g-Parameters $0{,}9 \le g \le 1$ fest. Mit diesen Befunden ist von den Autoren in Gl. [4-35] die Vereinfachung $(\partial g/\partial c) \approx 0$ gemacht worden. Dann folgt

$$q = \delta \cdot \frac{\rho_0}{\varepsilon_{LM}} \cdot \frac{2\varepsilon_{LM}^2 + (\varepsilon_\infty^{IR})^2}{(\varepsilon_{LM} - \varepsilon_\infty^{IR})(2\varepsilon_{LM} + \varepsilon_\infty^{IR})}, \qquad [4\text{-}36]$$

wenn

$$\rho = \rho_0 - qc; \quad \rho_0 = \rho_{c=0} \qquad [4\text{-}36a]$$

gesetzt wird. Im System $NaClO_4$-DMF verbleibt nach Abtrennung des Dichteanteils $q_1 = 0{,}64$ in Gl. [4-36a] ein Anteil $q_2 = 4{,}6 \pm 0{,}9$, der durch die Fixierung von Lösungsmitteldipolen durch die Ionen des Elektrolyten bedingt ist. Geht man davon aus, daß ClO_4^- nicht solvatisiert ist, so bedeutet das, daß Na^+ vier Lösungsmittelmoleküle bindet. Die Ergebnisse aus den Systemen $LiClO_4$/Formamid, $LiClO_4$/N-Methylformamid und $LiClO_4$/N,N-Dimethylformamid[54]) lassen sich in gleicher Weise erklären[31]).

---

[63]) *Bass, S. J., W. I. Nathan, R. M. Meighan* und *R. H. Cole*, J. physic. Chem. **68**, 509 (1964).

Alle molekularen Interpretationen auf diesem Gebiet implizieren eine wesentliche Vereinfachung. Die ihnen zugrunde liegenden Theorien sind für Dielektrika hergeleitet und berücksichtigen weder im Ansatz für das innere Feld noch in dem für das Richtungsfeld die Wirkung von Einzelladungen (Ionen).

4.6. Das Relaxationsgebiet der Ionenpaare

Die günstigsten Bedingungen für solche Untersuchungen sind in apolaren Lösungsmitteln gegeben. Das apolare Lösungsmittel selbst zeigt keine Dispersion der Orientierungspolarisation, das Salz ist weitgehend assoziiert (Tab. 21). Man trifft demnach die Verhältnisse an, die durch die klassische *Debye*theorie Gl. [4-7] beschrieben werden: polare Komponente (Ionenpaar) im apolaren Lösungsmittel.

Tab. 21. Beispiele für die Assoziation von Salzen in Lösungsmitteln niedriger und mittlerer Dielektrizitätszahl

Lösungsmittel	ε	Elektrolyt	$\frac{K_A}{\text{mol}^{-1}\text{l}}$	μ*)	Zitat
C_6H_6	2,2	Am_4NPi	$0{,}046 \times 10^{18}$	18,3	[71,64]
		Am_4NSCN	$0{,}052 \times 10^{18}$	15,4	[71,64]
		Bu_4NBr	$0{,}071 \times 10^{18}$	11,6	[71,65]
		$AgClO_4$	25×10^{18}	10,7	[71,66]
		Am_3NHPi	250×10^{18}	13,3	[71,67]
CH_3CHCl_2	10,0	Bu_4NPi	22×10^3		[68]
$(CH_2Cl)_2$	10,2		$4{,}4 \times 10^3$		[69]
$(CH_3)_2CO$	20,5		$0{,}045 \times 10^3$		[70]

Die Assoziationskonstanten der Salze in Tab. 21 sind nach üblichen Verfahren aus Leitfähigkeitsmessungen, die Dipolmomente aus den molaren Polarisationen der polaren Komponente der binären Mischung Benzol-Elektrolyt bestimmt worden. Trialkylammoniumsalze haben im Vergleich zu ihrem Dipolmoment eine anomal hohe Assoziationskonstante. Grund hierfür ist eine das Assoziat begünstigende Bindung des Anions über das H-Atom des Kations [71]). Die hohen Assoziationskonstanten der Vertreter dieser Stoffklasse machen diese zu bevorzugten Elektrolytkomponenten bei Untersuchungen der Ionenpaarrelaxation. Hinzu kommt noch der Vorteil,

*) Angabe in [D] (Debye); zur Umrechnung in IS-Einheiten: 1 Cm $\hat{=}$ $3 \cdot 10^{11}$ D.

[64]) *Fuoss, R. M.* und *C. A. Kraus*, J. Amer. chem. Soc. **55**, 3614 (1933).

[65]) *Strong, L. E.* und *C. A. Kraus*, J. Amer. chem. Soc. **72**, 166 (1950).

[66]) *Luder, W. F., P. B. Kraus, C. A. Kraus* und *R. M. Fuoss*, J. Amer. chem. Soc. **58**, 255 (1936).

[67]) *Kraus, C. A.* und *R. M. Fuoss*, J. Amer. chem. Soc. **55**, 21 (1933).

[68]) *Healey, F. H.* und *A. E. Martell*, J. Amer. chem. Soc. **73**, 3296 (1951).

[69]) *Tucker, L. M.* und *C. A. Kraus*, J. Amer. chem. Soc. **69**, 454 (1947).

[70]) *Reynolds, M. B.* und *C. A. Kraus*, J. Amer. chem. Soc. **70**, 1709 (1948).

[71]) *Kraus, C. A.*, J. physic. Chem. **60**, 129 (1956).

daß Trialkylammoniumsalze sehr gut löslich sind und nur in geringem Maße zur Bildung höherer Assoziate, die eine molekulare Interpretation des Relaxationsprozesses erschweren, neigen. In benzolischer Lösung liegt i-Am_4NPi bei einer Konzentration von 4×10^{-4} mol l^{-1} bereits zu 40% in Form von Quadrupolen vor[72]), Am_3NHPi jedoch nur zu 3%.

Tab. 22. Dielektrische Relaxationszeiten (τ) der Ionenpaarrelaxation, *Cole-Cole*parameter (h) sowie Nieder- und Hochfrequenzdielektrizitätszahlen (ε_s und ε_∞)

Lösungsmittel	Elektrolyt und Konzentration	ε_s	ε_∞	h	$\frac{\tau}{ps}$	$\frac{\tau'}{ps}$	Zitat
$(CH_3)_2CO$	–	20,7	–	–	–	–	
	0,2 M n-Bu_3NHI	24,0	19,2	–	86 ± 9	70	[73])
	0,3 M	25,3	18,25	–	85 ± 6	63	
	0,4 M	26,6	17,8	–	97 ± 8	67	
	0,0425 M n-Bu_4NBr	21,2	19,8	–	76	71,5	[74])
	0,0823 M	21,8	19,8	–	62	57	
	0,151 M	22,7	19,1	–	85	69	
	0,231 M	23,2	18,7	–	82	73	
	0,320 M	23,3	17,95	–	75	60	
	0,396 M	23,7	17,65	–	84	69	
$(C_2H_5)_2CO$	–	16,73	–	–	–	–	[73])
	0,2 M n-Bu_3NHI	20,6	15,5	–	163 ± 6	–	
	0,05 M n-Bu_4NBr	18,2	16,1	(0,19)	161 ± 15	–	[75])
	0,1 M	19,2	15,8	0,12	210 ± 46	–	
	0,2 M	20,25	15,2	0,11	163 ± 11	–	
	0,3 M	20,9	14,4	0,13	177 ± 7	–	
	0,4 M	21,1	13,7	0,17	179 ± 9	–	
CH_3CHCl_2	–	9,98	–	–	–	–	
	0,2 M n-Bu_3NHPi	14,75	9,35	–	260 ± 15	176	[73])
	0,4 M	19,0	8,9	–	326 ± 14	169	
	0,2 M n-Bu_3NHI	13,2	9,4	–	161 ± 11	121	
	0,4 M	15,9	9,25	–	223 ± 21	140	
$(CH_2Cl)_2$	–	10,36	–	–	–	–	[73])
	0,2 M n-Bu_3NHPi	15,5	9,9	–	344 ± 20	234	
	0,3 M	17,1	9,5	–	370 ± 6	223	
	0,4 M	19,75	9,35	–	420 ± 26	219	
	0,2 M n-Bu_3NHI	14,6	9,95	–	204 ± 13	147	
	0,3 M	16,2	9,7	–	219 ± 11	141	
	0,4 M	17,45	9,7	–	229 ± 16	138	
	0,05 M n-Bu_4NBr	12,0	10,0	(0,06)	264 ± 44	–	[75])
	0,1	13,1	9,9	0,06	225 ± 4	–	
	0,2	14,2	9,7	0,05	235 ± 2	–	
	0,3	14,45	9,6	0,07	217 ± 11	–	
	0,4	14,5	9,25	0,07	211 ± 5	–	

[72]) *Batson, F. M.* und *C. A. Kraus*, J. Amer. chem. Soc. **56**, 2017 (1934).
[73]) *Cavell, E. A. S., P. C. Knight* und *M. A. Sheikh*, Trans. Faraday Soc. **67**, 2225 (1971).
[74]) *Cavell, E. A. S.*, Trans. Faraday Soc. **61**, 1578 (1965).
[75]) *Cavell, E. A. S.* und *P. C. Knight*, J.C.S. Faraday Trans. **68**/II, 765 (1972).

Tab. 22 (*Fortsetzung*)

Lösungsmittel	Elektrolyt und Konzentration	ε_s	ε_∞	h	$\frac{\tau}{ps}$	$\frac{\tau'}{ps}$	Zitat
$ClHC=CCl_2$	–	3,37	–	–	–	–	73)
	0,2 M n-Bu_3NHPi	8,0	3,8	–	315 ± 30	183	
	0,4 M	13,0	4,3	–	436 ± 39	183	
CH_2Cl_2	–	8,75	–	–	–	–	73)
	0,2 M n-Bu_3NHPi	14,0	8,6	–	212 ± 11	138	
	0,4 M	18,5	7,85	–	245 ± 8	130	
	–	4,72	–	–	–	–	73)
$CHCl_3$	0,2 M n-Bu_3NHPi	10,2	4,8	–	320 ± 13	178	
	0,4 M	15,75	4,9	–	445 ± 27	173	
	0,2 M n-Bu_3NHI	8,9	4,6	–	218 ± 18	131	
	0,4 M	12,0	4,8	–	282 ± 39	137	
$C_6H_4(CH_3)_2$ 20°	–	2,35	–	–	–	–	76)
	0,0214 M n-Bu_3NHPi	2,707	2,39	–	286	215 ± 10	
	0,0658 M	3,46	2,45	–	350 ± 6	215 ± 10	
$C_4H_8O_2$ 18°	–	2,24	–	–	–	–	76)
	0,0103 M n-Bu_4NPi	2,52	–	–	650 ± 20	–	

Tab. 22 enthält eine Zusammenstellung von Daten, die der folgenden Diskussion zugrunde liegen.

Die Lösung von n-Bu_3NHPi in Xylol[76]) liefert die Dispersionskurven $\varepsilon' = \varepsilon'(\log f)$ und $\varepsilon'' = \varepsilon''(\log f)$ in Abb. 14. Hier wird durch das Experiment der Fall eines Relaxationsmechanismus mit einer einzelnen Relaxationszeit ($\tau = 353 \pm 6$ ps bei 0,0658 M Lösung) bestätigt. Die Auswertung nach Gl. [4-18c] liefert mit einem *Debye*kreis die Werte ε_s und ε_∞ der Tab. 22. Die deutliche Abhängigkeit der Relaxationszeit von der Konzentration der polaren

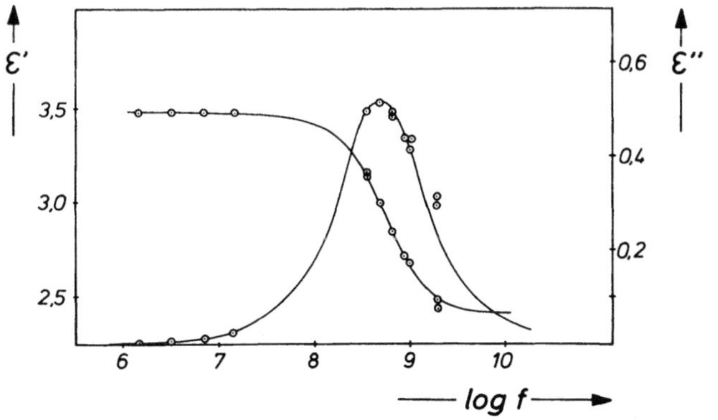

Abb. 14. Relaxationsdiagramme (*Debye*fall) einer Ionenpaarrelaxation. ○: Meßpunkte für n-Bu_3NHPi (0,0658 M) in Xylol (20°C)[76]).

[76]) *Davies, M.* und *G. Williams*, Trans. Faraday Soc. **56**, 1619 (1960).

Komponente entspricht der *Debye*schen Theorie. Die Relaxationszeit τ' der Molpolarisation (Gl. [4-20]) ist konzentrationsunabhängig. Die Dispersionskurven lassen sich modellmäßig mit einem relaxierenden Dipol (μ = 11,4 D) für das Assoziat des Elektrolyten bei allen Konzentrationen darstellen. Das weist auf eine reine Ionenpaarassoziation hin (bez. Dipolmoment und Assoziation von n-Bu_3NHPi in inerten Lösungsmitteln vgl. auch [77-79]).

Tetraalkylammoniumsalze bilden im gleichen Lösungsmittel, ebenso wie i-Am_3NHPi in Benzol[80]), über die Ionenpaare hinaus Assoziate höherer Ordnung (vgl. Abschnitt 6.6). Als Folge davon ist eine Auswertung der Dispersionskurven nach *Debye* nicht möglich. Eine versuchsweise Auswertung für die Tetraalkylammoniumsalze nach *Cole-Cole* liefert im Konzentrationsbereich 0,01 M bis 0,02 M *h*-Werte zwischen 0,3 und 0,7.

Mit steigender Dielektrizitätszahl der Lösungsmittel verschwindet die Bildung höherer Assoziate des Elektrolyten (vgl. 6.6), so daß außer Trialkylammoniumsalzen auch Tetraalkylammoniumsalze u. a. ausschließlich in Form von Ionenpaaren assoziieren. In dipolar aprotischen Lösungsmitteln mit $\varepsilon_{LM} \approx 20$ trifft man in günstigen Fällen wiederum die Voraussetzungen für eine Auswertung der Relaxation der Elektrolytkomponente nach *Debye*[73]). Der Relaxationsbereich der Ionenpaare liegt in einem Frequenzgebiet so weit unterhalb desjenigen der polaren Lösungsmittelmoleküle, daß die Dispersion des Lösungsmittels gering ist. Diese und der mit steigender Dielektrizi-

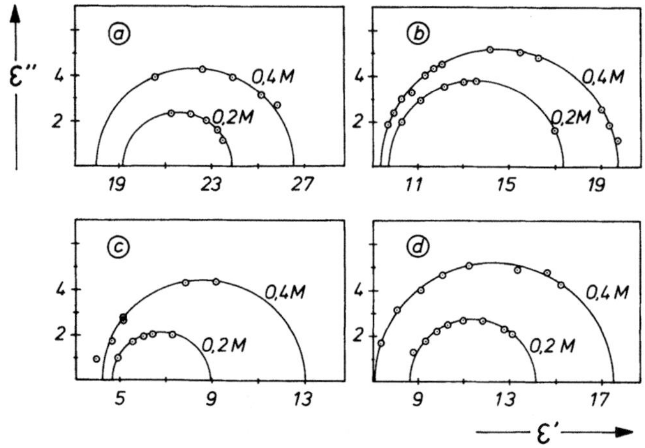

Abb. 15. Darstellung von Ionenpaarrelaxationsgebieten mit *Debye*kreisen[73]).
○: Meßpunkte (25 °C): (a) n-Bu_3HNI/Aceton; (b) 0,4 M n-Bu_3HNPi/1,2-Dichloräthan, 0,2 M n-Bu_3HNI/1,2-Dichloräthan; (c) 0,4 M n-Bu_3HNPi/Trichloräthylen, 0,2 M n-Bu_3HNI/Chloroform; (d) 0,4 M n-Bu_3HNPi/Tetrahydrofuran, 0,2 M n-Bu_3HNPi in Dichloräthylen.

77) *Geddes, J. A.* und *C. A. Kraus*, Trans. Faraday Soc. **32**, 585 (1936).
78) *Maryott, A. A.*, J. Res. Nat. Bur. Stand. **41**, 1 (1948).
79) *Copenhafer, D. T.* und *C. A. Kraus*, J. Amer. chem. Soc. **73**, 4557 (1951).
80) *Davies, M.* und *G. Johansson*, Acta Chem. Scand. **18**, 1171 (1964).

tätszahl des Lösungsmittels wachsende Leitfähigkeitsanteil der freien Ionen in der Lösung können mittels experimenteller Korrekturen eliminiert werden. Abb. 15 zeigt die *Debye*kreise für verschiedene Systeme dieser Art.

Die Assoziationskonstanten der Elektrolyte in Abb. 15 liegen zwischen $10^5\,\mathrm{mol}^{-1}\,\mathrm{l}$ (Lösungen in Aceton) und $10^{20}\,\mathrm{mol}^{-1}\,\mathrm{l}$ (Lösungen in Trichloräthylen). Unter der Annahme, daß die Elektrolytkomponente nur in Form von Ionenpaaren vorliegt, können die Elektrolytlösungen wie Lösungen polarer Verbindungen behandelt werden. Für n-Bu_3HNPi z. B. ergibt sich im Mittel aus Messungen in verschiedenen Lösungsmitteln $\mu = 12{,}3$ D, die Ermittlung des Dipolmoments erfolgt mit Hilfe der statischen Dielektrizitätszahl ε_s. Diese ist wie bei der Lösung einer polaren Komponente konzentrationsabhängig und wächst mit steigender Elektrolytkonzentration. Gleichermaßen fällt die Relaxationszeit mit steigender Konzentration an gelösten Dipolen. Ebenso findet man für ε_∞ gleichartige Konzentrationsabhängigkeit. Bei kleinen Konzentrationen ($c \sim 0{,}001$ M) der gelösten Komponente liegt ε_∞ des Ionenpaarrelaxationsgebietes nahe bei ε_{LM} und nimmt dann mit steigender Salzkonzentration ab ($\varepsilon_\infty < \varepsilon_{LM}$).

Die Dispersionsamplitude $\varepsilon_s - \varepsilon_\infty$ (Abb. 15) des Ionenpaarrelaxationsgebietes läßt sich von Gl. [4-4] ausgehend beschreiben[73,75]).

$$\varepsilon_s - \varepsilon_\infty = \frac{\rho}{3\epsilon_0 kT} \frac{\mu^2}{(1 - \alpha f)^2} \frac{3\varepsilon_s}{(2\varepsilon_s + 1)} . \qquad [4\text{-}37]$$

Teilchendichte ρ, Dipolmoment μ, Polarisierbarkeit α und Faktor des Reaktionsfeldes f beziehen sich auf die durch das Ionenpaar dargestellte Komponente der Lösung. Sinngemäß tritt an die Stelle ε_∞^{IR} hier die Größe ε_∞ des Relaxationsprozesses. Gl. [4-37] erklärt die Konzentrationsabhängigkeit von $\varepsilon_s - \varepsilon_\infty$ von ρ. Die in Gl. [4-37] enthaltene Voraussetzung der vollständigen Ionenpaarbildung bei der Elektrolytkomponente ist für Trialkylammoniumsalze in guter Näherung erfüllt, nicht aber für Tetraalkylammoniumsalze mit ihren deutlich kleineren Assoziationskonstanten in polaren Lösungsmitteln[75]). Die Felder der dann in der Lösung mit merklichen Konzentrationen vorhandenen freien Ionen beeinflussen die Orientierungspolarisation. Eine Verbreiterung der Relaxationszeitstreuung verlangt die Auswertung nach *Cole-Cole* (Gl. [4-25]), die zugehörigen h-Parameter sind in Tab. 22 aufgeführt. *Cavell* und *Knight*[75]) leiten unter Berücksichtigung aller Paarkonfigurationen gegensinnig geladener Ionen und deren mittlerem Abstand eine Beziehung $\varepsilon_s - \varepsilon_\infty = f(c^{1/3})$ zwischen Dispersionsamplitude und Elektrolytkonzentration ab, die durch die experimentellen Ergebnisse der Messungen an n-Bu_4NBr in Aceton, 3-Pentanon und 1,2-Dichloräthan bestätigt wird.

Der ausgeprägte Gang der Relaxationszeit mit der Konzentration läßt sich in den Fällen, für die der Modellfall der verdünnten Lösung einer polaren Komponente in einem apolaren Lösungsmittel als Näherung gelten kann, mit Hilfe der Relaxationszeit τ' gemäß Gl. [4-20] reduzieren. Dies gelingt bei allen Lösungen der Trialkylammoniumsalze und bei den Lösungen der Tetraalkylammoniumsalze, soweit sie einem Relaxationsmechanismus mit einer einzigen

Relaxationszeit gehorchen. Tab. 22 enthält die entsprechenden Daten. Für Tetraalkylammoniumsalze in Lösungen mit relevanter Konzentration an freien Ionen führt das auf den Paarkonfigurationen entwickelte Modell von *Cavell* und *Knight* zur Einführung einer zusätzlichen Relaxation der Ionentranslationsbewegung[75]).

Die Temperaturabhängigkeit von $\varepsilon_s, \varepsilon_\infty$ und τ wurde für Tri-n-butylammoniumpikrat in Benzol (Tab. 23) bestimmt[81]). Die Auswertung kann erwartungsgemäß bei allen Temperaturen mit Gl. [4-17] erfolgen. Bei jeder Temperatur ist τ eine lineare Funktion der Konzentration $\tau = \tau(c)$. *Cavell* und *Sheikh* zeigen, daß der Extrapolationswert $\tau(0) \approx \tau'$ der molekularen Relaxationszeit Gl. [4-20] ist.

Die auf einem Aktivierungsprozeß beruhende Darstellung $\log \tau = f(\frac{1}{T})$ führt nicht zu linearen Darstellungen. Eine Auswertung im Sinne der Theorie von *Fröhlich* (Gl. [4-30] und [4-31]) mit $h = h(c)$ zeigt, daß der Verlauf von $h(c)$ mit einer Wechselwirkung zwischen den Ionenpaardipolen vereinbar ist.

In unterkühlten Lösungen relaxieren Ionenpaare (wie auch Dipolmoleküle) nach einem kooperativen Mechanismus, z. T. unter Einbeziehung der Lösungsmittelmoleküle[82-87]). Die molekulare Reorientierung erfolgt bei Frequenzen von 10^{-1} bis 10^5 Hz extrem langsam, das Relaxationszeitspektrum verbreitert sich mit fallender Temperatur.

4.7. Elektrolytlösungen mit mehreren Relaxationsgebieten

Vergegenwärtigt man sich die Gesamtsituation in einem polaren Lösungsmittel, in dem ein Salz teilweise assoziiert vorliegt, so sollten sich einander anschließend zwei Relaxationsgebiete ergeben, bei hohen Frequenzen das Relaxationsgebiet der Lösungsmitteldipole ($\varepsilon_\infty^{LM} < \varepsilon < \varepsilon_s^{LM}$), bei niederen Frequenzen das der Elektrolytkomponente ($\varepsilon_\infty^{E} < \varepsilon < \varepsilon_s^{E}$) mit $\varepsilon_s^{LM} = \varepsilon_\infty^{E}$. Bei steigender Salzkonzentration sollte ε_s^{LM} zu niederen und ε_s^{E} zu höheren Dielektrizitätszahlen hin verschoben werden, so daß in Salzlösungen durchaus ε_s-Werte bestimmt werden können, die oberhalb der statischen Dielektrizitätszahl des reinen Lösungsmittels liegen.

Badiali, *Cachet* und *Lestrade*[88]) untersuchten diesen Fall mit dem System $LiClO_4$-Essigsäureäthylester, in dem die Datenanalyse zwei Relaxationsgebiete ($\tau_1 \approx 5$ ps, $\tau_2 \approx 200$ ps) entsprechend dem Ansatz

$$\varepsilon^* = \varepsilon_\infty + (\varepsilon_s^{LM} - \varepsilon_\infty^{LM}) g_1(\omega\tau_1) + (\varepsilon_s^{E} - \varepsilon_\infty^{E}) g_2(\omega\tau_2) \qquad [4\text{-}38]$$

---

[81]) *Cavell, E. A. S.* und *M. A. Sheikh*, J.C.S. Faraday **69**/II, 315 (1973).
[82]) *Johari, G. P.* und *C. P. Smyth*, J. Amer. chem. Soc. **91**, 5168 (1969).
[83]) *Johari, G. P.* und *C. P. Smyth*, J. chem. Physics **56**, 4411 (1972).
[84]) *Williams, G.* und *P. J. Hains*, Chem. Phys. Letters **10**, 585 (1971).
[85]) *Williams, G.* und *P. J. Hains*, Faraday Symp. Chem. Soc. **6**, 14 (1972).
[86]) *Shears, M. F.* und *G. Williams*, J.C.S. Faraday **69**/II, 608 (1973).
[87]) *Davies, M., P. J. Hains* und *G. Williams*, J.C.S. Faraday **69**/II, 1785 (1973).
[88]) *Badiali, J.-P., H. Cachet* und *J.-C. Lestrade*, Electrochimica Acta **16**, 731 (1971).

Tab. 23. Dielektrische Relaxationszeiten (τ), Hoch- und Niederfrequenzdielektrizitätszahlen ε_s und ε_∞ von Tri-n-butylammoniumpikrat in Benzol bei verschiedenen Temperaturen[81])

Konzen-tration	ε_s				ε_∞				τ/ps			
	7 °C	25 °C	38 °C	50 °C	7 °C	25 °C	38 °C	50 °C	7 °C	25 °C	38 °C	50 °C
0,025 M	2,79	2,71	2,68	–	2,32	2,30	2,28	–	274 ± 25	223 ± 11	170 ± 10	–
0,05 M	3,25	3,15	3,22	–	2,34	2,32	2,30	–	303 ± 31	238 ± 20	188 ± 14	–
0,1 M	4,30	4,26	4,26	4,12	2,45	2,40	2,50	2,36	346 ± 12	286 ± 22	226 ± 19	173 ± 7
0,33 M	10,0	8,85	8,6	8,25	2,80	2,75	2,70	2,70	679 ± 18	453 ± 13	392 ± 12	331 ± 7
0,484 M	14,75	13,0	13,8	11,8	2,80	2,85	2,9	2,80	878 ± 45	594 ± 24	517 ± 18	376 ± 10
0,6 M	–	16,3	15,2	14,5	–	3,1	3,0	3,0	–	648 ± 12	534 ± 18	442 ± 23
0,8 M	–	21,4	20,8	19,4	–	3,5	3,35	3,05	–	849 ± 5	669 ± 13	525 ± 12

liefert, wobei $g_1(\omega\tau_1)$ und $g_2(\omega\tau_2)$ die dem *Debye*formalismus $[(1 + j\omega\tau)^{-1}]$, dem *Cole-Cole*formalismus $[(1 + (j\omega\tau)^{1-h})^{-1}]$ oder dem *Davidson-Cole*-formalismus $[(1 + j\omega\tau)^{-\alpha}]$ entsprechenden Terme sind. Die Datenanalyse wurde mit verschiedenen Kombinationen dieser Ausdrücke in Gl. [4-38] ausgeführt. Wegen des umfangreichen Datenmaterials sei auf die Originalarbeit verwiesen. Das Ergebnis dieser Untersuchungen bestätigt, daß ein Relaxationsbereich, der beim reinen Lösungsmittel nicht beobachtet wird, existiert. In diesem Gebiet kann die Relaxation nicht, auch nicht teilweise, den Lösungsmittelmolekülen zugeschrieben werden. Sie ist eindeutig auf den Elektrolyten zurückzuführen. $\varepsilon_s^E = 15{,}4$ liegt weit oberhalb, $\varepsilon_s^{LM} = \varepsilon_\infty^E$ unterhalb der Dielektrizitätszahl des reinen Lösungsmittels. Das Relaxationsgebiet des Elektrolyten verschiebt die Relaxationszeiten des Lösungsmittelrelaxationsgebietes zu kleineren Werten hin.

Untersuchungen an $LiClO_4$ im aprotischen Lösungsmittel Tetrahydrofuran[89-91]) und in Tetrahydrofuran-Benzolmischungen[92,93]) bestätigen das Ergebnis. In diesen Systemen läßt sich das Relaxationsgebiet der polaren Lösungsmitteldipole zufriedenstellend mit einer Relaxationszeit nach *Debye* beschreiben, das des Elektrolyten am besten mit einer unsymmetrischen Relaxationszeitverteilung nach *Davidson-Cole* (Abb. 16). Eine ausschließliche Zuordnung zu einer reinen Ionenpaarorientierung wie in einigen vorangehend besprochenen einfach gelagerten Fällen der Tri- und Tetraalkylammoniumsalze in apolaren Lösungsmitteln kann nicht getroffen werden. Abweichungen, wie sie für Lösungen mit relevanten Konzentrationen an freien Ionen auch dort beobachtet werden und zur Annahme eines Translationsanteiles im Relaxationsprozeß der Elektrolytkomponente geführt haben[75]), treten in starkem Maße auf. Mit einem stochastischen Modell des Ionentransportes gelingt eine zufriedenstellende Erklärung des Relaxationsprozesses[93]).

Im amphiprotischen Lösungsmittel NH_3 (fl, −75° bis −40 °C) beschreiben *Breitschwerdt* et al.[94,95]) für Lösungen von Alkalihalogeniden den Relaxationsprozeß mit zwei aneinander anschließenden *Debye*schen Relaxationsgebieten. Die beiden zugehörigen Relaxationszeiten werden im hohen Frequenzbereich dem Lösungsmittel und im tiefen Frequenzbereich Ionenpaaren mit Lösungsmitteleinschluß $[K^+(NH_3)A^-]^0_{solv}$ zugeordnet[94]).

Unter Berücksichtigung dieser Informationen kann die Diskussion der Aussagen, die aus den Untersuchungen der Lösungsmittelrelaxation in Abschnitt 4.4 gemacht wurden, ergänzt und verbessert werden. In Lösungsmitteln

---

[89]) *Badiali, J.-P., H. Cachet* und *J.-C. Lestrade*, Compt. rend. Acad. Sci. Paris **271 C**, 705 (1970).

[90]) *Badiali, J.-P., H. Cachet* und *J.-C. Lestrade*, Ber. Bunsenges. physik. Chem. **75**, 297 (1971).

[91]) *Cachet, H., J.-C. Lestrade* und *J.-P. Badiali*, in: *J. Chamberlain* und *G. W. Chantry*, High Frequency Dielectric Measurements, S. 38 (Guilford 1973).

[92]) *Badiali, J.-P., H. Cachet, P. Canard, A. Cyrot* und *J.-C. Lestrade*, Compt. rend. Acad. Sci. Paris **273 C**, 199 (1971).

[93]) *Badiali, J.-P., H. Cachet, A. Cyrot* und *J.-C. Lestrade*, J.C.S. Faraday **69**/II, 1339 (1973).

[94]) *Breitschwerdt, K. G.* und *W. Schmidt*, Z. Naturforsch. **25a**, 1467 (1970).

[95]) *Apfel, H., K. Breitschwerdt* und *W. Schmidt*, Ber. Bunsenges. physik. Chem. **72**, 1059 (1968).

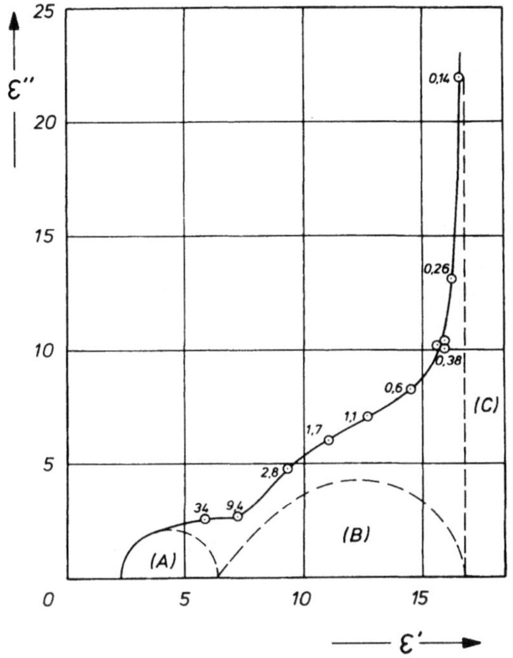

Abb. 16. Relaxationsdiagramm für das System Lithiumperchlorat (0,6 mol l^{-1}) in Tetrahydrofuran (25 °C)[91].
o: Meßpunkte mit Angabe der Meßfrequenz (GHz). Die gestrichelte Kurve stellt die Relaxationsgebiete dar, die sich bei der Analyse der ausgezogenen Kurve nach Gl. [4-38] ergeben: (A) Lösungsmittelrelaxationsgebiet (*Debye*), (B) Elektrolytrelaxationsgebiet (*Cole-Davidson*), (C) Leitfähigkeitsverluste.

wie Methanol, Dimethylsulfoxid und ähnlichen wird bei geringen Elektrolytkonzentrationen (und entsprechend bei Lösungsmitteln höherer Dielektrizitätszahl bei höheren Elektrolytkonzentrationen) trotz vorhandener Ionenassoziation kein besonderes, dem Elektrolyten zuzusprechendes Relaxationsgebiet gefunden, wenn man die üblichen Auswerteverfahren anwendet. Dennoch ist bei der Beurteilung der Relaxationszeiten eine mögliche Verschiebung durch das Auftreten von Ionenpaaren nach kleineren Zeiten hin zu beachten, die der Verschiebung durch Wechselwirkung der freien Ionen des Elektrolyten mit dem Lösungsmittel gegenläufig überlagert ist. Ob durch Ionenpaare eine Unsymmetrie des Relaxationsgebietes auf der niederfrequenten Seite bedingt werden kann, ist nach den bisher vorliegenden Daten nicht sicher zu entscheiden.

4.8. Auswertung von Meßdaten

Mit den einer Auswertung zugeführten Meßdaten $\varepsilon'(\omega)$ und $\varepsilon''(\omega)$ wird in der Regel geprüft, welche der Darstellungen – nach *Debye* Gl. [4-17], nach *Fuoss-Kirkwood* Gl. [4-24], nach *Cole-Cole* Gl. [4-25], nach *Cole-Davidson*

Gl. [4-28] oder nach einer Kombination von diesen – zutreffend ist. Die Beschreibung des Relaxationsgebietes der Ionenpaare in apolaren Lösungsmitteln und dipolar aprotischen Lösungsmitteln niedriger Dielektrizitätszahl gelingt, mit Ausnahme der unterkühlten Lösungen, in der Regel zufriedenstellend. Ebenso gelingt häufig die Darstellung der Daten des Lösungsmittelrelaxationsgebietes der Elektrolytlösungen. Grundlagen und kritische Anmerkungen zu diesen Verfahren: vgl.[31]).

Für das Lösungsmittelrelaxationsgebiet der Elektrolytlösungen ist die *Fuoss-Kirkwood*gleichung häufig die geeignetste Wiedergabe (vgl.[55,60])). Die Anpassung verläuft über $\varepsilon''(\omega)$ (Gl. [4-24]). Die Ortskurve erhält man durch Anwendung der *Kramers-Kronig*relation

$$\varepsilon'(\omega) = \varepsilon_\infty + \frac{2}{\pi}\int_0^\infty \varepsilon''(y)\frac{y\,dy}{y^2 - \omega^2}, \qquad [4\text{-}39]$$

die aus dem Verlauf von ε'' denjenigen von ε' bestimmt. Man verwendet zunächst Gl. [4-39] in Verbindung mit den gemessenen ε''- und ε'-Werten, um einen Bestwert von ε_∞ zu bestimmen. Die Datenanalyse läßt erkennen, daß die Extrapolation auf ε_∞ und ε_s auf Kreisbögen mit einer für den Einzelfall unterschiedlichen Näherung erfolgt. Liegen hinreichend viele Meßpunkte vor, so kann die Auswertung mittels einer numerischen Methode auf der Grundlage von Gl. [4-39] erfolgen. Eine mit hinreichendem Datenmaterial adäquater Genauigkeit gesicherte Auswertung dieser Art liegt bisher jedoch nicht vor. Orientierende Untersuchungen[55,89]) liefern den Hinweis, daß ein für eine Auswertung vorgegebener Relaxationstyp selbst nur mit einem nicht angebbaren Näherungsgrad als realisiert angesehen werden darf.

Mit den Darstellungen der Ortskurve $\varepsilon'' = f(\varepsilon')$ verliert man die für den Relaxationsmechanismus wichtige Information bezüglich der Zeitabhängigkeit. Diese läßt sich – auch wiederum nur unter Informationsverlust – aus anderen Darstellungen gewinnen. Das sei am Beispiel eines *Debye*falles erläutert. Für die Gl. [4-18a, b] sind Lineardarstellungen von *Cole* und *Cole*[18]) und *Brot*[96]) wie z. B.

$$\varepsilon' = \varepsilon_s - \tau(\omega\varepsilon'') \qquad [4\text{-}40a]$$

$$\varepsilon' = \varepsilon_\infty + \frac{1}{\tau}\left(\frac{\varepsilon''}{\omega}\right) \qquad [4\text{-}40b]$$

angegeben, die als $\varepsilon' = f(\omega\varepsilon'')$ bzw. $\varepsilon' = f\left(\frac{\varepsilon''}{\omega}\right)$ die Größen ε_s und τ bzw. ε_∞ und τ liefern. Es darf nicht als gesichert angesehen werden, daß die aus verschiedenen Darstellungen gewonnenen Werte ε_s, ε_∞ und τ kompatibel sind.

Die Datenanalyse mit der Zielsetzung, in Gl. [4-22] die Größen ε_s und ε_∞ sowie die Verteilungsfunktion der Relaxationszeiten $G(\tau)$ zu bestimmen, stößt auf eine Reihe noch ungelöster Probleme. Sie ist derzeit noch auf einfache

---

[96]) *Brot, C.*, Compt. rend. Acad. Sci. Paris **248**, 397 (1959).

Modelle und oftmals nicht abschätzbare Näherungen angewiesen. Hinzu kommt, daß bei elektrisch leitenden Systemen Leitfähigkeit und dielektrische Eigenschaften nicht unabhängig voneinander bestimmbar sind. Diese Aussage folgt direkt aus den *Maxwell*schen Gleichungen. Die für die Diskussion dielektrischer Eigenschaften notwendige Trennung wird mit zusätzlichen Hypothesen vorgenommen und ist Ursache einer weiteren Näherung. Aus diesen Gründen ist bei Interpretationsversuchen kleiner Effekte Vorsicht geboten.

5. Kapitel

Reaktivität von Ionen und Ionenassoziaten

5.1. Elektrolyte in chemischen Reaktionen

Elektrolyte können im Reaktionsmilieu einer chemischen Umsetzung in verschiedener Weise wirksam werden, einmal können sie selbst oder eines ihrer Ionen als Reaktionspartner an der Umsetzung teilnehmen, zum andern können sie die Aktivitätskoeffizienten der Reaktionspartner ändern und so, ohne selbst am Reaktionsmechanismus beteiligt zu sein, die Geschwindigkeit der Reaktion beeinflussen (primärer kinetischer Salzeffekt).

Eine chemische Reaktion

$$A + B \rightarrow \text{Produkte} \qquad [5\text{-}1]$$

läuft über eine Reihe von Konfigurationen (A ... B) unterschiedlichen Energieinhaltes, deren instabilste als Zwischenkomplex X^{+} der Reaktion angesprochen wird. Für die irreversible Reaktion [5-1] läßt sich der Reaktionsweg als

$$A + B \rightleftarrows X^{+} \rightarrow \text{Produkte} \qquad [5\text{-}1\,a]$$

darstellen. Im Rahmen der kinetischen Theorien wird die Geschwindigkeitskonstante k der Reaktion gemäß Gl. [5-1], die mit der Reaktionsgeschwindigkeit

$$v = k\,c_A\,c_B \qquad [5\text{-}2]$$

abläuft, mit Hilfe der Gleichgewichtskonstante K_c^{+} zwischen Ausgangsprodukten und Zwischenkomplex ausgedrückt

$$k = \nu^{+} K_c^{+}\,.$$

ν^{+} ist die Geschwindigkeitskonstante 1. Ordnung, mit der der Zwischenkomplex zu den Produkten reagiert:

$$v = \nu^{+} c_{X^{+}}.$$

Die statistisch-thermodynamische Behandlung des Problems[1]) liefert für ν^{+} den Ausdruck $k_B T/h$ und damit gilt für die Geschwindigkeitskonstante*)

$$k = \frac{k_B T}{h} K_a^{+} \frac{y_A y_B}{y_{X^{+}}}, \qquad [5\text{-}3]$$

---

*) Im 5. Kapitel wird zur Unterscheidung von Geschwindigkeitskonstante und *Boltzmann*konstante letztere als k_B geschrieben.

[1]) *Glasstone, S., K. J. Laidler* und *H. Eyring*, The Theory of Rate Processes (New York 1941).

wenn man unter Verwendung der Aktivitätskoeffizienten y_A, y_B und $y_X^{\ddagger}$ der am Gleichgewicht beteiligten Spezies die thermodynamische Gleichgewichtskonstante $K_a^{\ddagger}$ statt $K_c^{\ddagger}$ schreibt.

Gl. [5-3] ist Ausgangspunkt für die Diskussion von Salz- und Lösungsmitteleinfluß auf die Geschwindigkeitskonstante der Reaktion[1-3]).

Läuft eine Reaktion in neutralsalzfreiem Milieu mit der Geschwindigkeitskonstante k_0, im salzhaltigen Milieu mit der Geschwindigkeitskonstante k ab, so erfaßt man den primären kinetischen Salzeffekt mit der Beziehung

$$\ln k - \ln k_0 = \ln \frac{y_A y_B}{y_{X^{\ddagger}}}. \qquad [5\text{-}4]$$

Diese folgt direkt aus Gl. [5-3]. In Lösungsmitteln, in denen das Neutralsalz vollständig dissoziiert, und für Reaktionen, in denen die Ionen des Salzes mit keinem der Reaktionspartner spezifische Wechselwirkungen eingehen, erhält man die Aktivitätskoeffizienten auf Grund elektrostatischer Modellberechnungen[1-4, 23]). Fälle spezifischer Wechselwirkung diskutieren *Pethybridge* und *Prue*[5]) mit Einführung des *Guggenheim*schen Aktivitätskoeffizienten[6])

$$-\ln y_i = z_i^2 \frac{A\sqrt{\Gamma}}{1 + \sqrt{\Gamma}} + \sum_j B_{ij} c_j \qquad [5\text{-}5]$$

im Zusammenspiel mit Gl. [5-4] (A vgl. Gl. [1-37]; B_{ij}: Koeffizienten der spezifischen Wechselwirkungen, vgl. [6]).)

In Lösungsmitteln mit niedriger Dielektrizitätszahl, in denen Ionenpaare und höhere Assoziate vorliegen, wird mitunter ein anomal großer kinetischer Salzeffekt beobachtet. *Winstein* et al.[7]) unterscheiden in einer Untersuchung der Solvolysereaktion zweierlei Wirkung des in das Lösungsmittel eingebrachten Neutralsalzes, einen sehr ausgeprägten „speziellen" Salzeffekt aus der Anlagerung eines Ionenpaares des zugegebenen Neutralsalzes an ein Ionenpaar des Substrates, in dem die Ionen durch ein Lösungsmittelmolekül getrennt sind und einen „normalen" Salzeffekt in Verbindung mit dem Kontaktpaar des Substrates. Stabilisierung eines polaren Zwischenkomplexes durch Wechselwirkung mit Ionenpaaren wird von anderen Autoren[8]) für einen anomal großen Salzeffekt in nichtwäßrigen Lösungsmitteln verantwortlich gemacht.

---

[2]) *Amis, E. S.*, Kinetics of Chemical Change in Solution (New York 1949).

[3]) *Amis, E. S.*, Solvent Effects on Reaction Rates and Mechanisms (New York 1966).

[4]) *Bjerrum, N.*, Z. physik. Chem. **108**, 82 (1924); *Christiansen, J. A.*, Z. physik. Chem. **113**, 35 (1924); *Brönsted, J. N.*, Z. physik. Chem. **115**, 337 (1925).

[5]) *Pethybridge, A. D.* und *J. E. Prue*, in: *J. O. Edwards*, Progress in Inorganic Chemistry, Vol. 17, Inorganic Reaction Mechanisms, Part II, S. 327 (New York 1972).

[6]) *Guggenheim, E. A.*, Phil. Mag. (7) **19**, 588 (1935); *Guggenheim, E. A.* und *J. C. Turgeon*, Trans. Faraday Soc. **51**, 747 (1955); *Guggenheim, E. A.*, Applications of Statistical Mechanics (Oxford 1966).

[7]) *Winstein, S., B. Appel, R. Baker* und *A. Diaz*, Chem. Soc., Spec. Publ., No. 6, 109 (London 1965).

[8]) *Eastham, A. M., E. L. Blackall* und *G. A. Latremouille*, J. Amer. chem. Soc. **77**, 2182 (1955); *Blackall, E. L.* und *A. M. Eastham*, J. Amer. chem. Soc. **77**, 2184 (1955).

5.2. Elektrolyte als Reaktionspartner

Bei chemischen Umsetzungen, in denen einer der Reaktionspartner ein Ion X^{z_x} eines ionophoren Elektrolyten Y ist, gilt Gl. [5-2] nur in Lösungsmitteln, in denen vollständige Dissoziation des Elektrolyten vorliegt. Im anderen Fall ist die Reaktion nicht, wie Gl. [5-1 a] verlangt, einheitlich. Jedes Ionenassoziat, welches vom Elektrolyten im gegebenen Lösungsmittel gebildet wird und welches das reagierende Ion enthält, greift als Reaktionspartner mit eigener Reaktivität in den Reaktionsmechanismus ein. Diese als „dual hypothesis" in die Literatur eingegangene Betrachtungsweise[5] wurde von *Acree*[9] erstmals formuliert und von ihm und Mitarbeitern[10] in einer breit angelegten Experimentalreihe untersucht. In der Folgezeit wurde sie mit Anpassung an den Stand der Kenntnisse über Elektrolytlösungen von einer Reihe von Autoren aufgegriffen[11-14].

Die Grundlagen seien an einem Beispiel erläutert. Alkalialkoholate MOR [M = Li, Na, K, Rb, Cs; R = Alkyl] liegen in ihren Alkoholen HOR in Form von freien Ionen und Ionenpaaren vor[15].

Eine Umesterungsreaktion[14], die als Bruttoreaktion

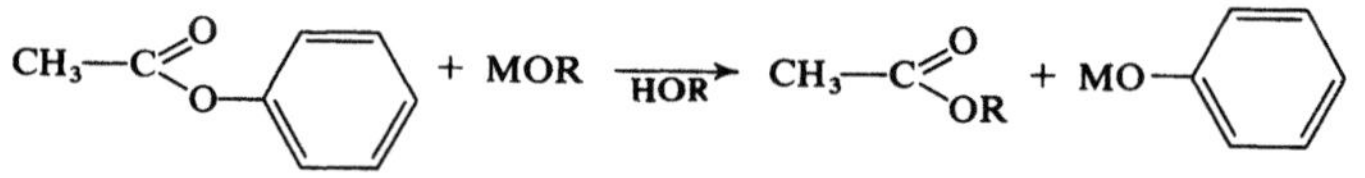
[5-6]

mit der Geschwindigkeit (E = Ester, Y = Alkalialkoholat)

$$v = k c_E c_Y \qquad [5\text{-}7]$$

beobachtet wird, verläuft nach den vorangehend beschriebenen Überlegungen wie folgt

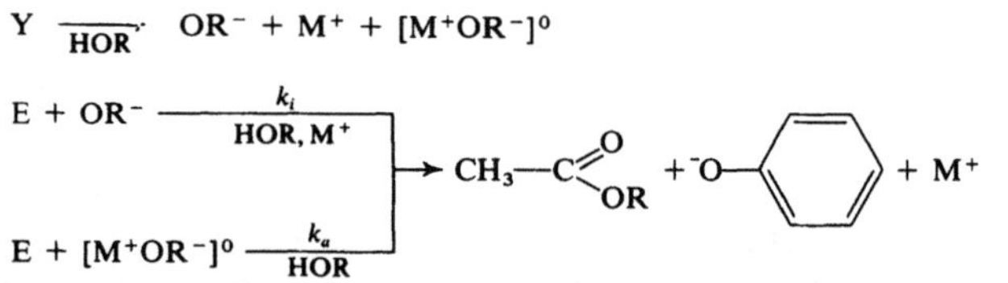
[5-8]

Das freie Alkoholation OR^- und das Ionenpaar $[M^+OR^-]^0$ sind Reaktionspartner des Essigsäurephenylesters. Beide Reaktionswege liefern über unterschiedliche Zwischenstufen $X_i^{\ddagger}$ und $X_a^{\ddagger}$ die gleichen Endprodukte. Die Ge-

[9]) Vgl. z. B. *Marshall, jr., E. K.* und *S. F. Acree*, J. physic. Chem. **19**, 589 (1915).
[10]) Zitate der Originalarbeiten bei *A. Brändström*[11]).
[11]) *Brändström, A.*, Arkiv f. Kemi **11**, 567 (1957).
[12]) *Reinheimer, J. D., J. T. Gerig* und *J. C. Cochran*, J. Amer. chem. Soc. **83**, 2873 (1961).
[13]) *Beronius, P., A.-M. Nielsson* und *G. Wikander*, Acta Chem. Scand. **24**, 2826 (1970).
[14]) *Barthel, J., G. Bäder* und *M. Raach-Lenz*, Z. physik. Chem. N.F. (im Druck); *Barthel, J.* und *M. Raach-Lenz*, Z. physik. Chem. N.F. (im Druck).
[15]) *Barthel, J., J.-C. Justice* und *R. Wachter*, Z. physik. Chem. N.F. **84**, 100 (1973).

schwindigkeitskonstante der Ionenreaktion wird als k_i, diejenige der Reaktion mit dem Ionenassoziat als k_a geschrieben. Dann gilt

$$v = k_i c_E c_{OR^-} + k_a c_E c_{[M^+OR^-]^0} \qquad [5\text{-}9]$$

und die gemessene Globalkonstante k der Umsetzung ist

$$k = \frac{k_i c_{OR^-} + k_a c_{[M^+OR^-]^0}}{c_{OR^-} + c_{[M^+OR^-]^0}}. \qquad [5\text{-}10]$$

Aus diesem Beispiel läßt sich der allgemeine Fall ableiten.

$$Y + B \rightarrow \text{Produkte}$$

$$Y \rightarrow A_0 + A_1 + A_2 + \cdots$$

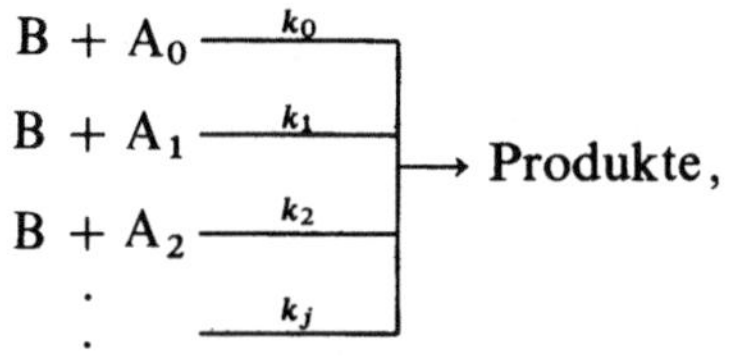

[5-11]

wobei $X^{zx} = A_0$ das freie reagierende Ion und $A_1, A_2 \ldots$ die das Ion enthaltenden Assoziate darstellen. Die Globalkonstante k der Reaktion ist dann

$$k c_Y = \sum_{j=0}^{n} k_j c_{A_j}. \qquad [5\text{-}12]$$

Treten nur freies Ion A_0 und Ionenpaar A_1 als mögliche Reaktionspartner auf, so ergibt sich Gl. [5-10] in der Form

$$k c_Y = k_i c_{A_0} + k_a c_{A_1}. \qquad [5\text{-}12a]$$

Das Erreichen der gleichen Endprodukte auf allen Reaktionswegen in Gl. [5-11] ist keine notwendige Forderung[16]), sie bedeutet bezüglich der hier durchgeführten Diskussion jedoch keine Einschränkung.

Sowohl k_i als auch k_a in Gl. [5-12a] können mit Hilfe von Gl. [5-3] ausgedrückt werden, die mit Einführen der *Gibbs*schen Energie des Aktivierungsprozesses $\Delta G^{\ddagger}$

$$k = \frac{k_B T}{h} e^{-\Delta G^{\ddagger}/RT} \qquad [5\text{-}13]$$

lautet. Dann folgt

$$RT(\ln k_i - \ln k_a) = \Delta G_a^{\ddagger} - \Delta G_i^{\ddagger}, \qquad [5\text{-}14]$$

d. h., das Verhältnis k_i/k_a der Geschwindigkeitskonstanten ist aus der Differenz der *Gibbs*schen Bildungsenergien des Zwischenkomplexes der Assoziatreaktion und der Ionenreaktion zu ermitteln.

---

[16]) *Brady, O. L.* und *J. Jakobovits*, J. chem. Soc. (London) **1950**, 767.

Im Falle der Umesterungsreaktion sind die Zwischenkomplexe $X_i^{\ddagger}$ und $X_a^{\ddagger}$ durch die Formeln [5-15] gegeben

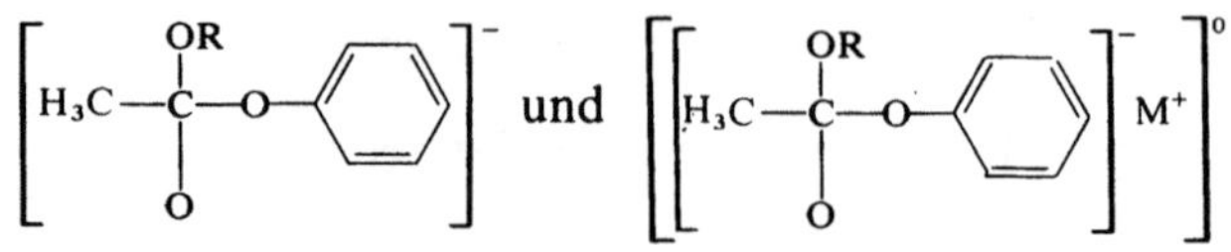

$X_i^{\ddagger}$ $X_a^{\ddagger}$ [5-15]

Es folgt unmittelbar, daß die Energiedifferenz $\Delta G_a^{\ddagger} - \Delta G_i^{\ddagger}$ die zur Bildung des Ionenpaares $X_a^{\ddagger}$ aus $(X_i^{\ddagger})^- + M^+$ notwendige Arbeit ist. Die Differenz $\Delta G_a^{\ddagger} - \Delta G_i^{\ddagger}$ hat in der Regel die an diesem Beispiel erläuterte Bedeutung.

Die Existenz zweier Reaktionswege bedingt Konzentrationsabhängigkeit der Globalkonstante k von der analytischen Elektrolytkonzentration. Abb. 17 gibt hierfür ein Beispiel[14]. Dargestellt ist die globale Geschwindigkeitskonstante k als Funktion der Ausgangskonzentration a des Alkalialkoholates

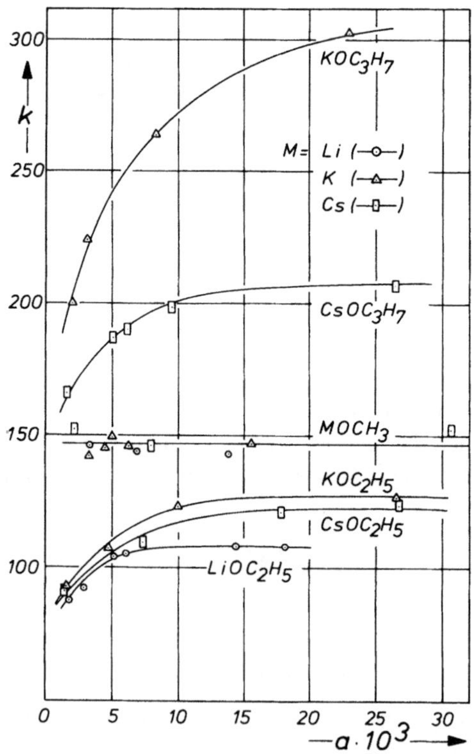

Abb. 17. Konzentrationsabhängigkeit der Globalkonstante k von der Basenkonzentration a für die Umesterungsreaktion mit Alkalialkoholaten gemäß Gl. [5-6] in den korrespondierenden Alkoholen als Lösungsmittel (25 °C)[14].

für die Reaktion Gl. [5-6]. Der Verlauf der einzelnen Kurven ist verständlich, wenn man die aus Leitfähigkeitsmessungen bekannten Assoziationskonstanten der Alkoholate (Tab. 24) betrachtet. Mit Ausnahme von $LiOCH_3$ sind die Alkalimethylate in Methanol nicht assoziiert. Entsprechend diesem Befund ist $k_a = 0$ und $k(a)$ konzentrationsunabhängig: $k(a) = k_i$. Die mögliche, geringe Ionenpaarkonzentration des $LiOCH_3$ ist im kinetischen Experiment nicht sichtbar.

Jedes der Alkoholate der höheren Alkohole (MOC_2H_5 und MOC_3H_7) liegt teilweise assoziiert vor. Dementsprechend sind die Funktionen $k = k(a)$ gekrümmt. Mit $a \to 0$ ist die vollständige Dissoziation des Elektrolyten gegeben, so daß der Ordinatenabschnitt $k(0) = k_i$ ist. Der Gang der Assoziationskonstanten in Tab. 24 spiegelt sich in den Kurven $k = k(a)$ wider. Für $LiOC_2H_5$ mit der höchsten Assoziationskonstante ist $k = k(a)$ die tiefstliegende Kurve in der Schar der Äthylatkurven, die KOC_2H_5 entsprechende Kurve ist die höchstliegende und die Kurve des $CsOC_2H_5$ liegt entsprechend dem Gang der Assoziationskonstanten zwischen beiden.

Zu einem gleichen Befund kommt *Czernecki*[17]) für eine andere S_N2-Reaktion, die nucleophile Substitution des Chlorids im trans-Crotylchlorid durch das Äthylatanion der Alkaliäthylate in wasserfreien äthanolischen Lösungen.

5.3. Die Geschwindigkeitskonstanten von Ionen- und Ionenassoziatreaktionen

Bei Kenntnis der Assoziationskonstante K_A des Elektrolyten Y lassen sich die Anteile an freien Ionen und an Assoziaten vermöge des aus K_A errechneten Dissoziationsgrades α als $c_{A_0} = \alpha c_Y$ und $c_{A_1} = (1 - \alpha)c_Y$ ausdrücken und Gl. [5-12a] liefert

$$k = \alpha k_i + (1 - \alpha) k_a . \qquad [5\text{-}16]$$

Aus Gl. [5-16] folgt, daß die Darstellung $\frac{k}{1-\alpha} = f\left(\frac{\alpha}{1-\alpha}\right)$ lineare Funktionen mit dem Ordinatenabschnitt k_a und der Steigung k_i liefert. Abb. 18 zeigt eine Darstellung dieser Art für die Umesterungsreaktion gemäß Gl. [5-6] in Propanol mit $CsOC_3H_7$ für verschiedene Temperaturen[14]).

Mit der aus Abb. 18 gewonnenen Temperaturabhängigkeit $k_i = k_i(T)$ und $k_a = k_a(T)$ lassen sich in üblicher Weise die Aktivierungsenergien der Ionenreaktion und der Ionenassoziatreaktion bestimmen. Es ergeben sich die Werte der Ionenreaktion zu $\Delta H_i^{\ddagger} = 37{,}7\,\mathrm{kJ\,mol^{-1}}$, $\Delta S_i^{\ddagger} = -80\,\mathrm{JK^{-1}\,mol^{-1}}$ und die der Assoziatreaktion zu $\Delta H_a^{\ddagger} = 44{,}4\,\mathrm{kJ\,mol^{-1}}$ und $\Delta S_a^{\ddagger} = -50\,\mathrm{JK^{-1}\,mol^{-1}}$. Die Differenzen

$$\Delta H_a^{\ddagger} - \Delta H_i^{\ddagger} = 6{,}7\,\mathrm{kJ\,mol^{-1}} \text{ und } \Delta S_a^{\ddagger} - \Delta S_i^{\ddagger} = 30\ \mathrm{JK^{-1}\,mol^{-1}} \qquad [5\text{-}17]$$

sind gut mit einer Assoziatbildungsreaktion der Art $(X_i^{\ddagger})^- + M^+ \rightleftarrows X_a^{\ddagger}$ vereinbar (vgl. 6. Kapitel).

[17]) *Czernecki, S.*, Thèse de Doctorat d'Etats Science Physiques N° d'enregistrement au C.N.R.S. A.O. 2002 (Paris 1969).

Tab. 24. Reaktion CH_3COO– 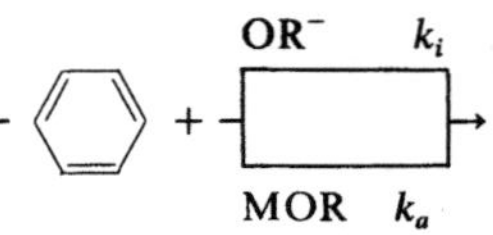 Produkte in verschiedenen Lösungsmitteln [14]).
Assoziationskonstanten $M^+ + OR^- \leftrightarrows [M^+OR^-]^0$ [15])

Lösungsmittel	Konzentrationsbereich des Elektrolyten	Variation der globalen Geschwindigkeits-konstante $k/(\mathrm{l\,mol^{-1}\,min^{-1}})$	$\frac{k_i}{\mathrm{l\,mol^{-1}\,min^{-1}}}$	$\frac{k_a}{\mathrm{l\,mol^{-1}\,min^{-1}}}$	$\frac{K_A}{\mathrm{l\,mol^{-1}}}$
Methanol (25 °C)	$3-14\cdot10^{-3}$ M $LiOCH_3$	143–147	149	0	12
	$3-15\cdot10^{-3}$ M $KOCH_3$	143–147	146	0	0
	$2-31\cdot10^{-3}$ M $CsOCH_3$	146–152	153	0	5
Äthanol (25 °C)	$1-18\cdot10^{-3}$ M $LiOC_2H_5$	86–108	75	157	212
	$1-26\cdot10^{-3}$ M KOC_2H_5	92–127	80	234	90
	$1-26\cdot10^{-3}$ M $CsOC_2H_5$	92–126	82	188	121
Propanol (25 °C)	$2-23\cdot10^{-3}$ M KOC_3H_7	200–305	93	401	762
(5 °C)	$4-12\cdot10^{-3}$ M $CsOC_3H_7$	45–50	31	64	542
(15 °C)	$2-12\cdot10^{-3}$ M	79–102	53	127	727
(25 °C)	$1-26\cdot10^{-3}$ M	165–202	107	240	996
(35 °C)	$2-12\cdot10^{-3}$ M	307–374	148	461	1381

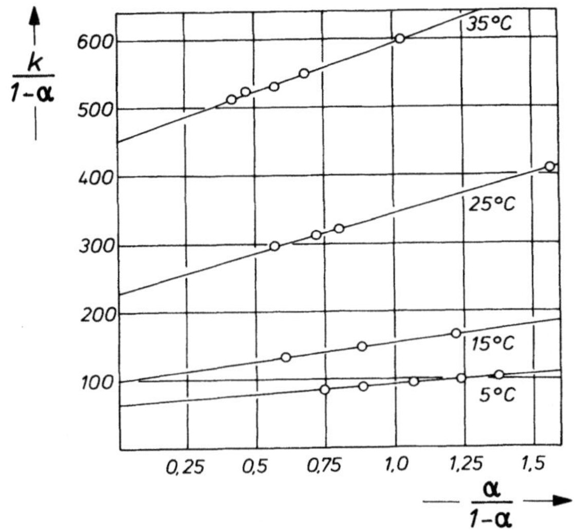

Abb. 18. Darstellung $\frac{k}{1-\alpha} = f\left(\frac{\alpha}{1-\alpha}\right)$ der Meßdaten der Umesterungsreaktion $CH_3COOC_6H_5 + C_3H_7OCs$ in Propanol zur Bestimmung von k_i und k_a bei verschiedenen Temperaturen [14]).

Die Ergebnisse der Untersuchungen der Umesterungsreaktion nach Gl. [5-6] sind in Tab. 24 zusammengestellt. Weitere Messungen in den Mischlösungsmitteln Methanol-Benzol (bis $\varepsilon = 21$), in Methanol-Cyclohexan (bis $\varepsilon = 23$) und in Äthanol-Benzol (bis $\varepsilon = 15$), die Untersuchungen der Temperaturabhängigkeit der Reaktionsgeschwindigkeit in den methanolischen Mischlösungsmitteln sowie die der Umesterung von α-verzweigten Carbonsäurephenylestern in Methanol mit Kaliumäthylat bestätigen die „dual hypothesis" für Solvolysereaktionen [14]). In allen Umesterungsreaktionen wird $k_i < k_a$ gefunden.

Als Beispiel eines Reaktionsgeschehens mit $k_i > k_a$ sei die Solvolyse der Alkylhalogenide [10, 11]) in Äthanol angeführt

$$R'CH_2X + MOC_2H_5 \rightarrow R'CH_2OC_2H_5 + X^- + M^+ \qquad [5\text{-}18]$$

(R' = Alkyl, X = Br, I). Die Reaktion verläuft ebenfalls nach einem S_N2-Mechanismus [18]). Die Ergebnisse sind in Tab. 25 aufgeführt. Die der Berechnung von k_i und k_a zugrundeliegenden Assoziationskonstanten entstammen älteren Auswertungen [11]) nach einem *Shedlovsky*typ und sind daher naturgemäß zu groß, was aber die Feststellung $k_i > k_a$ nicht berührt. Auf eine Auswertung der Aktivierungsenergien wird aus diesem Grunde verzichtet.

---

[18]) *Hughes, E. D., C. K. Ingold* und *C. S. Patel*, J. chem. Soc. (London) **1933**, 526; *Gleave, J. L., E. D. Hughes* und *C. K. Ingold*, J. chem. Soc. (London) **1935**, 236.

Tab. 25. Reaktivität von Ionen und Ionenpaaren in verschiedenen chemischen Umsetzungen (25 °C)

Reaktion	Lösungsmittel	Bereich der Elektrolytkonzentration	Variation der globalen Geschwindigkeitskonstante	$\frac{k_i}{l\,mol^{-1}\,min^{-1}}$	$\frac{k_a}{l\,mol^{-1}\,min^{-1}}$	Zitat
Gl. [5-18]	C_2H_5OH	0,03 – 0,5 M $LiOC_2H_5$	0,08 – 0,05	0,130	0,034	[11]
mit R′ = H		0,03 – 0,5 M $NaOC_2H_5$	0,09 – 0,07	0,125	0,053	
X = I		0,03 – 0,5 M KOC_2H_5	0,10 – 0,08	0,122	0,063	
Gl. [5-18]	C_2H_5OH	0,03 – 0,5 M $LiOC_2H_5$	$7{,}2 - 4{,}3 \cdot 10^{-3}$	0,0116	0,0027	[11]
mit R′ = CH_3		0,03 – 1,0 M $NaOC_2H_5$	$8{,}6 - 5{,}2 \cdot 10^{-3}$	0,0119	0,0033	
X = I		0,03 – 0,5 M KOC_2H_5	$9{,}0 - 6{,}6 \cdot 10^{-3}$	0,0119	0,0036	
Gl. [5-18]	C_2H_5OH	0,03 – 0,5 M $LiOC_2H_5$	$3{,}4 - 2{,}2 \cdot 10^{-3}$	0,00550	0,00135	[11]
mit R′ = CH_3		0,06 – 1,0 M $NaOC_2H_5$	$4{,}0 - 2{,}9 \cdot 10^{-3}$	0,00545	0,00215	
X = Br		0,03 – 0,5 M KOC_2H_5	$4{,}4 - 3{,}6 \cdot 10^{-3}$	0,00540	0,00250	
Gl. [5-18]	C_2H_5OH	0,03 – 0,5 M $LiOC_6H_5$	$1{,}6 - 0{,}7 \cdot 10^{-2}$	0,0253	~0	[11]
mit R′ = H		0,03 – 1,0 M $NaOC_6H_5$	$1{,}7 - 0{,}7 \cdot 10^{-2}$	0,0256	~0	
X = I		0,06 – 0,5 M KOC_6H_5	$1{,}4 - 0{,}9 \cdot 10^{-2}$	0,0258	~0	
Gl. [5-19]	C_2H_5OH	0,1 – 0,4 M $LiOC_2H_5$	$4{,}3 - 5{,}3 \cdot 10^{-2}$	0	0,068	[20]
		0,1 – 0,4 M $NaOC_2H_5$	$6{,}9 - 9{,}6 \cdot 10^{-2}$	0	0,146	
		0,02 – 0,4 M KOC_2H_5	$5{,}3 - 11 \cdot 10^{-2}$	0	0,176	
Gl. [5-20]	C_3H_7OH	0,01 – 0,09 M $NaOC_3H_7$	7,2	7,2	7,2	[21]
		0,002 – 0,02 M $CsOC_3H_7$	7,8	7,8	7,8	
Gl. [5-21]	C_3H_7OH	0,003 – 0,01 M $NaOC_3H_7$	92	92	92	[21]
		0,002 – 0,03 M $CsOC_3H_7$	96	96	96	

Mit Einsatz von MOC_6H_5 statt MOC_2H_5 in der Reaktion Gl. [5-18] wird der Fall $k_a \approx 0$ erhalten.

Beispiele, in denen sich nur Ionenpaare an der Reaktion beteiligen ($k_i \approx 0$), werden von *Brändström* gegeben. Die Umsetzung von Diazoessigsäureäthylester mit Essigsäure in Gegenwart von Metallverbindungen weist darauf hin, daß Kondensationen vom *Claisen*typ nicht vom dissoziierten Teil der Metallverbindung katalysiert werden [19]. Diese Annahme konnte bei der Umsetzung von Äthyl-o-carbäthoxyphenoxyacetat mit Alkaliäthylaten in äthanolischer Lösung [20])

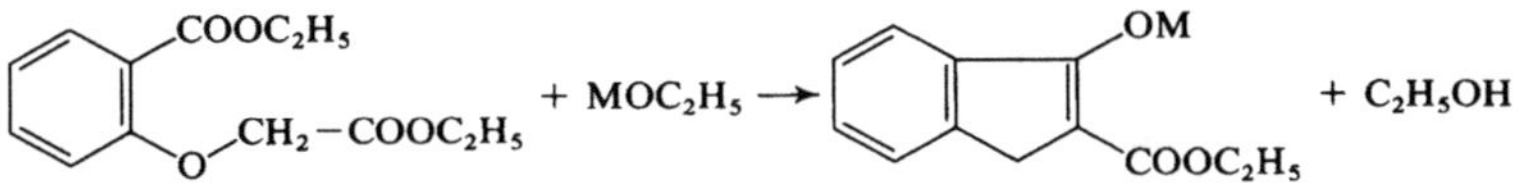

[5-19]

bestätigt werden (Tab. 25).

Beispiele für den Fall $k_i = k_a$ sind die Solvolysereaktionen des 2,4-Dinitrochlorbenzols Gl. [5-20] und des 2,2′,4,4′-Tetranitro-diphenyläthers Gl. [5-21] mit MOC_3H_7 in Propanol [21]):

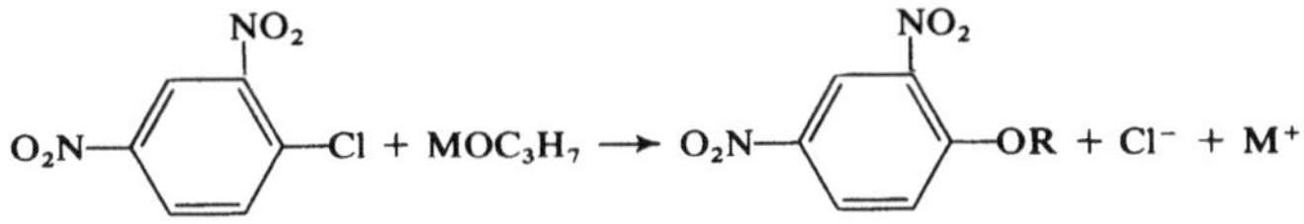

[5-20]

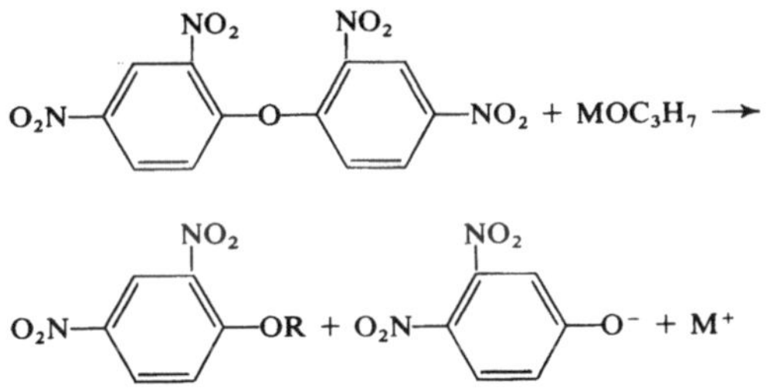

[5-21]

Die Ergebnisse dieser Untersuchung sind ebenfalls in Tab. 25 aufgeführt.

5.4. Elektrostatisches Modell zur Ionen- und Ionenpaarreaktivität

Gl. [5-14] kann zum Ausgangspunkt einer Modellbetrachtung der Konkurrenz von Ionen- und Ionenassoziatreaktion gemacht werden. Trennt man in $\Delta G^{\neq}$ jeweils die coulombschen Energieanteile $(\Delta G^{\neq})^C$ vom Rest $(\Delta G^{\neq})^N$, so gilt

$$\Delta G_a^{\neq} - \Delta G_i^{\neq} = (\Delta G_a^{\neq} - \Delta G_i^{\neq})^C + (\Delta G_a^{\neq} - \Delta G_i^{\neq})^N . \qquad [5\text{-}22]$$

[19]) *Brändström, A.*, Arkiv f. Kemi **7**, 181 (1954).
[20]) *Brändström, A.*, Arkiv f. Kemi **11**, 527 (1957).
[21]) *Bäder, G.*, Dissertation (Saarbrücken 1966).

Die Trennung $\Delta G^{\ddagger} = (\Delta G^{\ddagger})^C + (\Delta G^{\ddagger})^N$ ist eine zur Erklärung kinetischer Effekte polarer Reaktionsmechanismen übliche Annahme[22,23]). Der coulombsche Energieanteil $(\Delta G_i^{\ddagger})^C$ zum Aufbau des Zwischenkomplexes $X_i^{\ddagger}$ berechnet sich als

$$(\Delta G_i^{\ddagger})^C = N_A \cdot e_0 z \cdot U_B(P_0), \qquad [5\text{-}23]$$

wenn ein Ion der Ladung $e_0 z$ aus unendlicher Entfernung im Feld des Reaktionspartners B bis zum Punkt $P_0(r_i, \theta_i, \varphi_i)$ gebracht werden muß.

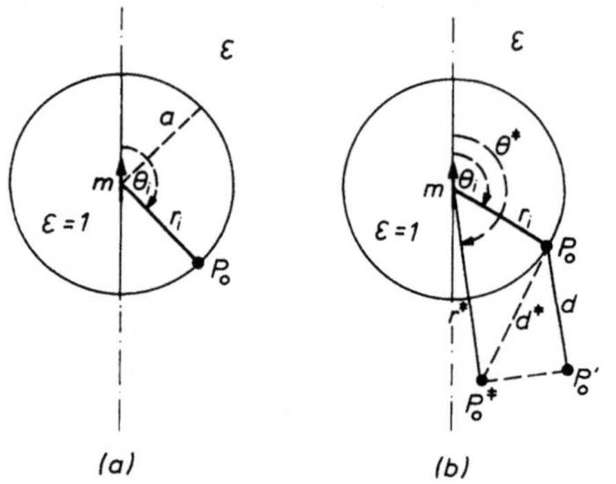

Abb. 19. Modell des Zwischenkomplexes der Umesterungsreaktion.
(a) Ionenreaktion, (b) Ionenpaarreaktion.

$U_B(P)$ läßt sich aus Bindungslängen, Bindungswinkeln, Momenten und Einzelladungen eines Moleküls bzw. Ions exakt berechnen[22-24]). Hier genügt es, die innere Ladungsverteilung des polaren Moleküls B im Zwischenkomplex durch ein resultierendes Dipolmoment m darzustellen. Dann hat der Zwischenkomplex $X_i^{\ddagger}$ die Gestalt (Abb. 19a). Er wird, wie üblich, in einer dielektrischen Kugel (Radius $= a$, $\varepsilon_1 = 1$) ins Lösungsmittel (homogenes Dielektrikum $\varepsilon_2 = \varepsilon$) eingebettet. Das Potential $U_B(P) = U$ ergibt sich als Lösung der *Poisson*gleichungen

$$\operatorname{div}\mathbf{grad}\, U_1 = 0 (r \leq a) \quad \text{und} \quad \operatorname{div}\mathbf{grad}\, U_2 = 0 (r \geq a)$$

mit den Randbedingungen

$$\lim_{r\to\infty} U_2 = 0; \ \lim_{a\to\infty} U_1 = \frac{m}{4\pi\epsilon_0 r^2}\cos\theta; \ U_1(a) = U_2(a); \ \left(\frac{\partial U_1}{\partial r}\right)_a = \varepsilon\left(\frac{\partial U_2}{\partial r}\right)_a$$

als

$$U_1(P) = \frac{1}{4\pi\epsilon_0}\left[\frac{m}{r^2} - \frac{2\varepsilon - 2}{2\varepsilon + 1}\frac{m}{a^3}r\right]\cos\theta \quad r \leq a \qquad [5\text{-}24\text{a}]$$

$$U_2(P) = \frac{1}{4\pi\epsilon_0}\frac{3}{2\varepsilon + 1}\frac{m}{r^2}\cos\theta \quad r \geq a. \qquad [5\text{-}24\text{b}]$$

---

[22]) *Barthel, J.*, Habilitationsschrift (Saarbrücken 1959).

[23]) *Barthel, J.* und *G. Schmeer*, in: *J. E. Dubois*, Reaction Transition States, S. 211 (New York 1972).

[24]) *Barthel, J.*, *G. Bäder* und *G. Schmeer*, Z. physik. Chem. N.F. **62**, 63 (1968).

Damit folgt

$$(\Delta G_i^{\ddagger})^C = \frac{N_A e_0 z}{4\pi\epsilon_0}\left[\frac{m}{r_i^2} - \frac{2\varepsilon - 2}{2\varepsilon + 1}\frac{m}{a^3} r_i\right]\cos\theta_i\,. \qquad [5\text{-}25]$$

Der elektrostatische Energieanteil $(\Delta G_a^{\ddagger})^C$ zum Aufbau des Zwischenkomplexes $X_a^{\ddagger}$ (Abb. 19b) ergibt sich als

$$(\Delta G_a^{\ddagger})^C = (\Delta G_i^{\ddagger})^C + A_1 + A_2\,. \qquad [5\text{-}26]$$

Dabei ist $A_1 = N e_0 z' U_2(P_0')$ die Arbeit, um das Gegenion mit der Ladung $e_0 z'$ in die Position P_0' zu bringen. $\overline{P_0 P_0'} = d$ ist der Gleichgewichtsabstand der Ionen im freien Ionenpaar. Im Zwischenkomplex ordnet sich das Gegenion jedoch nicht willkürlich in einem Punkte P_0' an. Seine Gleichgewichtsposition sei durch $P_0^{\ddagger}(r^{\ddagger}, \theta^{\ddagger})$ dargestellt. Der Ladungstransport $P_0' \rightarrow P_0^{\ddagger}$ ist mit einem Arbeitsaufwand

$$A_2 = N_A e_0 z'[U_2(P_0^{\ddagger}) - U_2(P_0')] + N_A e_0 z' \frac{e_0 z}{4\pi\epsilon_0 \varepsilon}\frac{d - d^{\ddagger}}{d d^{\ddagger}}$$

verbunden, so daß aus Gl. [5-26] schließlich folgt

$$(\Delta G_a^{\ddagger} - \Delta G_i^{\ddagger})^C = N_A e_0 z'\left[U_2(P_0^{\ddagger}) + \frac{e_0 z}{4\pi\epsilon_0 \varepsilon}\frac{d - d^{\ddagger}}{d^{\ddagger} d}\right] \qquad [5\text{-}27]$$

und damit gemäß Gl. [5-14]

$$RT \ln\frac{k_i}{k_a} = \frac{N_A e_0 z'}{4\pi\epsilon_0}\left[\frac{3}{2\varepsilon + 1}\frac{m}{(r^{\ddagger})^2}\cos\theta^{\ddagger} + \frac{e_0 z}{\varepsilon}\frac{d - d^{\ddagger}}{d^{\ddagger} d}\right] + (\Delta G_a^{\ddagger} - \Delta G_i^{\ddagger})^N. \qquad [5\text{-}28]$$

Vollständiges Datenmaterial zur Überprüfung der Gl. [5-28] liegt für die Umesterung gemäß Gl. [5-6] vor. Für den Zwischenkomplex der Reaktion Gl. [5-15] kann, gestützt durch umfangreiche Untersuchungen der Solvolysereaktion[23–25], das Modell Abb. 20 gelten[14].

Die Zentren der drei Sauerstoffatome der Estergruppe im Übergangszustand, in dem das C-Atom sp_3-hybridisiert ist, liegen auf einem Kreis. Um die C–C-Achse wird freie Drehbarkeit angenommen. Die negative Ladung wird gleichmäßig auf den Kreis durch die drei Sauerstoffatome verteilt. Das aus der Addition der Einzelmomente bestimmte Gesamtmoment des Esters im Übergangskomplex liegt in Richtung der C–C-Bindung und hat die Größe $m = 1{,}2$ D. Das Koordinatensystem wird mit der z-Achse nach der Dipolrichtung ausgerichtet. Das Kation des Ionenpaares liegt aus energetischen Gründen auf der z-Achse, d. h., cos $\theta^{\ddagger} = -1$.

Die Ionenpaare der Alkaliäthylate und -propylate sind mit möglicher Ausnahme der Li-Verbindungen Kontaktpaare. Der Ionenabstand im Kontaktionenpaar $[Cs^+ PrO^-]^0$ mit 3,44 Å ist aus Leitfähigkeitsmessungen bekannt[26].

---

[25]) *Barthel, J.* und *G. Schmeer*, Z. physik. Chem. N.F. **71**, 102 (1970).

[26]) *Wachter, R.*, Habilitationsschrift (Regensburg 1973).

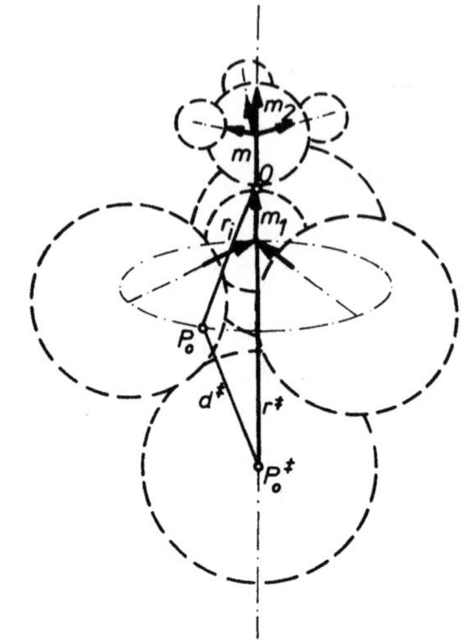

Abb. 20. Struktur des Zwischenkomplexes für die Umesterung des Essigsäurephenylesters mit Cäsiumalkoholat als Base[27]). Die Vektoren stellen die Bindungsmomente, aus deren Addition sich das Gesamtmoment *m* des Zwischenkomplexes ergibt, dar.

Alle übrigen Werte zur Berechnung des elektrostatischen Anteils $(\Delta G_a^{\ddagger} - \Delta G_i^{\ddagger})^C$ nach Gl. [5-27] sind Tabellenwerten zu entnehmen. Zusätzlich wird angenommen, daß keine Aufweitung des Gleichgewichtsabstandes im Ionenpaar erfolgt. Dann ergibt sich $(\Delta G_a^{\ddagger} - \Delta G_i^{\ddagger})^C = -1{,}31\ \mathrm{kJ\,mol^{-1}}$, $(\Delta H_a^{\ddagger} - \Delta H_i^{\ddagger})^C = 1{,}44\ \mathrm{kJ\,mol^{-1}}$ und $(\Delta S_a^{\ddagger} - \Delta S_i^{\ddagger})^C = 9{,}2\ \mathrm{J\,K^{-1}\,mol^{-1}}$. Im Vergleich mit den experimentell bestimmten Aktivierungsgrößen (Gl. [5-17]) ergeben sich die nichtcoulombschen Anteile der Aktivierungsgrößen (Gl. [5-22]) als $(\Delta G_a^{\ddagger} - \Delta G_i^{\ddagger})^N = -0{,}97\ \mathrm{kJ\,mol^{-1}}$, $(\Delta H_a^{\ddagger} - \Delta H_i^{\ddagger})^N = 5{,}3\ \mathrm{kJ\,mol^{-1}}$ und $(\Delta S_a^{\ddagger} - \Delta S_i^{\ddagger})^N = 21\ \mathrm{J\,K^{-1}\,mol^{-1}}$. Diese Daten sind den nichtelektrostatischen Anteilen der Bildungsenergie ähnlich strukturierter Ionenpaare in Propanol – z. B. denen des $[Cs^+PrO^-]^0$ mit $\Delta H_A^N = 6{,}3\ \mathrm{kJ\,mol^{-1}}$ und $\Delta S_A^N = 30\ \mathrm{J\,K^{-1}\,mol^{-1}}$ (vgl. Tab. 28) – vergleichbar.

Für die Solvolyse der Alkylhalogenide Gl. [5-18] nach einem S_N2-Mechanismus ist für die Ionenreaktion ein Zwischenkomplex $X_i^{\ddagger}$ der Gestalt

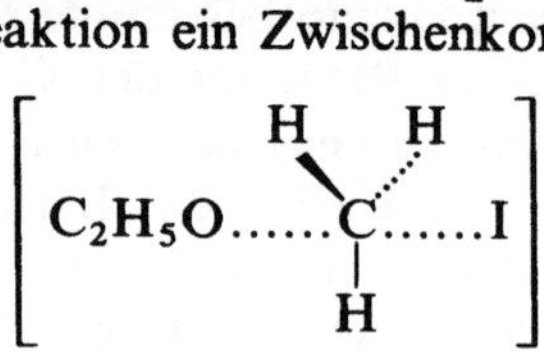

anzunehmen. Das Moment der polaren Komponente CH_3I im Zwischenkomplex liegt in Richtung der Bindung C–I (*z*-Achse) und die Position des Ions OR^- ist mit $\cos\theta_i = +1$ charakterisiert. Der Angriff des Ionenpaares

[27]) *Lenz, M.*, Dissertation (Saarbrücken 1971).

erfolgt von der gleichen Seite. Daher wird das Alkalimetallion im Zwischenkomplex $X_a^{\ddagger}$ eine Position mit $\cos\theta^{\ddagger} > 0$ und $d^{\ddagger} \geq d$ einnehmen. Damit wird die rechte Seite von Gl. [5-28] negativ und erklärt den Befund $k_i > k_a$. Eine weiter ins Detail gehende Aussage ist wegen der Unsicherheit der Konstanten k_i und k_a nicht möglich. Diese beruht einmal auf der zugrundeliegenden Auswertung von K_A und zum andern auf den hohen Elektrolytkonzentrationen, die einen zusätzlichen primären Salzeffekt bedingen.

6. Kapitel

Ionenassoziation

6.1. Ionenassoziation und Moleküldissoziation

In der heutigen Theorie der Elektrolyte tritt an die Stelle der älteren, am elektrischen Leitvermögen orientierten Klassierung „starke“ und „schwache“ Elektrolyte die den strukturellen Gegebenheiten gerechtere Definition der „ionophoren [1]) oder echten [2])“ und „ionogenen [1]) oder potentiellen [2])“ Elektrolyte (vgl. Abschnitt 1.2).

Ionenassoziate echter Elektrolyte und ihre Eigenschaften sind in den vorangehenden Kapiteln diskutiert worden. Darüber hinaus liegen Untersuchungen zur Ionenassoziation aus Ultraschallabsorptionsmessungen, ESR-Messungen u. a. Methoden vor (z. B. [3-7])).

Die Grenze für die feststellbare Assoziation von 1,1-Elektrolyten hat mit der Entwicklung der Meßmethoden eine Verschiebung zu immer höheren Werten der Dielektrizitätszahl erfahren. Assoziation in Lösungsmitteln mit $\varepsilon < 50$ ist heute sicher bestimmbar, selbst in wäßriger Lösung ist sie z. B. für Alkaliperchlorate festgestellt worden (Tab. 26).

Tab. 26. Assoziationskonstanten der Alkaliperchlorate in Lösungsmitteln mit $30 < \varepsilon < 80$ [8])

Salz	$K_A/(\mathrm{mol}^{-1}\,\mathrm{l})$			
	Methanol (25 °C) $\varepsilon = 32{,}66$	Acetonitril (25 °C) $\varepsilon = 35{,}95$	Sulfolan (30 °C) $\varepsilon = 43{,}32$	Wasser (25 °C) $\varepsilon = 78{,}35$
$LiClO_4$	13,68 ± 0,01	19,55 ± 0,01	7,74 ± 0,2	–
$NaClO_4$	18,96 ± 0,02	20,77 ± 0,5	9,05 ± 0,04	0,20 ± 0,14
$KClO_4$	34,22 ± 0,01	28,42 ± 0,14	9,86 ± 0,03	0,98 ± 0,04
$RbClO_4$	44,19 ± 0,09	31,95 ± 0,4	10,16 ± 0,04	1,35 ± 0,03
$CsClO_4$	53,80 ± 0,15	35,20 ± 0,15	11,25 ± 0,06	1,69 ± 0,10

[1]) *Fuoss, R. M.* und *F. Accascina*, Electrolytic Conductance (New York 1959).

[2]) *Kortüm, G.*, Lehrbuch der Elektrochemie, 5. Aufl. (Weinheim 1972).

[3]) *Eigen, M.*, Z. Elektrochem. **64**, 115 (1960); Ber. Bunsenges. physik. Chem. **67**, 753 (1963); *Eigen, M.* und *K. Tamm*, Z. Elektrochem. **66**, 107 (1962).

[4]) *Stengle, T. R.* und *C. H. Langford*, Coordination Chem. Rev. **2**, 349 (1967).

[5]) *Langford, C. H.* und *H. B. Gray*, Ligand Substitution Processes (New York 1965).

[6]) *Darbari, G. S.* und *S. Petrucci*, J. physic. Chem. **74**, 268 (1970).

[7]) *Atherton, N. M.* und *S. I. Weissman*, J. Amer. chem. Soc. **83**, 1330 (1961); *Graceffa, P.* und *T. R. Tuttle, jr.*, J. physic. Chem. **77**, 1566 (1973).

[8]) *D'Aprano, A.*, J. physic. Chem. **75**, 3290 (1971); **76**, 2920 (1972).

Weitere Fälle kleiner Assoziationskonstanten sind im Zusammenhang mit der Leitfähigkeitstheorie in Tab. 15 und 16 aufgeführt.

Für die Bildung der Assoziate in Lösung können verschiedenartige Wechselwirkungen bestimmend sein. Alkali- und Erdalkalimetallhalogenide bilden Ionenpaare vorwiegend auf Grund coulombscher Wechselwirkungen, wie sie z. B. von *Bjerrum* beschrieben worden sind[9]). Das gleiche gilt für einige Salze wie $LaFe(CN)_6$, deren Kationen Edelgaskonfiguration besitzen. Die Komplexverbindungen von Metallionen mit nicht aufgefüllten Elektronenschalen im Sinne der *Werner*schen Koordinationstheorie[10]) beruhen vorwiegend auf kovalenten Bindungskräften.

Die ionenerzeugende Reaktion der ionogenen Elektrolyte mit dem Lösungsmittel verläuft unvollständig. Sie kann in einer Autoprotolysereaktion amphiprotischer Lösungsmittel auch zwischen artgleichen Molekülen ablaufen und liefert die Lyonium- und Lyationen des Ampholyten.

Die Lösung einer Säure (AH) oder Base (B) im amphiprotischen Lösungsmittel (XH) führt nach *Brönsted*[11]) zur Protolysereaktion

$$AH + XH \rightleftarrows A^- + XH_2^+ \qquad [6\text{-}1\,a]$$

$$B + XH \rightleftarrows BH^+ + X^- . \qquad [6\text{-}1\,b]$$

Bei einer Gleichgewichtslage mit ausgeprägter Begünstigung der Ionenspecies (Nivellierung[12])) – wie sie z. B. bei starken Säuren und Basen in Wasser beobachtet wird – verschwinden die Basen und Säuren zugunsten der Lyonium- und Lyationen der Lösung. Der Nivellierungseffekt, z. B. bei einer Mischung von starken Säuren in Wasser, wird aufgehoben, wenn ein Lösungsmittel geringerer Basizität eingesetzt wird. Diese Gegebenheiten sind von besonderem Interesse für die analytische Anwendung[13, 14]).

In schwach polaren Lösungsmitteln wie Eisessig ($\varepsilon = 6{,}2$) werden auch beim ionogenen Elektrolyten Ionenpaare beobachtet. Der Dissoziationsprozeß wird zweistufig

$$\underset{(I)}{HClO_4 + CH_3COOH} \rightleftarrows \underset{(II)}{[CH_3COOH_2^+ClO_4^-]^0} \rightleftarrows \underset{(III)}{CH_3COOH_2^+ + ClO_4^-}$$

Zum Unterschied von Wasser, wo ein entsprechendes Ionenpaar $[H_3O^+ClO_4^-]^0$ nicht nachweisbar ist, liegt $[CH_3COOH_2^+ClO_4^-]^0$ in Eisessig fast ausschließlich vor[15]).

---

[9]) *Bjerrum, N.*, Kgl. Danske Vidensk. Selsk., Mat.-fysiske Medd. 7, No. 9 (1926).

[10]) *Werner, A.*, Z. Anorg. Chem. 3, 267 (1893).

[11]) *Brönsted, J. N.*, Chem. Rev. **5**, 231 (1928); Ber. dtsch. chem. Ges. **61**, 2049 (1928).

[12]) *Hantzsch, A.*, Z. physik. Chem. **A 134**, 406 (1928).

[13]) *Huber, W.*, Titrationen in nichtwäßrigen Lösungsmitteln (Frankfurt 1964).

[14]) *Barthel, J.*, Thermometric Titrations (New York 1975).

[15]) *Kolthoff, I. M.* und *S. Bruckenstein*, J. Amer. chem. Soc. **78**, 1 (1956); *Bruckenstein, S.* und *I. M. Kolthoff*, J. Amer. chem. Soc. **78**, 10 (1956); **78**, 2974 (1956).

6.2. Ionenpaarbildung als Folge der Ion-Ion-Wechselwirkung

Die mit der Erfassung von Nahwirkungskräften in Elektrolytlösungen verbundenen Schwierigkeiten hatten bereits in den zwanziger Jahren zu Darstellungen geführt, die außerhalb des Rahmens einer streng begründbaren statistisch-thermodynamischen Theorie liegen. Eine erstmals von *Bjerrum* eingeführte Betrachtungsweise[9]), die Ionenpaarassoziation, hat die Erkenntnisse, insbesondere bezüglich der nichtwäßrigen Elektrolytlösungen, entscheidend vorangetrieben.

Die Ionenpaarassoziation findet ihre thermodynamischen Formulierungen auf Grund des mit Gl. [1-20] formulierten Gleichgewichtes.

Mit Einführung der *Gibbs*schen Standardenergie ΔG_A^0 für den Assoziationsprozeß eines symmetrischen Elektrolyten

$$\Delta G_A^0 = \mu_{[K^+A^-]^0}^{\infty} - \mu_{K^+}^{\infty} - \mu_{A^-}^{\infty}$$

folgt aus Gl. [1-20]

$$\Delta G_A^0 = -RT \ln K_A; \; K_A = e^{-\Delta G_A^0/RT} \qquad [6\text{-}2]$$

mit K_A in der Bedeutung der Gleichgewichtskonstante des Assoziationsprozesses.

Als Zustandsfunktion läßt sich ΔG_A^0 aufgliedern

$$\Delta G_A^0 = \Delta G_A^C + \Delta G_A^N. \qquad [6\text{-}3]$$

ΔG_A^C enthält die Beiträge der coulombschen Ion-Ion-Wechselwirkung zum Assoziatbildungsprozeß, ΔG_A^N die restlichen, also auch die Wechselwirkungen Ion-Lösungsmittel und Ionenassoziat-Lösungsmittel. Mit Gl. [6-3] ist die Assoziationskonstante K_A als

$$K_A = K_A^C \cdot e^{-\Delta G_A^N/RT} \qquad [6\text{-}4]$$

formulierbar.

Im Rahmen der elektrostatischen Theorien wird $\Delta G_A^N = 0$ angenommen. Dann gilt im Molaritätsmaß

$$K_A = K_A^C = \frac{c_{[K^+A^-]^0}}{c_{K^+}\, c_{A^-}} \frac{y_{[K^+A^-]^0}}{(y'_\pm)^2}, \qquad [6\text{-}5]$$

wobei die Aktivitätskoeffizienten für die freien Ionen aus der *Debye-Hückel*-theorie oder einer ihrer Erweiterungen übernommen werden können. Der Aktivitätskoeffizient für das Ionenpaar als einer polaren Spezies darf im Gültigkeitsbereich von $y'_\pm$ als 1 gesetzt werden. Entsprechend den Normierungsbedingungen geht $y'_\pm \to 1$ mit Extrapolation auf die unendlich verdünnte Lösung.

Im Bereich der „ideal verdünnten“ Lösung gilt*)

$$K_A^C = K_A^{id} = \frac{c_{[K^+A^-]^0}}{c_{K^+}\, c_{A^-}} \qquad [6\text{-}6]$$

*) Die Formulierung der thermodynamischen Gleichgewichtskonstante K_A^{id} (vgl. auch[16])) soll die Betrachtungsweise der Ionenassoziationshypothese gegenüber der statistisch-mechanischen erläutern.

als thermodynamische Gleichgewichtskonstante. Bei einer analytischen Elektrolytkonzentration

$$c = c_{K^+} + c_{[K^+A^-]^0} = c_{A^-} + c_{[K^+A^-]^0}$$

und mit Einführen des Dissoziationsgrades α

$$\alpha c = c_{K^+} = c_{A^-}; \quad (1 - \alpha)c = c_{[K^+A^-]^0}$$

folgt aus Gl. [6-6]

$$K_A^{\mathrm{id}} = \frac{1 - \alpha}{c}. \qquad [6\text{-}7]$$

Gleichung [6-7] beinhaltet, daß im Gültigkeitsbereich von K_A^{id} die Näherung $\alpha^2 = 1$ benutzt werden darf.

Faßt ein Beobachter ein gegebenes Ion X_i ins Auge und bestimmt in dessen Umgebung die Ionenbevölkerung in konzentrischen Kugelschalen gleicher Dicke Δr, so ergibt sich in der Kugelschale im Abstand r eine Zahl w_{ij} von Ionen der Art X_j als[9])

$$w_{ij} = 4\pi r^2 \Delta r \rho_j \mathrm{e}^{-U_{ij}/kT}. \qquad [6\text{-}8]$$

Mit ausschließlich coulombscher Wechselwirkung zwischen den Ionen des Elektrolyten gilt

$$U_{ij} = \frac{e_0^2 z_i z_j}{4\pi\epsilon_0 \varepsilon r}. \qquad [6\text{-}9]$$

Die Wahrscheinlichkeitsfunktion w_{ij} der Ionen gleichen Vorzeichens wächst monoton, die für Ionen verschiedenen Vorzeichens weist ein von der Dielektrizitätszahl abhängiges, charakteristisches Minimum im Abstand

$$r^{\min} = q = -\frac{e_0^2 z_i z_j}{8\pi\epsilon_0 \varepsilon kT} \qquad [6\text{-}10]$$

auf (Abb. 21). Für Wasser ($\varepsilon = 78{,}54$) bei 298 °K beträgt dieser Abstand $q = 3{,}57\,|z_i z_j|$ Å. Die Wechselwirkungsenergie beträgt für eine durch q charakterisierte Konfiguration $U_{ij}(q) = 2kT$. Das bedeutet gegenüber der thermischen Bewegung der Teilchen eine stabilisierte Konfiguration.

Nach *Bjerrum* gelten Konfigurationen gegensätzlich geladener Ionen mit einem Abstand $r \leq q$ als Ionenpaare. Mit dieser Festlegung läßt sich der Assoziationsgrad $(1 - \alpha)$ eines symmetrischen Elektrolyten ($z_+ = |z_-| = z$, $\rho_+ = \rho_- = \rho$) in einem Lösungsmittel, das durch seine Dielektrizitätszahl ε charakterisiert ist, als

$$1 - \alpha = 4\pi\rho \int_a^q r^2 \exp\left[\frac{e_0^2 z^2}{4\pi\epsilon_0 \varepsilon r kT}\right] \mathrm{d}r \qquad [6\text{-}11]$$

schreiben, wenn man unter a den Minimalabstand versteht, den die Ionen des Ionenpaares auf Grund ihrer räumlichen Ausdehnung nicht unterschreiten können. Die Lösung des Integrals in Gl. [6-11] erfolgt in der Form

$$Q(b) = \int_2^b \mathrm{e}^x x^{-4} \mathrm{d}x \qquad [6\text{-}12]$$

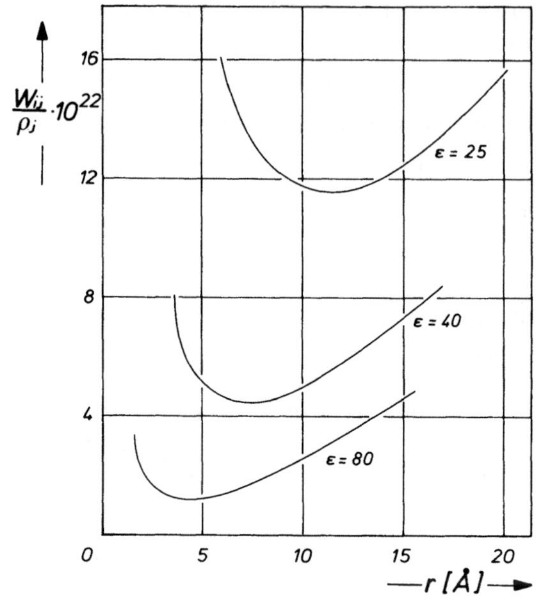

Abb. 21. Anzahl der gegensinnig geladenen Ionen in einer Kugelschale (Δr = 0,1 Å) im Abstand r von einem Zentralion in Medien verschiedener Dielektrizitätszahl [119]).

mit $x = \dfrac{e_0^2 z^2}{4\pi\epsilon_0 \varepsilon r k T}$. Die Größe b wird allgemein als „*Bjerrum*scher Parameter" bezeichnet.

$$b = \frac{e_0^2 z^2}{4\pi\epsilon_0 \varepsilon k T a} = \frac{2q}{a}. \qquad [6\text{-}13]$$

Das Integral [6-12] liegt als tabellierte Funktion vor [1,16]). Mit Hilfe der Funktion $Q(b)$ und der Definition Gl. [6-10] ergibt Gl. [6-11]

$$1 - \alpha = 4\pi\rho \left(\frac{e_0^2 z^2}{4\pi\epsilon_0 \varepsilon k T}\right)^3 Q(b) = 32\pi\rho q^3 Q(b). \qquad [6\text{-}14]$$

Für große Werte des *Bjerrum*schen Parameters gilt die asymptotische Näherung

$$\left(\frac{e_0^2 z^2}{4\pi\epsilon_0 \varepsilon k T}\right)^3 Q(b) \approx a^3 \frac{e^b}{b}. \qquad [6\text{-}15]$$

Unter Berücksichtigung von Gl. [6-14] bzw. Gl. [6-15] folgt aus Gl. [6-7] im ideal verdünnten Bereich die *Bjerrum*sche Assoziationskonstante*)

---

*) Drückt man die Teilchendichte ρ in der Molaritätsskala aus, so folgt [vgl. Fußnote S. 9] die gebräuchliche Schreibweise von K_A^B:

$$K_A^B(\mathrm{SI}) = 4000\pi N_A \left(\frac{z^2 e_0^2}{4\pi\epsilon_0 \varepsilon k T}\right)^3 Q(b); \quad K_A^B(\mathrm{e.s.}) = \frac{4\pi N_A}{1000}\left(\frac{z^2 e_0^2}{\varepsilon k T}\right)^3 Q(b).$$

[16]) *Harned, H. S.* und *B. B. Owen*, The Physical Chemistry of Electrolytic Solutions, 3. Aufl. (New York 1958).

$$K_A^B = \frac{32\pi\rho q^3}{c} Q(b) \qquad [6\text{-}16]$$

bzw. in asymptotischer Näherung

$$K_A^B = \frac{4\pi\rho a^3}{c}\frac{e^b}{b}. \qquad [6\text{-}16a]$$

Eine Diskussion der Assoziationskonstanten aus der *Bjerrum*theorie muß auf die dem Modell nicht von vornherein widersprechenden Fälle beschränkt bleiben. Das sind z. B. die Assoziate der Metallkationen mit Edelgaskonfiguration (d^0-Kationen) wie Alkalimetall- und Erdalkalimetallionen oder Ionen wie La^{3+}, Ti^{4+} und ähnliche. Dazu kommen Kationen, die keine kovalenten Bindungen eingehen, wie Tetraalkylammoniumionen, Tetraphenylarsoniumionen u. a. Bei symmetrischen Assoziaten dieser Kationen sollte gemäß Gl. [6-16] die Assoziationskonstante in einer Reihe mit steigender Kationenladung steigen, ebenso in einer Reihe mit fallender Ionengröße. Wie weit diese Erwartungen erfüllt werden, geht aus der Diskussion in Abschnitt 6.3 hervor. Eine Anwendung der *Bjerrum*theorie auf Assoziate von Metallkationen mit aufgefüllten d-Schalen (d^{10}-Kationen) wie Cu^+, Ag^+, Zn^{2+}, Cd^{2+} u. a., deren Wechselwirkung mit dem Anion anteilig kovalenten Charakter hat oder mit Trialkylammoniumsalzen, die das Anion über den Wasserstoff am Kation binden, läßt Anomalien erwarten. Die Assoziationskonstante wird bei d^{10}-Kationen nicht durch die Ionengröße, sondern vorwiegend durch die Elektronegativität des Metallions und des Donoratoms am Liganden bestimmt. Mit fallender Elektronegativität des Liganden steigt für ein gegebenes Kation die Assoziationskonstante[17]. d^n-Kationen mit unvollständig besetzten Orbitalen (Mn^{2+}, Fe^{2+}, Ni^{2+} u. a.) schließlich fallen ebenfalls nicht in die Gruppe der *Bjerrum*assoziatbildner und zeigen ein schwer systematisierbares Assoziationsverhalten.

Diese Überlegungen beziehen sich auf ein strukturloses Lösungsmittel, das am Assoziationsprozeß nur durch seine Dielektrizitätszahl beteiligt ist. Das bedeutet, daß die *Bjerrum*sche Assoziationstheorie die Solvatation von Ionen und Ionenpaaren, Dispersionskräfte u. a. außer acht läßt, so daß, abhängig vom Lösungsmittel auch in der Gruppe der *Bjerrum*schen Assoziatbildner erhebliche Abweichungen vom idealisierten Modell, das zu Gl. [6-16] führt, zu erwarten sind.

Eines der spektakulärsten Beispiele zur Bestätigung der *Bjerrum*theorie stammt von *Fuoss* und *Kraus*[18]. In Dioxan-Wassermischungen ($2{,}38 \leq \varepsilon \leq 53{,}0$) fanden die Autoren für Tetraisoamylammoniumnitrat eine Variation von K_A über 15 Zehnerpotenzen ($5 \cdot 10^{15} > K_A > 4$) und übereinstimmend aus allen gemessenen Konstanten den gleichen Minimalabstand $a_K^B = 6{,}4$ Å der Ionen im Ionenpaar*).

---

[17]) *Prue, J. E.*, Ionic Equilibria (Oxford 1966).

*) In dieser Monographie wird der Abstandsparameter a der *Bjerrum*theorie stets mit a_K^B bezeichnet (vgl. auch 3. Kapitel).

[18]) *Fuoss, R. M.* und *C. A. Kraus*, J. Amer. chem. Soc. **55**, 1019 (1933).

In vielen Fällen wird a_K^B bei Auswertung der Meßdaten unrealistisch klein (vgl. Tab. 16) gefunden. Dies ergibt sich immer dann, wenn für die Assoziatbildung Effekte über die in Gl. [6-9] allein angesetzte coulombsche Wechselwirkung zwischen den Ionen hinaus einen merklichen Beitrag liefern. Außer dieser Schwierigkeit, die aus dem Vergleich des *Bjerrum*schen Ansatzes mit der chemischen Realität resultiert, gibt es formale Einwände gegen die *Bjerrum*sche Behandlung des Assoziationsproblems. Der erste betrifft die mehr oder weniger willkürliche Festlegung des Abstandes q, der als obere Integralgrenze in Gl. [6-11] auftritt. In der *Bjerrum*schen Theorie erfolgt, wie vorangehend dargelegt, die Anpassung von K_A an die Meßwerte über eine Anpassung von a_K^B. Diese Größe darf den kristallographischen Abstand der Ionen im Kristallgitter nicht unterschreiten, wenn das Ergebnis an der Realität orientiert wird. *Prue* et al.[19,20]) legen daher a priori die untere Integralgrenze als kristallographischen Abstandsparameter fest und benützen die obere Integralgrenze zur Anpassung

$$K_A^P = \frac{4\pi\rho}{c} \int_a^d \exp\left[\frac{e_0^2 z^2}{4\pi\epsilon_0 \varepsilon r k T}\right] r^2 \, dr . \qquad [6\text{-}17]$$

Die d-Werte nach Gl. [6-17] fallen in der Regel etwas kleiner aus als die *Bjerrum*schen q-Werte, worauf in der Diskussion der Parameter der Leitfähigkeitsgleichung bereits hingewiesen worden ist. *Fernández-Prini* und *Prue*[20]) verbinden mit Gl. [6-17] die Hypothese dielektrischer Sättigung für das Lösungsmittel im Kontakt mit den Ionen und ortsabhängiger Dielektrizitätszahl nach *Booth*[21]). Diese Annahme ist jedoch eine Hilfsmaßnahme, die zur Erklärung der Abweichungen vom *Bjerrum*verhalten nicht zwingend ist. Geht man vom *Gurney*schen[22]) oder *Frank*schen[23]) Konzept aus, nach dem die weit getrennten Ionen von einem Lösungsmittelbereich (cosphere) umgeben sind, in dem das Lösungsmittel abweichende Eigenschaften vom freien Lösungsmittel hat, so sollte bei Überlappung solcher Bereiche ein entsprechender Anteil dieses Lösungsmittels in seinen normalen Zustand zurückkehren. Dieses für wäßrige Lösungen postulierte Verhalten[24]) ist bei der Diskussion der Bildung von Ionenpaaren der symmetrischen Elektrolyte auf weitere Lösungsmittel, für die das *Gurney*sche Konzept zutrifft, übertragbar. Bemerkenswert an den *Prue*schen Untersuchungen loc. cit.[19]) ist die Zielsetzung, das *Bjerrum*sche Assoziationskontinuum, den schlecht definierten Bereich $a \leq r \leq q$, zugunsten molekularer Vorstellungen zu ersetzen.

---

[19]) *Prue, J. E.*, in: *B. E. Conway* und *R. G. Barradas*, Chemical Physics of Ionic Solutions, S. 163 (New York 1966); *Prue, J. E.* und *P. J. Sherrington*, Trans. Faraday Soc. **57**, 1795 (1961).

[20]) *Fernández-Prini, R.* und *J. E. Prue*, Trans. Faraday Soc. **62**, 1257 (1966).

[21]) *Booth, F.*, J. chem. Physics **19**, 391 (1951).

[22]) *Gurney, R. W.*, Ionic Processes in Solution (New York 1953).

[23]) *Frank, H. S.*, in: *B. E. Conway* und *R. G. Barradas*, Chemical Physics of Ionic Solutions, S. 53 (New York 1966).

[24]) *Ramanathan, P. S.* und *H. L. Friedman*, J. chem. Physics **54**, 1086 (1971).

Gl. [6-17] enthält mit $d = q$ die *Bjerrum*sche Assoziationskonstante. Andererseits folgt formal für $d - a \ll a$

$$K_A = \frac{4\pi\rho}{c} a^2(d - a)e^b \qquad [6\text{-}18]$$

und daraus mit $d = 4a/3$ formal eine Assoziationskonstante

$$K_A^F = \frac{4\pi\rho a^3}{3c} e^b, \qquad [6\text{-}19]$$

die von *Fuoss* aus einer statistischen Behandlung der Ionenpaarbildung unter der ausschließlichen Zulassung von Kontaktpaaren erhalten wird[25]) (vgl. auch[26,27])).

Die *Fuoss*sche Assoziationskonstante ist mit der kinetischen Behandlung des Assoziationsproblems „Freie Ionen ⇆ Begegnungskomplex" kompatibel[3]). Für die Reaktion

$$K^{z^+} + A^{z^-} \underset{k_D^{(2)}}{\overset{k_D^{(1)}}{\rightleftharpoons}} [K^{z^+} \ldots A^{z^-}]^0$$

mit diffusionsbestimmten Geschwindigkeitskonstanten ergibt sich mit $k_D^{(1)}$ nach *Debye*[28]) und $k_D^{(2)}$ nach *Eigen*[29]) die *Fuoss*sche Assoziationskonstante als $K_A^F = k_D^{(1)}/k_D^{(2)}$.

Die *Fuoss*sche Theorie vermeidet die Divergenz der Wahrscheinlichkeitsfunktion für $r > q$ der *Bjerrum*theorie[26]). Abhängig vom a-Parameter ergibt sich ein Minimum in K_A^F bei $a = 2q/3$, wie sich aus $(\partial K_A^F/\partial a) = 0$ zeigen läßt. Das bedeutet ein Ansteigen von K_A^F für $a > 2q/3$. Die mit der Wahl von U_{ij} nach Gl. [6-9] verbundene Beschränkung auf eine ausschließlich Ion-Ion-Wechselwirkung für die Assoziatbildung ist für die *Fuoss*theorie und die *Bjerrum*theorie gleich. Die diesen Punkt betreffenden Anmerkungen zur *Bjerrum*theorie gelten auch hier.

Eine abermalige Revision der Assoziationstheorie findet man bei *Falkenhagen* und *Ebeling*[30]). Die Assoziationskonstante ist durch den Ansatz

$$K_A^{FE} = \frac{4\pi\rho}{c} \int_a^\infty r^2 \exp\left[\frac{e_0^2 z^2}{4\pi\epsilon_0 \varepsilon r k T}\right] w(r) \mathrm{d}r \qquad [6\text{-}20]$$

gegeben, in der $w(r)$ eine Gewichtsfunktion ist, die den Bedingungen

$$w(r)\begin{cases} = 1 \text{ für } r \to a \\ = 0 \text{ für } r \to \infty \end{cases}$$

---

[25]) *Fuoss, R. M.*, J. Amer. chem. Soc. **80**, 5059 (1958).

[26]) *Petrucci, S.*, in: *S. Petrucci*, Ionic Interactions, Vol. 1, S. 118 (New York 1971).

[27]) *Bockris, J. O'M.* und *A. K. N. Reddy*, Modern Electrochemistry, Vol. I (New York 1970).

[28]) *Debye, P.*, Trans. Electrochem. Soc. **82**, 265 (1942).

[29]) *Eigen, M.*, Z. physik. Chem. N. F. **1**, 176 (1954); Z. Elektrochem. **64**, 115 (1960).

[30]) *Falkenhagen, H.* und *W. Ebeling*, in: *S. Petrucci*, Ionic Interactions, Vol. 1, S. 2 (New York 1971).

genügt. Gl. [6-20] enthält mit der Festlegung

$$w(r)\begin{cases} = 1 \text{ für } r \leq d \\ = 0 \text{ für } r > d \end{cases}$$

die *Prue*sche Assoziationskonstante Gl. [6-17] und mit dieser die Sonderfälle $d = q$ (*Bjerrum*, Gl. [6-11]) und $d = \frac{4}{3}a$ (*Fuoss*, Gl. [6-19]). *Falkenhagen* und *Ebeling*[30]) wählen die Gewichtsfunktion so, daß das chemische Modell die thermodynamischen Funktionen als linearisierte *Debye-Hückel*ausdrücke liefert.

Für große b-Werte erhält man aus der Konstante von *Falkenhagen* und *Ebeling* die asymptotische *Bjerrum*sche Näherung Gl. [6-16a].

Der Bereich der ideal verdünnten Lösung ist für Lösungen ionophorer Elektrolyte in der Regel experimentell nicht erreichbar[31]). Ausnahmen bilden die Elektrolytlösungen mit inerten Lösungsmitteln wie Benzol, in denen der Anteil an freien Ionen sehr gering ist.

In der *Prue*schen Assoziationskonstante ist der Bereich der freien Ionen als $r \geq d$ definiert. Demzufolge tritt K_A^P in Gl. [6-5] in Verbindung mit dem Aktivitätskoeffizienten

$$-\ln y'_{\pm} = \frac{A\sqrt{\Gamma}}{1 + \kappa d} \qquad [6\text{-}21]$$

(vgl. Abschnitt 1.4) auf. Faßt man die *Bjerrum*konstante als Sonderfall auf, so ist K_A^B und Gl. [6-21] mit $d = q$ zu verknüpfen.

Die Leitfähigkeitstheorie weist den Bereich $r \geq d$ ebenfalls als das Gebiet der freien Ionen aus. Soweit $d \approx q$ gefunden wird, weist das eher auf eine Verknüpfung der Leitfähigkeitsgleichung mit der *Bjerrum*schen oder *Prue*schen Assoziationskonstante als auf die mit der *Fuoss*schen Konstante hin. Es sei jedoch angemerkt, daß das Integral der *Bjerrum*theorie relativ unempfindlich gegenüber Schwankungen seiner Obergrenze ist. Die Theorie von *Falkenhagen* und *Ebeling* ist bezüglich der Verknüpfung von Leitfähigkeitsgleichung, Aktivitätskoeffizient und Assoziationskonstante konsequent.

Zur Beurteilung der verschiedenen Assoziationstheorien sei ein Zitat von *L. Onsager* angeführt: "The distinction between free ions and associated pairs depends on an arbitrary convention. Bjerrums choice is good, but we could vary it within reason. In a complete theory this would not matter, what we remove from one page of the ledger would be entered elsewhere with the same effect" (zitiert nach[30])).

Bei der Erklärung der gemessenen und damit als gegeben anzusehenen Assoziationskonstante K_A durch eines der Modelle, die alle zu thermodynamischen Gleichgewichtskonstanten K_A^C führen, gibt es nur die Möglichkeit, die Parameter aus K_A^C zur Anpassung heranzuziehen. Damit werden die anomalen a_K^B-Werte verständlich. Eine Erweiterung des Ansatzes Gl. [6-9] mit Berück-

[31]) *Kortüm, G.*, Einführung in die chemische Thermodynamik (Weinheim 1960).

sichtigung der Nahwirkungskräfte führt zu unüberwindbaren Schwierigkeiten. Es ist daher angebracht, auf Gl. [6-4] zurückzugreifen und Methoden zur Erfassung des ΔG^N-Anteiles zu suchen.

6.3. Ionenpaarassoziation unter Berücksichtigung nichtcoulombscher Effekte

Mit der Möglichkeit einer exakten Bestimmung der Temperaturabhängigkeit der Elektrolytleitfähigkeit über ein hinreichend großes Temperaturintervall des Flüssigkeitsbereiches des Lösungsmittels (vgl. 3. Kapitel) eröffnen sich für die Diskussion des ΔG_A^N-Anteiles in Gl. [6-4] neue Möglichkeiten. Tab. 27 enthält die aus Leitfähigkeitsmessungen bestimmten Assoziationskonstanten verschiedener Salze in Propanol [32]).

Die Durchsicht der Werte in Tab. 27 für die Tetraalkylammoniumsalze zeigt ein für K_A anomales Verhalten. Statt einer in $(\varepsilon T)^{-1}$ monotonen Funktion für $\log K_A$ ergibt sich eine Funktion mit flachem Minimum. Diese ist am Beispiel des Tetrapropylammoniumjodids in Abb. 22 dargestellt.

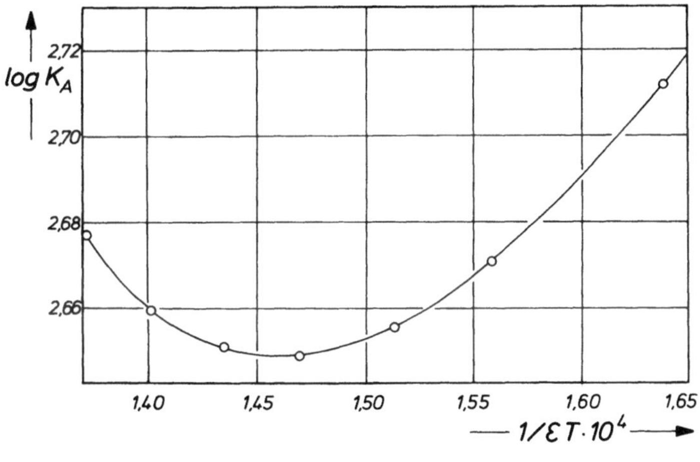

Abb. 22. Assoziation von $(n\text{-}C_3H_7)_4NI$ in Propanol im Temperaturbereich $-40\,°C$ bis $+25\,°C$: $\log K_A = f(1/\varepsilon T)$.

Ein solcher Funktionsverlauf ist nur aus der Überlagerung zweier Effekte mit gegenläufigen Temperaturgradienten zu erklären. Auch der Fall der Überlagerung von Effekten mit gleichgerichteten Temperaturkoeffizienten ist bekannt. Beispiele hierfür sind KSCN (Tab. 27) und CsOPr [96]). Hier zeigt die stetig steigende $\log K_A$-Kurve eine mehr oder weniger ausgeprägte Krümmung.

[32]) *Wachter, R.*, Habilitationsschrift (Regensburg 1973).

Tab. 27. Assoziationskonstanten verschiedener Elektrolyte in Propanol im Temperaturbereich $-40\,°C$ bis $+25\,°C$[32])

Salz	$K_A/(mol^{-1}\,l)$						
	$t = -40°$ $\varepsilon = 31{,}28$	$t = -30°$ $\varepsilon = 29{,}35$	$t = -20°$ $\varepsilon = 27{,}53$	$t = -10°$ $\varepsilon = 25{,}86$	$t = 0°$ $\varepsilon = 24{,}19$	$t = 10°$ $\varepsilon = 22{,}66$	$t = 25°$ $\varepsilon = 20{,}48$
KSCN	99 ± 0	117 ± 0	139 ± 0	167 ± 0	202 ± 0	248 ± 0	348 ± 1
Pr_4NI	475 ± 1	457 ± 1	447 ± 1	445 ± 1	452 ± 1	469 ± 0	516 ± 1
Bu_4NI	471 ± 7	456 ± 8	448 ± 8	447 ± 7	456 ± 8	471 ± 13	514 ± 8
$MeBu_3NI$	563 ± 1	539 ± 1	528 ± 2	527 ± 1	536 ± 1	558 ± 1	615 ± 2
Me_2Bu_2NI	590 ± 4	571 ± 3	563 ± 3	564 ± 2	578 ± 2	603 ± 2	673 ± 2
$EtBu_3NI$	492 ± 5	476 ± 5	468 ± 4	466 ± 4	473 ± 3	495 ± 3	543 ± 3
$i\text{-}Am_4NI$	554 ± 3	529 ± 3	516 ± 3	510 ± 3	514 ± 3	527 ± 3	570 ± 3
$i\text{-}Am_3BuNI$	537 ± 2	516 ± 1	504 ± 1	500 ± 1	506 ± 1	521 ± 1	565 ± 1

Die Erklärung des Assoziationsverhaltens wird für den Konzentrationsbereich idealer Verdünnung aus Gl. [6-4] in Verbindung mit Gl. [6-7] in der Form

$$\ln K_A = \ln K_A^{id} - \frac{\Delta H_A^N}{RT} + \frac{\Delta S_A^N}{R}$$

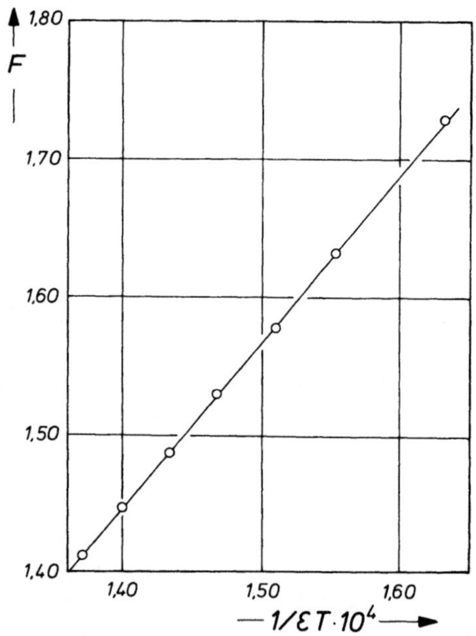

Abb. 23. Assoziation von $(n\text{-}C_3H_7)_4NI$ in Propanol im Temperaturbereich $-40\,°C$ bis $+25\,°C$[32]). Darstellung der Meßwerte aus Abb. 22 mit Hilfe der Funktion $F \equiv \log K_A + \frac{\Delta H_A^N}{4{,}575\,T} = f(1/\varepsilon T)$. Die lineare Funktion wird mit $\Delta H_A^N = -5{,}65\ kJ\ mol^{-1}$ erhalten.

gewonnen. Die ΔG_A^N zugrundeliegenden Wechselwirkungen, wie Solvatationsenergien, Dispersions- und Induktionsenergien führen in erster Näherung zu temperaturunabhängigen ΔH_A^N- und ΔS_A^N-Werten. Für K_A^{id} kann der Ausdruck einer jeden der Theorien gewählt werden, deren Herleitung auf rein coulombschen Wechselwirkungen beruht, also z. B. K_A^B oder K_A^F. Aus den Daten der vermessenen Systeme ist eine Entscheidung für oder gegen eine der Theorien nicht möglich. Nach Vorgabe z. B. von $K_A^{\mathrm{id}} = K_A^F$ (Gl. [6-19]) wird durch ein Iterationsverfahren, bei dem ΔH_A^N variiert wird, eine in $(\varepsilon T)^{-1}$ lineare Funktion F erzeugt (Abb. 23), deren Anstieg a_K liefert.

Tab. 28 enthält die Ergebnisse der Auswertungen nach diesem Verfahren für die Assoziationskonstanten in Tab. 27 unter Anwendung von K_A^{id} nach *Fuoss*. Die Beurteilung der Ergebnisse, die aus dem Ansatz der ΔG_A^N-Anteile resultieren, sollte zunächst von der realistischen Größe, die die neuen a_K-Werte gegenüber den a_K^B-Werten haben, ausgehen. Die Ionenabstände im Assoziat müssen näherungsweise der Summe $a_K^{\mathrm{theor.}}$ der Ionengitterradien bzw. der Summe der *van der Waals*-Radien entsprechen. Es ist zu berücksichtigen, daß diese für einen Bezugszustand definiert sind und dementsprechend (Ionengitterkristall, Gasphase usw.) um 10–15% verschieden ausfallen können[33]. Für die Tetraalkylammoniumsalze mit kurzen Alkylketten, $\overset{+}{N}-CH_3$ und $\overset{+}{N}-CH_2-CH_3$, ist die Berechnung der Radien aus den Bindungslängen möglich[33, 34]), für die Salze mit Ketten, deren Längen oberhalb $\overset{+}{N}-CH_2-CH_3$ liegen, liegen Vergleichswerte $a_K^{\mathrm{theor.}}$ aus den Molvolumina der isosteren Alkane vor[34]). Das Ionenpaar des Cäsiumpropylats besteht aus dem kugelsymmetrischen Kation und einem Anion, dessen Ladung am Sauerstoff des Alkoxidions lokalisiert ist. Der Ladungsabstand ist als Ionengitterradius zu berechnen. Für das Ionenpaar $[K^+SCN^-]^0$ schließlich wären aus elektrostatischen Überlegungen zwei Radien möglich. Bei gleichmäßiger Verteilung der negativen Ladung auf S- und N-Atom könnte eine Anordnung des K^+ in gleichem Abstand ($a_K^{\mathrm{theor.}} = 3$ Å) von beiden Atomen oder eine lineare Anordnung ($a_K^{\mathrm{theor.}} = 4{,}7$ Å) der vier Atomkerne erfolgen. Die berechneten Ionenabstandsparameter sind als $a_K^{\mathrm{theor.}}$ in Tab. 28 aufgeführt. Man findet allgemein Übereinstimmung der a_K-Werte mit den $a_K^{\mathrm{theor.}}$-Werten. Für KSCN weist das Experiment die lineare Anordnung der Atomkerne im Assoziat als wahrscheinlich aus. Bei den $a_K^{\mathrm{theor.}}$-Werten der verschieden substituierten Tetraalkylammoniumsalze ist der Abstand durch die kürzeste Alkylkette im Kation angegeben. Die Übereinstimmung der a_K-Werte für $MeBu_3\overset{+}{N}$ und $Me_2Bu_2\overset{+}{N}$ sowie das Anwachsen von a_K um 0,48 Å für $EtBu_3\overset{+}{N}$ (theoretischer Wert für die Verlängerung einer Alkylkette um eine Methylengruppe) bestätigen die Anlagerung des Anions in der energetisch günstigsten Stellung. Ein gleicher An-

---

[33]) *Pauling, L.*, Die Natur der chemischen Bindung, 3. Aufl. (Übers.) (Weinheim 1968).

[34]) *Robinson, R. A.* und *R. H. Stokes*, Electrolyte Solutions, 2. rev. Aufl. (London 1970).

Tab. 28. Ergebnisse der Auswertung der Temperaturabhängigkeit von K_A für verschiedene Salze in Propanol[32])

Elektrolyt	Temperatur-bereich	$\frac{a_K^{exp}}{Å}$	$\frac{a_K^{theor}}{Å}$	$\frac{\Delta H_A^N}{kJ\,mol^{-1}}$	$\frac{\Delta S_A^N}{JK^{-1}mol^{-1}}$	$\frac{\Delta G_A^N}{kJ\,mol^{-1}}$	$\frac{a_K^B}{Å}$ (25 °C)
Pr_4NI	−40° bis +25°	6,24	6,68	−5,65	+0,6	−5,82	3,0
Bu_4NI		6,73	7,10	−5,10	+3,1	−6,04	2,9
i-Am_4NI		6,71	7,10	−5,65	+2,2	−6,30	2,9
$MeBu_3NI$		5,78	5,64	−6,07	−0,3	−6,17	2,8
Me_2Bu_2NI		5,82	5,64	−5,65	+1,9	−6,21	2,8
$EtBu_3NI$		6,26	6,17	−5,44	+1,8	−5,96	2,9
i-Am_3BuNI		6,74	7,10	−5,44	+2,8	−6,28	2,9
KSCN	−40° bis +25°	4,78 (3,0)	4,70	+3,05	+21,9	−3,48	3,3
CsOPr	+5° bis +35°	3,44	3,20	+6,28	+30,2	−2,73	2,6

stieg von etwa 0,5 Å wird beim Übergang von $Pr_4\overset{+}{N}$ zu $Bu_4\overset{+}{N}$ festgestellt. Für die gleich großen Kationen $Bu_4\overset{+}{N}$, i-$Am_4\overset{+}{N}$ und i-$Am_3Bu\overset{+}{N}$ werden gleiche a_K-Parameter gefunden.

Für alle Tetraalkylammoniumsalze werden negative ΔH_A^N-Werte nahezu gleicher Größe ermittelt, unabhängig davon, welche Konstante K_A^{id} man zugrunde legt. Die geringe Variation der ΔS_A^N-Werte innerhalb einer Auswertereihe mit Vorgabe einer K_A^{id}-Konstante (K_A^B oder K_A^F) und der Betrag $\Delta S_A^N \approx 0$ weisen darauf hin, daß die Ionenpaarbildung nur mit geringfügiger Änderung in der Struktur des Lösungsmittels einhergeht. Dies entspricht der Behandlung von *Falkenhagen* et al.[35]) der Tetraalkylammoniumsalze in wäßriger Lösung mit dem Ansatz kurzreichender Kräfte. Für die Systeme KSCN/n-Propanol und CsOPr/n-Propanol ergibt sich ein anderer Sachverhalt. Die positiven ΔH_A^N-Werte sprechen für eine im Vergleich zu den freien Ionen schwächere Solvatation der Ionenpaare, die ausgeprägt positiven ΔS_A^N-Werte zeigen übereinstimmend damit, daß beim Prozeß der Ionenpaarbildung Solvatmoleküle freigesetzt werden.

Eine weitere Analyse von ΔG_A^N aus Temperatur- und Druckabhängigkeit (bis 800 °C und 4000 bar) wäßriger Elektrolytlösungen wurde an Hand der Messungen von *Dunn* und *Marshall*[36]) von *Gilkerson*[37]) durchgeführt, auf den auch die erste Formulierung[38]) eines speziellen ΔG_A^N-Anteiles in der Form

$$E_s = E_{\pm} - (E_+ + E_-) \qquad [6\text{-}22]$$

als die Bilanz der Ion-Lösungsmittelmolekül- und Ionenpaar-Lösungsmittelmolekülwechselwirkungen zurückgeht. *Gilkerson* zeigte, daß E_s in aprotischen Lösungsmitteln, die keine Eigenassoziation zeigen, proportional dem Dipolmoment des Lösungsmittelmoleküls ist. Die Verknüpfung des Ansatzes Gl. [6-22] mit der *Fuoss*schen Gleichgewichtskonstante[25,40]) und der Bedeutung von E_s als Desolvatisierungsenergie ist Ausgangspunkt mehrerer Untersuchungen, allerdings ohne Einbeziehung der Temperaturabhängigkeit der Assoziationskonstanten.

Ein weiterer Beitrag zur Erfassung der für die Ionenpaarbildung verantwortlichen Wechselwirkungsenergien von *Petit* und *Bruckenstein*[41]) basiert auf einem Ansatz von *Denison* und *Ramsey*[42]), die eine Assoziationskonstante $K_A^{\text{id}} = e^b$ über einen *Born*schen Kreisprozeß[43]) herleiten. Die Theorie ist auf Lösungsmittel mit $\varepsilon < 10$ beschränkt.

---

[35]) *Ulbricht, H.* und *H. Falkenhagen*, Z. physik. Chem. **243**, 305, 313 (1970); *Ulbricht, H.* und *W. Ebeling*, Z. physik. Chem. **243**, 129 (1970).

[36]) *Dunn, L. A.* und *W. L. Marshall*, J. physic. Chem. **73**, 723 (1969).

[37]) *Gilkerson, W. R.*, J. physic. Chem. **74**, 746 (1970).

[38]) *Gilkerson, W. R.*, J. chem. Physics **25**, 1199 (1956).

[39]) *Mukherjee, L. M.* und *D. P. Boden*, J. physic. Chem. 73, 3965 (1969).

[40]) *Sadek, H.* und *R. M. Fuoss*, J. Amer. chem. Soc. **81**, 4507 (1959).

[41]) *Pettit, L. D.* und *S. Bruckenstein*, J. Amer. chem. Soc. **88**, 4783 (1966).

[42]) *Denison, J. T.* und *J. B. Ramsey*, J. Amer. chem. Soc. **77**, 2615 (1955).

[43]) *Born, M.*, Z. Physik **1**, 45 (1920).

6.4. Möglichkeiten und Grenzen der Modellbetrachtung

Zur Ionenpaarassoziation liegt eine Fülle von Daten (vgl. z. B.[44]), die vorwiegend aus Leitfähigkeitsmessungen stammen, vor. Nur wenige der Assoziationskonstanten sind aber bisher mit Hilfe einer Auswertung nach der vollständigen Leitfähigkeitsgleichung gewonnen worden, so daß in den meisten Fällen auf älteres Datenmaterial zurückgegriffen werden muß. Für die folgende Diskussion, die sich nur auf ausgeprägte Unterschiede der Assoziationskonstanten stützt und nur Assoziationskonstanten vergleicht, die mit gleichwertigen Auswerteverfahren gewonnen worden sind, bedeutet dies keine Einschränkung der Gültigkeit der Aussagen.

Die obere Nachweisgrenze für eine Ionenpaarassoziation liegt heute für 1,1-Elektrolyte bei der Dielektrizitätszahl des Wassers (vgl. Tab. 26). Die umfangreichen Untersuchungen von *Fuoss* et al.[45]) an Alkalihalogeniden in Wasser-Dioxan-Mischungen und die von *Hawes* und *Kay*[46]) an KCl und CsCl in Äthanol-Wassergemischen, die auf Auswertungen nach einer Leitfähigkeitsgleichung ohne J_2-Term basieren, zeigen eine Assoziationsgrenze bei $\varepsilon \approx 50$. Diese Grenze kann als Bezug für die Assoziationskonstanten aus den älteren Arbeiten gelten. Dann sind vergleichsweise 1,1-Elektrolyte in Formamid ($\varepsilon = 110$) nicht assoziiert[47]). In N-Methylpropionsäureamid ($\varepsilon = 176$) schließt *Hoover*[48]) wegen anomal kleiner a-Werte Assoziation von KCl aufgrund spezifischer Lösungsmittelwechselwirkung nicht aus. Die bereits aus der Temperaturabhängigkeit der Assoziationskonstante aufgezeigten G_A^N-Beiträge äußern sich in der Assoziation von Tetraalkylammoniumsalzen in wäßrigen Lösungen[49, 50]). In Blausäure ($\varepsilon = 114$) liegen auch diese Salze nicht mehr assoziiert vor[51]), Erdalkalimetallsalze, als weitere Elektrolyte der d^0-Kationen-Gruppe, liegen entsprechend der höheren Valenz ihrer Ionen in Wasser assoziiert vor, wie die Messungen an $MgSO_4$, MgC_2O_4 und $CaCrO_4$[52]) zeigen. Für $MgSO_4$ findet man selbst in Formamid-Dioxan-Mischungen mit einer Dielektrizitätszahl oberhalb der des Wassers noch Assoziation ($\varepsilon = 81$, $K_A = 88$)[53]). In Formamid ($\varepsilon = 110$) wird für $MgSO_4$ keine bzw. schwache As-

---

44) *Janz, G. J.* und *R. P. T. Tomkins*, Nonaqueous Electrolytes Handbook (New York 1972).

45) *Lind, J. E.* und *R. M. Fuoss*, J. physic. Chem. **65**, 999, 1414 (1961); **66**, 1727 (1962); *Kunze, R. W.* und *R. M. Fuoss*, J. physic. Chem. **67**, 911, 914 (1963); *Justice, J.-C.* und *R. M. Fuoss*, J. physic. Chem. **67**, 1707 (1963); *Fabry, Th. L.* und *R. M. Fuoss*, J. physic. Chem. **68**, 971, 974 (1964).

46) *Hawes, J. L.* und *R. L. Kay*, J. physic. Chem. **69**, 2420 (1965).

47) *Tewari, P. H.* und *G. P. Johari*, J. physic. Chem. **67**, 512 (1963).

48) *Hoover, T. B.*, J. physic. Chem. **68**, 876 (1964).

49) *Evans, D. F.* und *R. L. Kay*, J. physic. Chem. **70**, 366 (1966).

50) *Quintin, M.* und *M.-C. Justice*, Compt. rend. Acad. Sci. (Paris) **261**, 1287 (1965); *Justice, M.-C.* und *J.-C. Justice*, Compt. rend. Acad. Sci. (Paris) **262**, 608 (1966).

51) *Davies, R. H.* und *E. G. Taylor*, J. physic. Chem. **68**, 3901 (1964).

52) Eigene Messungen, unveröffentlicht.

53) *Tewari, P. H.* und *G. P. Johari*, J. physic. Chem. **69**, 2857 (1965).

soziation ($K_A = 9$)[54,55] beobachtet. Ca-Salze von Disulfonsäuren bilden bereits in Wasser keine Assoziate mehr[56]. Mit dem 3,3-Elektrolyten $La[Co(CN)_6]$, ebenfalls einem Salz eines d^0-Kations, verschiebt sich die Assoziationsgrenze weiterhin zu hohen ε-Werten, $La[Co(CN)_6]$ assoziiert in Formamid ($\varepsilon = 110$, $K_A = 243$) deutlich[57]. $La[Fe(CN)_6]$ zeigt im gleichen Lösungsmittel eine Assoziationskonstante $K_A = 249$[58].

Das nicht durch das elektrostatische Modell erfaßte Verhalten der Trialkylammoniumsalze zeigt Tab. 29.

Tab. 29. Assoziation von $(Bu)_{4-x}H_xNPi$ in Nitrobenzol[59]

x	0	1	2	3	4
Kation	Bu_4N^+	Bu_3HN^+	$Bu_2H_2N^+$	BuH_3N^+	H_4N^+
$\frac{K_A}{mol^{-1}\,l}$	≈ 0	526	641	670	685

In Nitrobenzol ($\varepsilon = 35$) wird für Bu_4NPi vollständige Dissoziation gefunden, das erste in das Kation eingebrachte Proton bewirkt ein sprunghaftes Ansteigen der Assoziationskonstante, bedingt durch die Bindung des Anions über dieses Proton. Die Substitution weiterer Butylreste durch Protonen ist für das Assoziationsverhalten weniger bedeutend und ist als Ion-Lösungsmittelwechselwirkung zu verstehen (Abschn. 6.5).

Ein von d^0-Kationen abweichendes Verhalten zeigen die d^{10}-Kationen. Sie bilden stabile lösliche Komplexe oder schwer lösliche Niederschläge mit Cl^-, Br^-, I^-, S^{2-} und CN^-. Den in wäßrigen Lösungen sehr umfangreichen Untersuchungen[17] stehen in nichtwäßrigen Medien nur vereinzelte Ergebnisse gegenüber. $AgNO_3$ assoziiert in Dimethylformamid deutlich, KI dagegen nicht[60]; $K_A(AgNO_3) = 210$ steht $K_A(LiNO_3) = 19$ in Äthanol[61] gegenüber, $K_A(NaI) = 900$ und $K_A(KI) = 1130$[62] in Äthylendiamin der Wert $K_A(AgI) = 89000$[63]; in Benzonitril ist $K_A(NaI) = 76$, $K_A(KI) = 105$[62] und $K_A(AgNO_3) = 4000$[64]. In Acetonitril dagegen sind die Perchlorate der Alkalimetallsalze assoziiert[65], die des Ag^+ und Cu^+ jedoch nicht[66].

54) *Johari, G. P.* und *P. H. Tewari*, J. physic. Chem. **69**, 696 (1965).
55) *Johari, G. P.* und *P. H. Tewari*, J. Amer. chem. Soc. **87**, 4691 (1965).
56) *Bell, R. P.* und *M. Robson*, Trans. Faraday Soc. **61**, 928 (1965).
57) *Johari, G. P.* und *P. H. Tewari*, J. physic. Chem. **69**, 2862 (1965).
58) *Johari, G. P.*, J. physic. Chem. **74**, 934 (1970).
59) *Witschonke, C. R.* und *C. A. Kraus*, J. Amer. chem. Soc. **69**, 2472 (1947).
60) *Prue, J. E.* und *P. J. Sherrington*, Trans. Faraday Soc. **57**, 1795 (1961).
61) *Parfitt, G. D.* und *A. L. Smith*, Trans. Faraday Soc. **59**, 257 (1963).
62) *Janz, G. J.* und *M. J. Tait*, Canadian J. Chem. **45**, 1101 (1967).
63) *Fowles, G. W. A.* und *W. R. McGregor*, J. physic. Chem. **68**, 1342 (1964).
64) *Griffiths, V. S.*, *K. S. Lawrence* und *M. L. Pearce*, J. chem. Soc. (London) **1958**, 3998.
65) *Kay, R. L.*, *B. J. Hales* und *G. P. Cunningham*, J. physic. Chem. **71**, 3925 (1967).
66) *Yeager, H. L.* und *B. Kratochvil*, J. physic. Chem. **73**, 1963 (1969).

Für die Komplexsalze der Übergangselemente stellten *Dawson*, *Vaughan*, *Lester*, *Pruitt* und *Sears*[67]) in N-Methylacetamid ($\varepsilon = 166$) vollständige Dissoziation fest. Die von *Schwarzenbach* nach fallendem Ionenradius und steigendem Ionisierungspotential aufgestellte Reihe des Komplexbildungsvermögens unter Hinzunahme von Zn^{2+} [68]): $Mn^{2+} < Fe^{2+} < Co^{2+} < Ni^{2+} < Cu^{2+} > Zn^{2+}$ wird – mit Ausnahme von Ni^{2+} – durch die Ergebnisse von *Lovas*, *Macri* und *Petrucci*[69]) für m-Benzoldisulfonate in Methanol bestätigt; weitere Beispiele s.[17]).

Läßt man zunächst – wie in der vorangehenden Diskussion – die molekulare Struktur des Lösungsmittels außer Betracht und behandelt dieses als homogenes Dielektrikum, so ist festzustellen, daß in Mischlösungsmitteln die Assoziationskonstante des gelösten Elektrolyten in der Regel mit fallender Dielektrizitätszahl des Lösungsmittels erwartungsgemäß zunimmt. Als Beispiele seien für Assoziate von d^0-Kationen angeführt: Alkalihalogenide in Wasser-Dioxanmischungen[45]), CsBr in Wasser-Dioxan-, in Wasser-Tetrahydrofuran- und in Wasser-Dioxan-Tetrahydrofuranmischungen[70]), KCl und CsCl in Wasser-Äthanolmischungen[46]), $KClO_4$[71]) und $KClO_3$[72]) in Wasser-Dioxanmischungen; $LiClO_3$ in Methanol-Dioxanmischungen[73]), $KOCH_3$ in Methanol-Cyclohexan und Methanol-Benzolmischungen[74]), KOC_2H_5 in Äthanol-Benzolmischungen[75]), $MgSO_4$ in Formamid-Dioxanmischungen[53]) und in Formamid-Acetonmischungen[55]), $La[Fe(CN)_6]$ in Formamid-Dioxan- und in Formamid-Acetonmischungen[58]). In den nahezu isodielektrischen Mischlösungsmitteln von Methanol ($\varepsilon = 32{,}6$) mit Acetonitril ($\varepsilon = 36{,}0$) sind die Assoziationskonstanten für $KClO_4$ und $CsClO_4$ konstant[76]). Die Tetraalkylammoniumsalze zeigen in Mischlösungsmitteln in der Regel das gleiche Verhalten wie die Salze der d^0-Kationen. Man beobachtet Anstieg der Assoziationskonstante mit fallender Dielektrizitätszahl des Lösungsmittels: Bu_4NClO_4 und Bu_4NBr in Wasser-Tetrahydrofuran-Mischungen[77]), Bu_4NBr in Nitrobenzol-Tetrachlorkohlenstoff-, in Äthanol-Tetrachlorkohlenstoff- und in Methanol-Tetrachlorkohlenstoffmischungen[40, 78]), Et_4NPi und Bu_4NPi in Nitrobenzol-Anisolmischungen[79]); Me_4NBPh_4, Et_4NBPh_4, Pr_4NBPh_4 und

---

[67]) *Dawson, R. L., J. W. Vaughan, G. R. Lester, M. E. Pruitt* und *P. G. Sears*, J. physic. Chem. **67**, 278 (1963).

[68]) *Irving, H.* und *R. J. P. Williams*, J. chem. Soc. (London) **1953**, 3192; Nature (London) **162**, 746 (1948).

[69]) *Lovas, R., G. Macri* und *S. Petrucci*, J. Amer. chem. Soc. **92**, 6502 (1970).

[70]) *Treiner, C.* und *J.-C. Justice*, J. chim. physique **68**, 56 (1971).

[71]) *Bury, R.* und *J.-C. Justice*, Compt. rend. Acad. Sci. (Paris) **260**, 6089 (1965).

[72]) *Accascina, F.* und *A. D'Aprano*, Gazz. chim. ital. **95**, 1420 (1965).

[73]) *D'Aprano, A.* und *R. Triolo*, J. physic. Chem. **71**, 3474 (1967).

[74]) *Barthel, J., M. Knerr* und *G. Engel*, Z. physik. Chem. N.F. **69**, 283 (1970).

[75]) *Barthel, J., H. J. Gores* und *G. Engel*, Z. physik. Chem. N.F. **72**, 50 (1970).

[76]) *Conti, F.* und *G. Pistoia*, J. physic. Chem. **72**, 2245 (1968).

[77]) *Treiner, C.* und *J.-C. Justice*, Compt. rend. Acad. Sci. (Paris) **269 C**, 1364 (1969).

[78]) *Sadek, H.* und *R. M. Fuoss*, J. Amer. chem. Soc. **76**, 5897, 5902, 5905 (1954).

[79]) *Powell, A. L.* und *A. E. Martell*, J. Amer. chem. Soc. **79**, 2118 (1957).

Bu_4NBPh_4 in Acetonitril-Tetrachlorkohlenstoffmischungen[80]. Ein Abweichen von der Regel wird für $CsClO_4$ und Et_4NClO_4 in isodielektrischen Mischungen von Äthanol und Aceton beobachtet. Hier durchläuft K_A ein Minimum bei etwa 60% Aceton im Gemisch[81]. Ein derartiges Verhalten wird durch spezifische Ion-Lösungsmittelwechselwirkungen erklärt (vgl. Abschnitt 6.5).

Alle angeführten Untersuchungen in Mischlösungsmitteln beziehen sich auf Assoziatbildner im *Bjerrum*schen Sinne. Der Versuch einer Darstellung der Resultate mit der *Fuoss*schen Assoziationskonstante in der Form

$$\ln K_A^F = \frac{e_0^2 z^2}{4\pi\epsilon_0 \varepsilon k T a} + \text{const.},$$

d. h., als lineare Funktion $\log K_A = f(1/\varepsilon)$ gelingt nur über beschränkte Bereiche, allgemein werden jedoch systematische Abweichungen gefunden. Die Darstellung als *Bjerrum*sche Konstante gelingt in einer Reihe von Fällen besser (Abb. 24), oftmals aber mit variablem oder für einen Kontaktabstand zu kleinem a_K^B-Parameter.

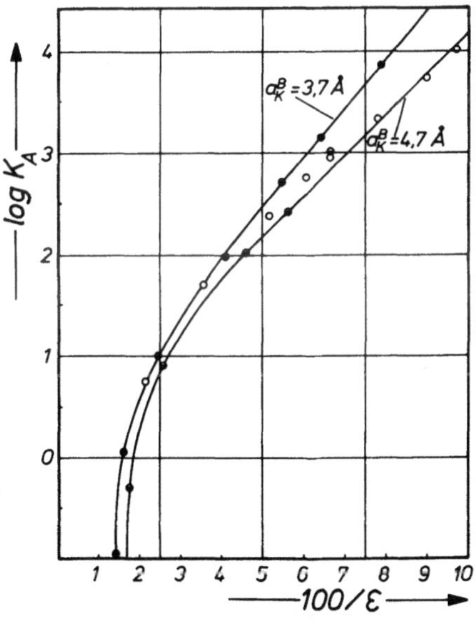

Abb. 24. Darstellung der Assoziationskonstante für CsBr in Mischlösungsmitteln als $\log K_A = f(1/\varepsilon)$[70].
Meßwerte für Wasser-Dioxan (○), Wasser-Tetrahydrofuran (●) und Wasser-Dioxan-Tetrahydrofuran (◒). Ausgezogene Kurven berechnet nach Gl. [6-16] für $a_K^B = 3{,}7$ Å und $a_K^B = 4{,}7$ Å.

[80]) *Berns, D. S.* und *R. M. Fuoss*, J. Amer. chem. Soc. **82**, 5585 (1960).
[81]) *Pistoia, G.* und *G. Pecci*, J. physic. Chem. **74**, 1450 (1970).

Quist und *Marshall*[82]) beziehen über die Solvatationsgleichgewichte die Aktivität a_L der Lösungsmittelmoleküle in die Assoziationskonstante ein

$$\log K_A = \log K'_A - (m + n - k) a_L, \qquad [6\text{-}23]$$

wobei *m*, *n* und *k* die Solvatationszahlen von Kation, Anion und Ionenpaar sind; kritische Anmerkungen hierzu: s.[37]).

$$K'_A = \frac{a_{[[K^+A^-].L_k]} a_L^{(m+n-k)}}{a_{[K \cdot L_m]^+} a_{[A \cdot L_n]^-}}. \qquad [6\text{-}23\text{a}]$$

Ein Beispiel der Darstellung gemäß Gl. [6-23] ist die Untersuchung von KOC_2H_5 in Äthanol-Benzolmischungen[75]) mit Bezug auf die Aktivitätsbestimmung der Lösungsmittelkomponenten aus Dampfdruckmessungen[83]). Das Ergebnis der Auswertung weist die Solvatationszahlen als zu einer über die Primärhülle hinausgehenden Solvatation gehörig aus.

Diese Beispiele zeigen Möglichkeit und Grenzen des elektrostatischen Modells. Es gelingt bereits nicht, die Assoziationskonstante mit der Größe der Ionen in der von diesem Modell geforderten Weise in Einklang zu bringen. Für kugelförmige Kationen im Assoziat mit dem gleichen Anion sollte in einem gegebenen Lösungsmittel die Assoziationskonstante mit wachsendem Kationenradius abnehmen. Dies wird bei Tetraalkylammonium-, Trialkylsulfonium- (Abb. 25) und Phosphoniumsalzen[84]) beobachtet, allerdings fallen die a_K^B-Werte in der Regel zu klein aus. Die für Alkalisalze erwartete Reihenfolge Li > Na > K > Rb > Cs ist eher die Ausnahme als die Regel (Abb. 26). Der Zusammenhang zwischen Aniongröße und Assoziationskonstante ist für Halogenide in Abb. 27 dargestellt. Dieser entspricht gleichfalls nicht den Vorstellungen einer Ion-Ion-Wechselwirkung im homogenen Dielektrikum, dessen einzige charakterisierende Größe seine Dielektrizitätszahl ist.

---

[82]) *Quist, A. S.* und *W. L. Marshall*, J. physic. Chem. **72**, 1536 (1968).
[83]) *Pollak, P.* und *G. C. B. Cave*, Canadian J. Chem. **45**, 3089 (1967).
[84]) *Höniger, A.* und *H. Schindlbauer*, Ber. Bunsenges. physik. Chem. **69**, 138 (1965).
[85]) *Kay, R. L., S. C. Blum* und *H. I. Schiff*, J. physic. Chem. **67**, 1223 (1963).
[86]) *Evans, D. F., C. Zawoyski* und *R. L. Kay*, J. physic. Chem. **69**, 3878 (1965).
[87]) *Kay, R. L., C. Zawoyski* und *D. F. Evans*, J. physic. Chem. **69**, 4208 (1965).
[88]) *Evans, D. F.* und *T. L. Broadwater*, J. physic. Chem. **72**, 1037 (1968).
[89]) *Evans, D. F.* und *P. Gardam*, J. physic. Chem. **72**, 3281 (1968).
[90]) *Hughes, S. R. C.* und *D. H. Price*, J. chem. Soc. (London) **A 1967**, 1093.
[91]) *Evans, D. F.* und *P. Gardam*, J. physic. Chem. **73**, 158 (1969).
[92]) *Stern, K. H.* und *A. E. Martell*, J. Amer. chem. Soc. **77**, 1983 (1955).
[93]) *Hartstein, A. M.* und *S. Windwer*, J. physic. Chem. **73**, 1549 (1969).
[94]) *Curry, H. L.* und *W. R. Gilkerson*, J. Amer. chem. Soc. **79**, 4021 (1957).
[95]) *Accascina, F., E. L. Swarts, P. L. Mercier* und *C. A. Kraus*, Proc. nat. Acad. Sci. USA **39**, 917 (1953).
[96]) *Barthel, J., J.-C. Justice* und *R. Wachter*, Z. physik. Chem. N.F. **84**, 100 (1973).
[97]) *Barthel, J.* und *G. Schwitzgebel*, Z. physik. Chem. N.F. **54**, 181 (1967).
[98]) *Kay, R. L.*, J. Amer. chem. Soc. **82**, 2099 (1960).
[99]) *Kay, R. L., B. J. Hales* und *G. P. Cunningham*, J. physic. Chem. **71**, 3925 (1967).

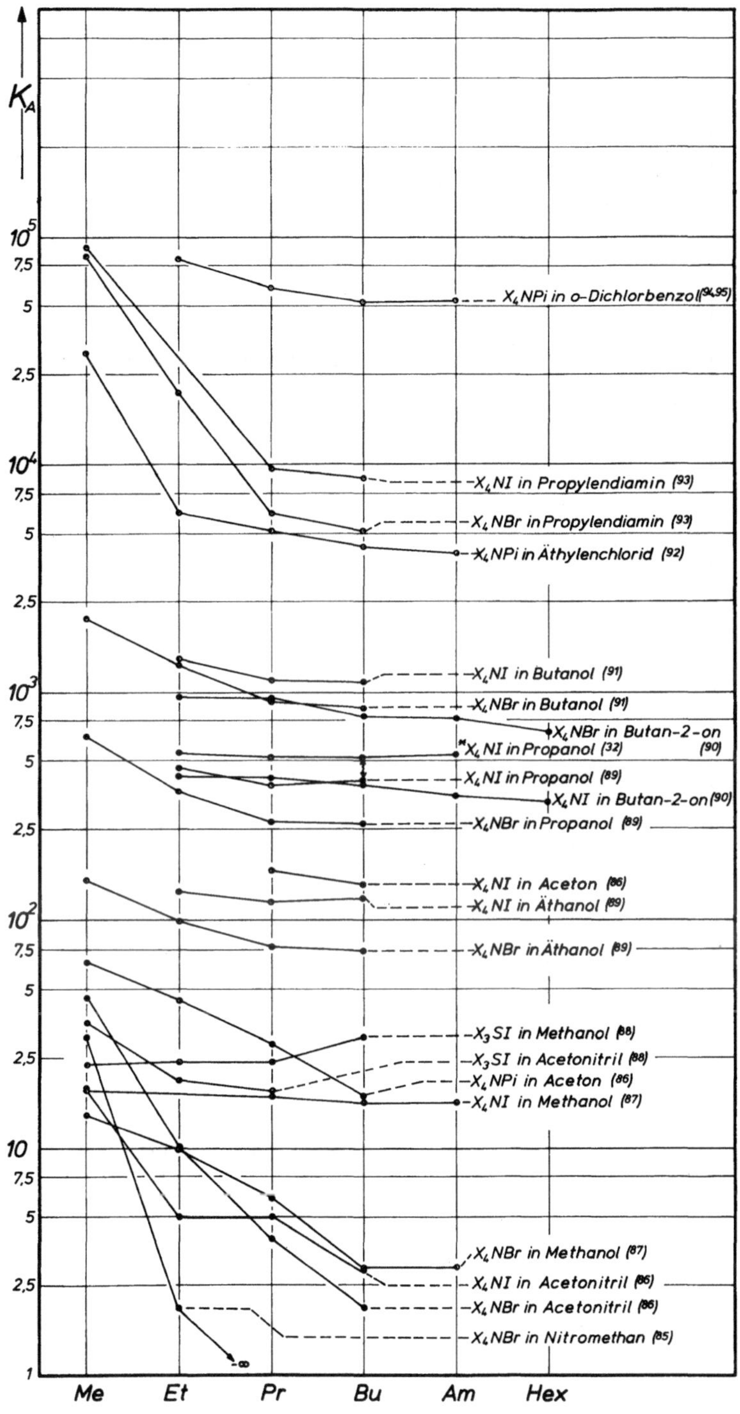

Abb. 25. Assoziationskonstanten von Tetraalkylammonium- und Trialkylsulfoniumsalzen aus Leitfähigkeitsmessungen.

(*) Auswertung der Leitfähigkeitsdaten nach einer Leitfähigkeitsgleichung mit J_2-Term.

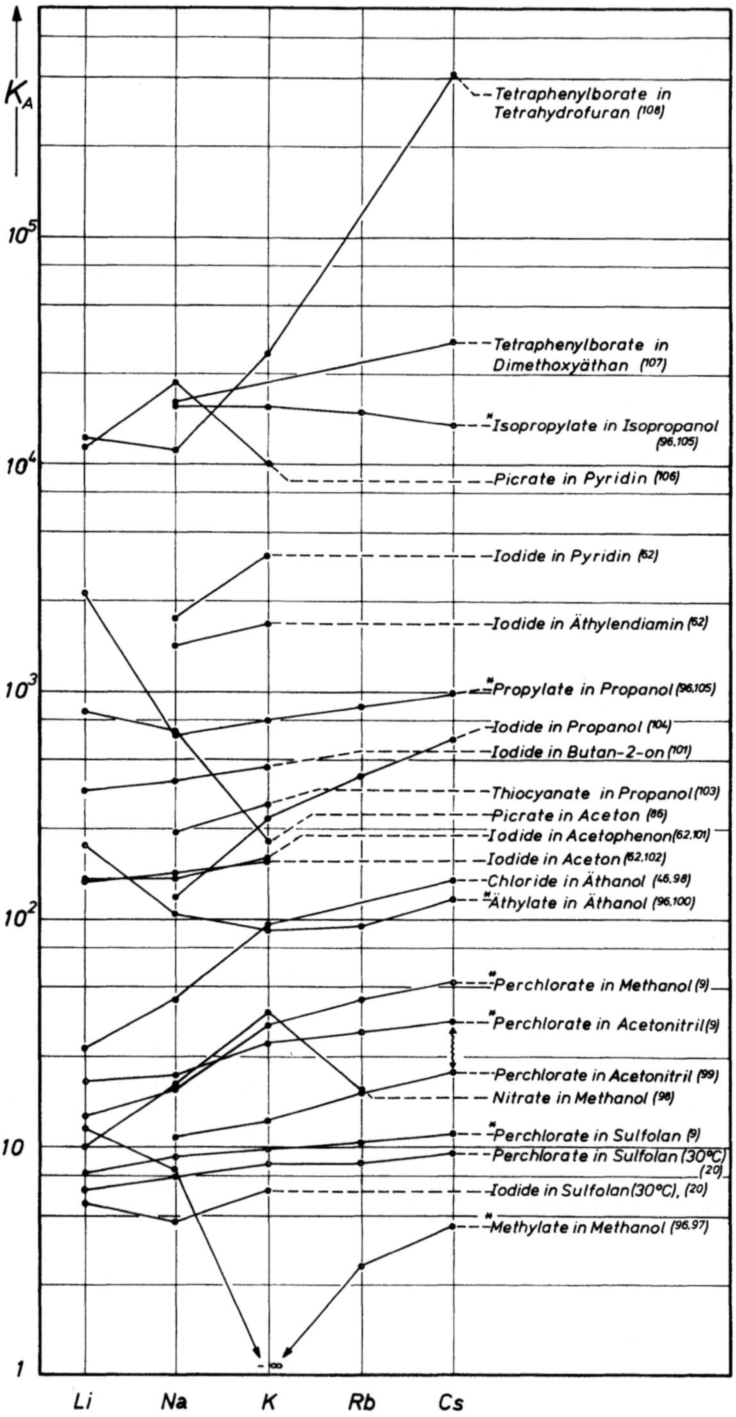

Abb. 26. Assoziationskonstanten von Alkalisalzen aus Leitfähigkeitsmessungen.
(*) Auswertung der Leitfähigkeitsdaten nach einer Leitfähigkeitsgleichung mit J_2-Term.

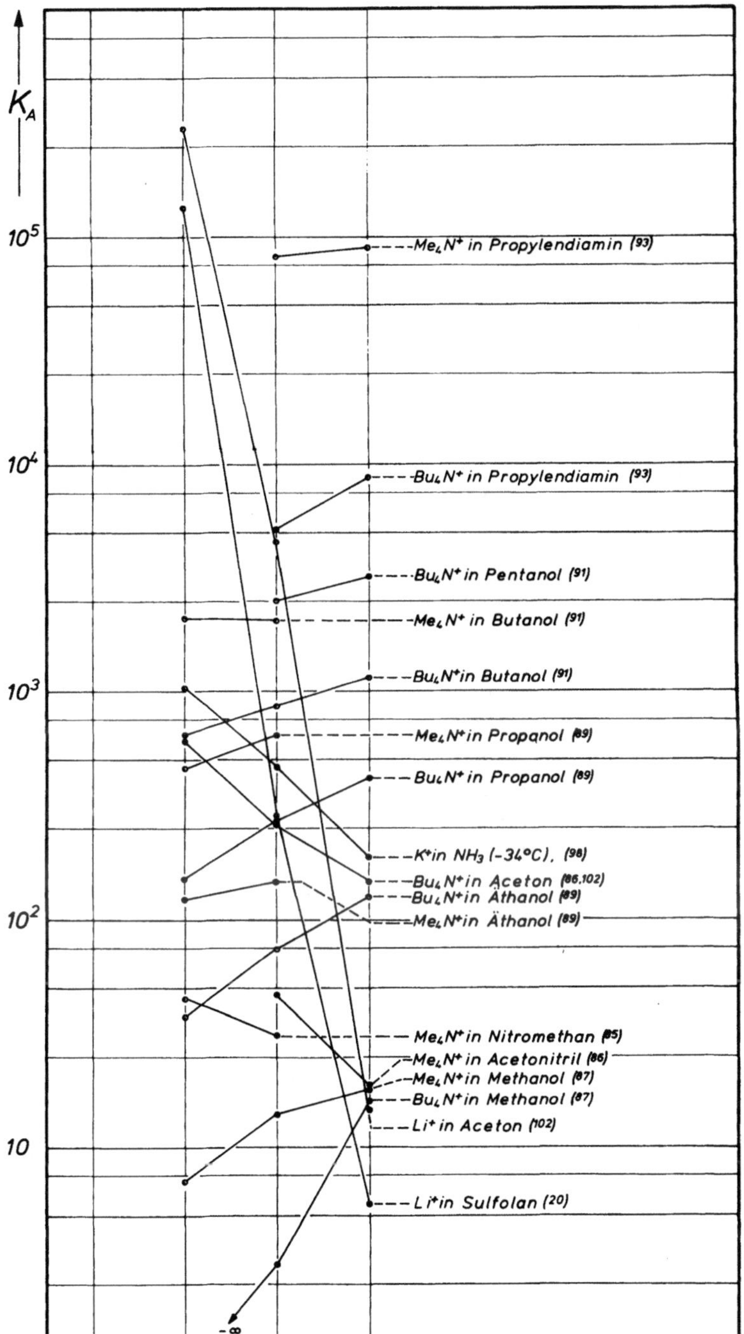

Abb. 27. Assoziationskonstanten von Halogeniden.
Angegeben sind das gemeinsame Kation und das Lösungsmittel.

6.5. Ionenpaarassoziation und Elektrolyt-Lösungsmittelwechselwirkung

Eine Klassierung der Lösungsmittel, entsprechend ihrer Dielektrizitätszahl alleine erweist sich als unzureichend. Sie muß sich vielmehr an deren chemischen Eigenschaften orientieren (Tab. 30). Dabei wird sichtbar, daß Lösungsmittel gleicher oder ähnlicher Dielektrizitätszahl grundlegend verschiedene Eigenschaften in bezug auf die Wechselwirkung der Lösungsmittelmoleküle mit den Ionen der Lösung haben.

Aus den Säure-Basetheorien nach *Brönsted* und *Lewis* ist eine Unterscheidung in amphiprotische (auch: protische, protonische) und aprotische Lösungsmittel gegeben. Bei den aprotischen Lösungsmitteln wird häufig zwischen unpolaren ($\varepsilon < 15$; $\mu < 2$) und dipolaren ($\varepsilon > 15$; $\mu > 2{,}5$) unterschieden [109]. Weitergehende Differenzierungen reichen von der Zusammenfassung der Lösungsmittel entsprechend der Affinität von Lösungsmittel und Ionen zu Unterklassen (Tab. 30) [111] bis zur Tabellierung und Klassierung der einzelnen Lösungsmittel nach ihren Donor- und Akzeptoreigenschaften [110]. Für die folgende Diskussion dient die *Kolthoff*sche Klassierung in Tab. 30 als Grundlage.

Bei der Einordnung der Lösungsmittel in Tab. 30 kann es naturgemäß zu Überschneidungen kommen: a) Phenole verhalten sich wasserähnlich, sind aber wesentlich stärkere Säuren als Wasser und erscheinen deshalb unter Aa und Ab; b) Dimethylsulfoxid erscheint als sehr schwache Säure in Bc, seine Autoprotolysekonstante K^a (pK^a = 33) läßt stabile Na- und Cs-Lyate des Lösungsmittels in Dimethylsulfoxid zu und bedingt die Einordnung auch in Ac.

Die Klassierung der Kationen in d^0-, d^{10}- und d^n-Kationen ist bereits strukturbezogen und wird in der folgenden Diskussion beibehalten. Die Kationen $[R_4N]^+$, $[R_4P]^+$, $[R_3S]^+$ tragen ihre positive Ladung durch Alkyl- oder Arylgruppen abgeschirmt. Sie sind praktisch nicht polarisierbar und werden als inerte Kationen geführt. Kationen vom Typ $[R_{4-n}H_nN]^+$, $[(EtOH)_4N]^+$ und ähnliche sind in der Lage, H-Brücken zu bilden und gelten

---

[100]) *Barthel, J., G. Schwitzgebel* und *R. Wachter*, Z. physik. Chem. N.F. **55**, 33 (1967).

[101]) *Hughes, S. R. C.*, J. chem. Soc. (London) **1957**, 634.

[102]) *Savedoff, L. G.*, J. Amer. chem. Soc. **88**, 664 (1966).

[103]) *Gover, T. A.* und *P. G. Sears*, J. physic. Chem. **60**, 330 (1956).

[104]) *Wikander, G.* und *U. Isacsson*, Z. physik. Chem. N.F. **81**, 57 (1972).

[105]) *Barthel, J., M. Knerr, G. Schwitzgebel* und *R. Wachter*, Z. physik. Chem. N.F. **72**, 222 (1970).

[106]) *Burgess, D. S.* und *C. A. Kraus*, J. Amer. chem. Soc. **70**, 706 (1948).

[107]) *Carvajal, C., K. J. Tölle, J. Smid* und *M. Szwarc*, J. Amer. chem. Soc. **87**, 5548 (1965).

[108]) *Bhattacharyya, D. N., C. L. Lee, J. Smid* und *M. Szwarc*, J. physic. Chem. **69**, 608 (1965).

[109]) *Parker, A. J.*, Quart. Rev. **16**, 163 (1962); *Miller, J.* und *A. J. Parker*, J. Amer. chem. Soc. **83**, 117 (1961); *Parker, A. J.*, Chem. Rev. **69**, 1 (1969).

[110]) *Gutmann, V.*, Coordination Chemistry in Non-Aqueous Solutions (Wien 1968); Chemische Funktionslehre (Wien 1971); Angew. Chem. **82**, 858 (1970); Int. Ed. **9**, 843 (1970); Österr. Chem.-Z. **75**, 1 (1974).

[111]) *Kolthoff, I. M.*, in: *J. C. Marchon*, Non-Aqueous Electrochemistry, S. 305 (London 1971).

Tab. 30. Klassierung der Lösungsmittel nach ihren chemischen Eigenschaften

Unterklasse	Eigenschaften	Beispiele
	A. Amphiprotische Lösungsmittel	
a neutral	wasserähnlich, Säure-Basenstärke der des Wassers vergleichbar, H-Brückenbildner	Wasser (ε = 78, pK[a] = 14,00); Methanol (ε = 34, pK[a] = 16,70) Äthanol (ε = 24, pK[a] = 19,10) und weitere Alkohole Äthylenglykol (ε = 38) und weitere Glykole [Phenole][a]
b protogen	sauer, H-Brückenbildner, sehr unterschiedliche Dielektrizitätszahlen	Eisessig (ε = 6,2, pK[a] = 14,4), Ameisensäure (ε = 59, pK[a] = 6,2) und weitere organische Säuren H_2SO_4 (ε = 110), HF und weitere anorganische Säuren [Phenole][a]
c protophil	basisch, pK[a] ~ 30, zeigen ähnliches Verhalten wie die protophilen aprotischen Lösungsmittel (B.c)	NH_3(fl) (ε = 22 bei −30 °C), Formamid (ε = 110) Äthylendiamin (ε = 13), Amine, [Dimethylsulfoxid (ε = 46,7, pK[a] = 33)][b]
	B. Aprotische Lösungsmittel	
a inert	apolare mit $\varepsilon \approx 2$, dipolare mit $\varepsilon < 10$, solvatisieren Anionen mit lokalisierten Ladungen schlecht	n-Hexan (ε = 1,9), Cyclohexan (ε = 2) und andere Kohlenwasserstoffe, Benzol (ε = 2,2) Halogenderivate der Kohlenwasserstoffe wie Chloroform (ε = 4,7), Tetrachlorkohlenstoff (ε = 2,2), 1,2 Dichloräthan (ε = 10), Dioxan (ε = 2), Tetrahydrofuran (ε = 7,58), Äther
b protophob	pK[a] > 33, solvatisieren Anionen mit lokalisierten Ladungen und anorganische Kationen schlecht	Aceton (ε = 21,2), Methyläthylketon (ε = 18,5), Cyclohexanon (ε = 16) und andere Ketone Acetonitril (ε = 36), Benzonitril (ε = 25,6), Nitromethan (ε = 35,8), Nitrobenzol (ε = 36), Sulfolan (ε = 43,3 bei 30°)
c protophil	solvatisieren Anionen mit lokalisierten Ladungen schlecht, anorganische Kationen hingegen gut	Dimethylformamid (ε = 27), Pyridin (ε = 13,5) [Dimethylsulfoxid][b]

als protische Kationen. Auf die Unterscheidung von „harten“ und „weichen“ Ionen wird bei Kationen verzichtet, bei Anionen ist sie dagegen angebracht.

Die folgende Diskussion hat qualitativen Charakter. Eine tiefere Einsicht in die Wechselwirkungen kann erst, wie in Abschnitt 6.3 dargelegt, die noch ausstehende Untersuchung der ΔG_A^N-Werte aus der Temperaturabhängigkeit der Assoziationskonstanten liefern. Dennoch lassen sich auf Grund der Klassencharakteristiken Konkurrenzen zwischen Solvatation und Assoziation feststellen, die zum Verständnis der für die außerhalb der Ion-Ion-Wechselwirkung liegenden Faktoren der Assoziation beitragen.

a) *Protische Kationen.* Protische Kationen treten entsprechend der Zahl ihrer brückenbindungsfähigen H-Atome mit protophilen Lösungsmitteln (Ac und Bc) in stärkere Wechselwirkung als d^0-Kationen und inerte Kationen, in protophoben Lösungsmitteln (Bb) fehlt diese Möglichkeit. Eine ausgeprägte Wechselwirkung Ion-Lösungsmittel wirkt der Assoziation stets entgegen. Sie kann aber in Konkurrenz mit einer assoziatbegünstigenden Ion-Ion-Wechselwirkung über ein H-Atom des Kations mit dem Anion, die in protophoben Lösungsmitteln deutlich sichtbar wird (vgl. Tab. 29), stehen. Tab. 31 bestätigt diese Überlegungen.

Tab. 31. Vergleich der Assoziationskonstanten protischer, inerter und d^0-Kationen in protophilen und protophoben aprotischen Lösungsmitteln

	$K_A/(\mathrm{mol}^{-1}\,\mathrm{l})$		
	Pyridin [106]) Bc	Aceton Bb	Nitrobenzol [86]) Bb
KPi	$1{,}0 \cdot 10^4$	$0{,}3 \cdot 10^5$ [112])	$1{,}45 \cdot 10^3$
NH_4Pi	$0{,}36 \cdot 10^4$	$0{,}9 \cdot 10^5$ [113])	$6{,}85 \cdot 10^3$
Me_4NPi	$0{,}15 \cdot 10^4$	$0{,}09 \cdot 10^5$ [113])	$0{,}02 \cdot 10^3$

Während in den protophoben Lösungsmitteln die Assoziationskonstante $K_A(NH_4Pi) > K_A(KPi)$ wegen des Überwiegens der Ion-Ion-Wechselwirkungskräfte beobachtet wird, kehrt sich die Reihenfolge im protophilen Lösungsmittel um. Noch deutlicher erscheint der Effekt beim Vergleich von $K_A(NH_4Pi)$ mit $K_A(Me_4NPi)$. In Nitrobenzol besteht zwischen diesen ein Unterschied um den Faktor 200, der in Pyridin bis auf einen Faktor zwei reduziert wird.

b) *Weiche Anionen.* Bei leicht polarisierbaren Anionen, wie I_3^-, Br_3^-, I^-, SCN^- sind Wechselwirkungen mit dipolar aprotischen Lösungsmitteln, also vorwiegend mit Lösungsmitteln der Klassen Bb und Bc zu erwarten. Um die konkurrierenden Wechselwirkungen mit kleinen Kationen auszuschalten, ist es für das Aufzeigen dieses Effektes zweckmäßig, auf Assoziatbildung mit den inerten $[R_4N]^+$-Kationen mit großen Alkylresten zurückzugreifen. Unpolarisierbare Anionen (harte Anionen, in Tab. 30 als Anionen mit lokalisierten Ladungen aufgeführt), wie F^- oder Cl^-, sollten mit dipolar aprotischen Lösungsmitteln weit geringere Wechselwirkungen zeigen als die polarisierbaren. Schließlich sollte die Ionenpaarbildung mit weichen Anionen in amphiprotischen Lösungsmitteln, wo keine nennenswerte Solvatation der Ionen

[112]) *Reynolds, M. B.* und *C. A. Kraus*, J. Amer. chem. Soc. **70**, 1709 (1948).
[113]) *Mc Dowell, M. J.* und *C. A. Kraus*, J. Amer. chem. Soc. **73**, 3293 (1951).

auftritt, gegenüber der in aprotischen Lösungsmitteln begünstigt sein. Tab. 32 enthält eine Gegenüberstellung der Assoziate weicher Anionen in dipolar aprotischen Lösungsmitteln (Bb) und in amphiprotischen Lösungsmitteln (Aa) vergleichbarer DZ. Tab. 32 und 33 ermöglichen den Vergleich von weichen und harten Anionen in Aceton als dipolar aprotischem Lösungsmittel.

Tab. 32. Assoziatbildung weicher Anionen in isodielektrischen amphiprotischen und dipolar aprotischen Lösungsmitteln

Lösungsmittel	ε	Klasse	$K_A/(\mathrm{mol}^{-1}\,\mathrm{l})$	
			Pr_4NI	Bu_4NI
Methanol	32,4	Aa	17[87])	16[87])
Adiponitril	32,6	Bb	0[114])	0[114])
Propanol	20,5	Aa	391[89])	415[89])
Aceton	20,7	Bb	162[86])	143[86])
n-Butanol	17,1	Aa	1160[91])	1180[91])
2-Butanon	18,4	Bb	442[90])	382[90])

Weiterhin liegen Me_4NI_3 und Me_4NI_5 in Nitromethan vollständig dissoziiert vor[115]), ebenso Me_4NBr_3 in Acetonitril[116]), Vergleichswerte in amphiprotischen Lösungsmitteln existieren nicht.

c) *Harte Anionen.* Nicht polarisierbare Anionen treten entgegen den polarisierbaren mit amphiprotischen Lösungsmitteln in Wechselwirkung und sind in aprotischen Lösungsmitteln weniger stark solvatisiert, für Salze dieser Anionen ist die Ionenpaarbildung in den Lösungsmitteln der B-Klasse begünstigt (Tab.33).

Tab. 33. Assoziatbildung harter Anionen in isodielektrischen amphiprotischen und dipolar aprotischen Lösungsmitteln

Lösungsmittel	ε	Klasse	$K_A/(\mathrm{mol}^{-1}\,\mathrm{l})$		
			Me_4NF	Me_4NCl	Bu_4NCl
Methanol	32,4	Aa	...	7[87])	0[87])
Trifluoräthanol	26,7	Aa	...	6[117])	...
Acetonitril	36,0	Bb	...	56[86])	...
Propanol	20,5	Aa	...	456[89])	149[89])
Aceton	20,7	Bb	1140[86])	...	438[113])

[114]) *Sears, P. G., J. A. Caruso* und *A. I. Popov*, J. physic. Chem. **71**, 905 (1967).
[115]) *Walden, P.* und *E. J. Birr*, Z. physik. Chem. **A 163**, 263 (1933).
[116]) *Popov, A. I.* und *N. E. Skelly*, J. Amer. chem. Soc. **76**, 5309 (1954).
[117]) *Evans, D. F., J. A. Nadas* und *M. A. Matesich*, J. physic. Chem. **75**, 1708 (1971).

Einen weiteren Beleg für oben beschriebene Wechselwirkung harter Anionen mit protischen Lösungsmitteln liefert der Vergleich der Assoziationskonstanten von LiCl in protischen und aprotischen Lösungsmitteln (Tab. 34).

Tab. 34. Assoziation von LiCl in amphiprotischen und aprotischen Lösungsmitteln

Lösungsmittel	ε	Klasse	$\frac{K_A}{\text{mol}^{-1}\,\text{l}}$	Zitat
Äthanolamin	37,72	Ac	5,4	[118]
Methanol	32,4	Aa	0	[98]
Propylencarbonat	64,5	Bb	557	[39]
Sulfolan (30°)	43,3	Bb	13860	[20]

d) d^0-*Kationen.* In amphiprotischen Lösungsmitteln nimmt die Solvatation von Li zum Cs ab. Die Ionenpaarbildung wird durch die Ion-Lösungsmittel-wechselwirkung also gerade entgegengesetzt dem Einfluß durch die Ionengröße begünstigt. Ersterer Effekt ist in der Regel der stärkere. Hierzu sind weiterhin zahlreiche Belege in der Literatur der wäßrigen Elektrolytlösungen, z. B.[45]) zu finden, in Abb. 26: Perchlorate und Nitrate in Methanol, Chloride in Äthanol, Thiocyanate und Jodide in Propanol.

Abweichendes Verhalten zeigen die Alkalialkoholate (MOR) in den Alkoholen HOR mit gleichem Anion (Abb. 26). Für die Alkalimethylate in Methanol, die Alkaliäthylate in Äthanol und die Alkalipropylate in Propanol findet man zunächst ein Abfallen der Assoziationskonstante von Li zum K (bzw. Na in Propanol) und dann ein Ansteigen zum Cs. Ursache hierfür ist die Konkurrenz zweier Effekte, die einander überlagert sind, erstens der normale allgemein gefundene Anstieg vom Li zum Cs und zweitens eine Ionenpaarbildung durch die bei gleichem Anion von Salz und Ampholyten mögliche Protolysereaktion, die bei kleinen Anionen begünstigt ist und damit eine Tendenz der Ionenpaarbildung, die der des ersten Effektes entgegengesetzt ist, aufweist[119]). Das gleiche Verhalten sollte bei den Alkaliamiden in NH_3(fl) zu beobachten sein.

In dipolar aprotischen Lösungsmitteln ist keine einheitliche Tendenz der Assoziatbildung von d^0-Kationen zu erwarten. Protophobe (Bb) und protophile (Bc) Lösungsmittel sollten sich bezüglich der Solvatation dieser Kationen unterscheiden. In den protophoben aprotischen Lösungsmitteln beobachtet man in der Regel beim gleichen Salz höhere Assoziationskonstanten als in protophilen aprotischen oder amphiprotischen Lösungsmitteln, häufig auch die Abnahme der Assoziationskonstanten mit steigendem Ionenradius im Sinne der elektrostatischen Theorie. Die günstigsten Bedingungen für eine Assoziatbildung liegen für ein Salz mit kleinem Kation und hartem Anion in

[118]) *Brewster, P. W., F. C. Schmidt* und *W. B. Schaap,* J. Amer. chem. Soc. **81**, 5532 (1959).
[119]) *Barthel, J.*, Angew. Chem. **80**, 253 (1968); Int. Ed. 7, 260 (1968).

protophoben aprotischen (LiCl in Acetonitril oder Sulfolan) und in inerten Lösungsmitteln vor.

e) *Inerte aprotische Lösungsmittel.* Bezüglich der Ion-Lösungsmittel-Wechselwirkung bilden die inerten Lösungsmittel nicht das einheitliche Bild, das ihre Zuordnung zu einer Klasse erwarten läßt. Die Donoreigenschaften der Sauerstoffatome von Äthern z. B. bedingen für diese eine deutliche, meist spezifische Solvatation von Kationen. Ein Beispiel hierfür ist – unabhängig von sterischen Effekten – die Solvatation von Alkalimetallionen durch makrocyclische Polyäther[120]).

In Kohlenwasserstoffen besteht keine Tendenz zur Wechselwirkung zwischen Ion und Lösungsmittel. Die Ionenpaarbildung wird durch die niedrige DZ der Lösungsmittel begünstigt. Bei Konzentrationen von 10^{-6} mol l^{-1} liegen Elektrolyte in Kohlenwasserstoffen praktisch vollständig in Form von Ionenpaaren vor. Die Chlorderivate der Kohlenwasserstoffe können auf Grund ihrer Dipolmomente im Feld der Ionen orientiert werden[38]) und stehen in der Klassierung der Tab. 30 an der Grenze zwischen den Klassen Ba (inert) und Bb (protophob). Die Nitrokohlenwasserstoffe sind wegen ihres höheren Dipolmomentes und ihrer höheren DZ eindeutig in die Klasse der protophoben Lösungsmittel (Bb) einzuordnen.

Inerte Lösungsmittel eignen sich besonders gut, wenn es gilt, unter möglichst weitgehendem Ausschluß von Lösungsmitteleffekten spezifische Kation-Anion-Wechselwirkungen bei der Assoziatbildung zu beurteilen. Die Tab. 35 und 36 enthalten Beispiele solcher Untersuchungen. Tab. 35 zeigt die Wirkung eines Dipols im Kation, Tab. 36 die Bedeutung der Eigenschaften des Ladungszentrums in Oniumsalzen für die Assoziatbildung. Weiterhin sei an den Einsatz inerter Lösungsmittel für die Untersuchung der Ionenpaarrelaxation erinnert.

Tab. 35. Assoziationskonstanten von $(XC_2H_4)(CH_3)_3NPi$ in Äthylenchlorid[121])

X	H	Cl	Br	OH
$\frac{10^{-5} K_A}{\text{mol}^{-1}\,\text{l}}$	0,22	0,80	0,76	1,51

Tab. 36. Assoziationskonstanten von Oniumpikraten in Äthylenchlorid[122])

Kation	Bu_4N^+	Bu_4P^+	Bu_4As^+	Bu_3S^+	Ph_2I^+
$\frac{10^{-4} K_A}{\text{mol}^{-1}\,\text{l}}$	0,44	0,62	0,71	2,22	43,0

[120]) *Pedersen, C. J.* und *H. K. Frensdorff,* Angew. Chem. **84**, 16 (1972).

[121]) *Mead, D. J., J. B. Ramsey, D. A. Rothrock, jr.* und *C. A. Kraus,* J. Amer. chem. Soc. **69**, 528 (1947).

[122]) *Kline, E. R.* und *C. A. Kraus,* J. Amer. chem. Soc. **69**, 814 (1947).

f) *Mischlösungsmittel.* Der Zusatz einer zweiten Lösungsmittelkomponente zu einer gegebenen Elektrolytlösung bedeutet, wenn diese in eine spezifische Wechselwirkung mit einem der Ionen in der Lösung treten kann, ein mehr oder weniger ausgeprägtes Abweichen vom elektrostatischen Verhalten, das sich in einer Funktion $\log K_A = f(1/\varepsilon)$ ausdrücken müßte.

Tetrabutylammoniumpikrat zeigt in Dioxan-p-Nitranilin-Mischungen eine erheblich kleinere Assoziation als in den dieser Mischlösung isodielektrischen Mischungen aus Dioxan mit Wasser, Methanol und Acetonitril[123]). Das Pikratanion bildet mit p-Nitranilin ein Assoziat[124]). In binären Mischungen aus Acetonitril mit Pikrinsäure, p-, m-, o-Nitrophenol und p-Methoxyphenol lagert sich die Phenolkomponente als Phenolat an quartäre Ammoniumionen unter Freisetzen eines Protons an, Br^- wählt zur Solvatation vorzugsweise Phenole aus[125]). Diese Untersuchungen beziehen sich auf Komplexbildung zwischen dem Anion des Elektrolyten und einem elektrophilen Partner. Für die Wechselwirkung zwischen Kation und nucleophilem Partner gibt es ebenfalls Beispiele[126]). Das Kation tertiärer Ammoniumsalze bildet in Chlorbenzol und o-Dichlorbenzol mit zugesetzten Aminen 1:1-Komplexe, deren Stabilität in der Reihenfolge 4-Cyanopyridin < Acetonitril < Tri-n-Butylamin < Pyridin < 4-Methylpyridin steigt. Für Alkalidinitrophenolate in Tetrahydrofuran ergibt sich bei Zusatz von Triphenylphosphinoxid (T) eine Änderung der Assoziationskonstante gemäß[127])

$$(K_A/K_A^{\mathrm{THF}}) = 1 + K_\mathrm{T} c_\mathrm{T}, \qquad [6\text{-}24]$$

wobei K_T die Assoziationskonstante des Kation-Solvatationsprozesses

$$\mathrm{M}^+ + \mathrm{T} \leftrightarrows [\mathrm{M} \cdot \mathrm{T}]^+ \qquad [6\text{-}24\mathrm{a}]$$

und c_T die Ligandenkonzentration bedeutet. Unter Versuchsbedingungen $c_\mathrm{T} \leq 0{,}004\,\mathrm{mol\,l^{-1}}$ erhält man die Ligandenassoziationskonstanten K_T gemäß Tab. 37.

Tab. 37. Ligandenassoziationskonstanten für den Prozeß Gl. [6-24a][127])

Kation	Li^+	Na^+	K^+	Rb^+
$\frac{K_\mathrm{T}}{\mathrm{mol^{-1}\,l}}$	3500	250	87	53

[123]) *D'Aprano, A.* und *R. M. Fuoss,* J. physic. Chem. **67**, 1704 (1963).

[124]) *D'Aprano, A.* und *R. M. Fuoss,* J. physic. Chem. **67**, 1871 (1963).

[125]) *Treiner, C., M. Quintin* und *R. M. Fuoss,* J. chim. physique **63**, 320 (1966).

[126]) *Ralph III, E. K.* und *W. R. Gilkerson,* J. Amer. chem. Soc. **86**, 4783 (1964); *Gilkerson, W. R.* und *J. B. Ezell,* J. Amer. chem. Soc. **87**, 3812 (1965); *Gilkerson, W. R.* und *E. K. Ralph III,* J. Amer. chem. Soc. **87**, 175 (1965).

[127]) *Flora II, H. B.* und *W. R. Gilkerson,* J. physic. Chem. **77**, 1421 (1973).

Kation-Ligandkomplexe werden auch von $AlCl_3$ mit Acetonitril gebildet [128]).

Außer der direkten Einwirkung des Mischlösungsmittels auf die Assoziatbildung des gelösten Elektrolyten durch Assoziatbildung des Kations oder Anions mit einer Lösungsmittelkomponente ist ein weiterer Effekt des Lösungsmittels möglich. Die Moleküle des Mischlösungsmittels selbst können miteinander Assoziate bilden. Diese Molekül-Molekülassoziatbildung konkurriert dann mit der Ion-Molekülassoziatbildung. Erst die mit der jüngsten Entwicklung der Leitfähigkeitstheorie geschaffene Möglichkeit, auch kleine Assoziationskonstanten zuverlässig zu bestimmen, hat die Untersuchung dieser Frage fruchtbar gemacht.

Der Vergleich der Assoziationskonstanten von Tetraäthylammoniumperchlorat in Methanol-Tetrachlorkohlenstoff- und in Methanol-Pyridin-Mischungen [129]) z. B. zeigt ein Ergebnis, das weder mit veränderter Dielektrizitätszahl des Lösungsmittels noch mit Ion-Lösungsmittelwechselwirkung vereinbar ist. Während in Methanol-Tetrachlorkohlenstoffmischungen die Assoziationskonstante des Salzes mit wachsendem Gehalt an inerter Komponente stetig ansteigt, ergibt sich in Methanol-Pyridinmischungen ein Minimum der Assoziationskonstante. Die der Wechselwirkung Kation-Lösungsmittel konkurrierende Molekül-Molekülwechselwirkung ist aus spektroskopischen Messungen als H-Brückenbindung zwischen Methanol und Pyridin bekannt [130]).

Unter weiteren Arbeiten zu diesem Problemkreis bietet die Untersuchung der Assoziation von $KClO_4$ in Wasser-Sulfolanmischungen [131]) Hinweise auf die Abhängigkeit der Assoziationskonstante von der Struktur des Wassers. Die großen Kluster des reinen Lösungsmittels erlauben noch eine geringe Assoziation des Salzes in reinem Wasser. Sulfolanzusatz zerstört die Kluster und erleichtert dadurch die Solvatation der Ionen, was sich im Absinken der Assoziationskonstante auf den Wert Null ausdrückt (Abb. 28), danach folgt Wiederanstieg der Assoziationskonstante bis zum Wert in reinem Sulfolan. Parallel zum Gang der Assoziationskonstante wird im Gemisch der reinen Lösungsmittel das Durchlaufen eines Minimums für das molare Exzessvolumen beobachtet.

Auch in Methanol-Sulfolanmischungen [132]) beobachtet man im Bereich $30 < \varepsilon < 40$ analog zu Abb. 28 ein Minimum in einer Darstellung $\log K_A = f(1/\varepsilon)$, während sich für die Mischungen der aprotischen Lösungsmittel Acetonitril/Sulfolan und Acetonitril/Benzol im gleichen Bereich der Dielektrizitätszahl keine Anomalien ergeben, die auf Veränderungen der Lösungsmittelstruktur hinweisen.

---

[128]) *Libuš, W.* und *D. Puchalska*, J. physic. Chem. **71**, 3549 (1967).

[129]) *Conti, F., P. Delogu* und *G. Pistoia*, J. physic. Chem. **72**, 1396 (1968).

[130]) *Becker, E. D.*, Spectrochimica Acta **17**, 436 (1961).

[131]) *D'Aprano, A., I. D. Donato* und *R. Palombo*, J. physic. Chem. **76**, 2923 (1972).

[132]) *D'Aprano, A.* und *I. D. Donato*, J.C.S. Faraday **69**/I, 1685 (1973).

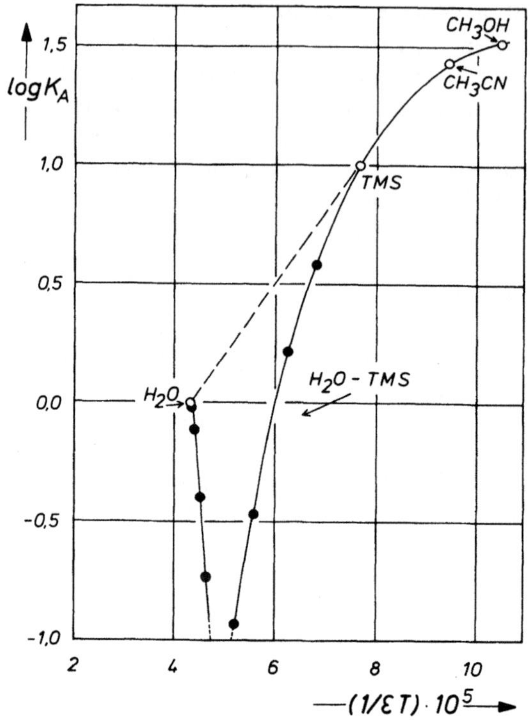

Abb. 28. Assoziation von $KClO_4$ in reinen Lösungsmitteln und in Wasser-Sulfolanmischungen: $\log K_A = f(1/\varepsilon T)$[131]).

6.6. Ionenassoziate mit mehr als zwei Ionen

Aus nahezu allen vorangehend diskutierten Gebieten der Elektrolytlösungseigenschaften liegen Befunde vor, die auf die Existenz von Ionenassoziaten mit mehr als zwei Ionen hinweisen. Assoziate dieser Art treten in Lösungsmitteln niedriger Dielektrizitätszahl fast immer mit wahrnehmbaren Konzentrationen auf.

Fuoss und *Kraus*[133]) (vgl. auch [1, 16])) haben die Assoziation zu Ionentripeln

$$[K^+A^-]^0 + K^+ \overset{K_3^{(+)}}{\rightleftarrows} [K^+A^-K^+]^+ \qquad [6\text{-}25\,a]$$

$$A^- + [K^+A^-]^0 \overset{K_3^{(-)}}{\rightleftarrows} [A^-K^+A^-]^- \qquad [6\text{-}25\,b]$$

in Analogie zur *Bjerrum*schen Behandlung der Ionenpaarassoziation als elektrostatisches Problem behandelt. Mit dem Ansatz

$$w_{(ji)j} = \rho_j e^{-U_{(ji)}/kT} \, dV_1 \, dV_2 \qquad [6\text{-}26]$$

---

[133]) *Fuoss, R. M.* und *C. A. Kraus*, J. Amer. chem. Soc. **55**, 2387 (1933).

für die Wahrscheinlichkeit $w_{(ji)j}$, in einem Elementarvolumen dV_2 (vgl. Abb. 1) ein Ion X_j anzutreffen, wenn sich gleichzeitig in dV_1 ein Ionenpaar $[X_i X_j]^0$ aufhält, ergibt sich für den Konzentrationsbereich der ideal verdünnten Lösung ein Ausdruck [133] (vgl. auch [140])

$$K_3^{id} = \frac{2\pi \rho a_3^3}{c} I(b_3) \qquad [6\text{-}27]$$

mit tabellierter Funktion $I(b_3)$ [133]. Die Größe

$$b_3 = \frac{e_0^2}{4\pi \epsilon_0 \varepsilon k T a_3} \qquad [6\text{-}28]$$

in [6-28] entspricht dem Parameter b der *Bjerrum*schen Ionenpaarassoziationskonstante, a_3 entspricht der unteren Integralgrenze a_K^B dieser Theorie (vgl. 6.2).

Der experimentelle Nachweis von Ionentripeln ist wiederholt mit Leitfähigkeitsmessungen erbracht worden [133-140]. Bei sehr kleinen Konzentrationen an freien Ionen K^+ und A^- gilt für Elektrolytlösungen mit Ionenpaar- und Ionentripelbildung die Leitfähigkeitsfunktion [133, 140] (vgl. auch [119])

$$\Lambda = \Lambda^\infty K_A^{-1/2} c^{-1/2} + \Lambda_3^\infty K_3 K_A^{-1/2} c^{1/2} . \qquad [6\text{-}29]$$

In Gl. [6-29] ist Λ^∞ die Grenzleitfähigkeit des Elektrolyten K^+A^-, Λ_3^∞ die eines Elektrolyten $(K^+A^-K^+)^+(A^-K^+A^-)^-$ und $K_3 = K_3^{(+)} = K_3^{(-)}$. Diese Funktion besitzt ein Minimum, aus dessen Lage K_3 bestimmbar ist. Die Behandlung des Problems findet Stützung und Erweiterung durch die Untersuchung der Temperaturabhängigkeit des Ausdrucks [6-29] [140]. Tab. 38 enthält eine Auswahl von Daten zur Ionentripelbildung. Alle Gleichgewichtskonstanten entstammen der Auswertung von Leitfähigkeitsmessungen; K_A ist die Konstante der Ionenpaarbildung.

Das elektrostatische Modell (Gl. [6-27]) setzt der Ionentripelbildung mit steigender Dielektrizitätszahl eine Grenze. Abb. 29 gibt die experimentell ermittelten Gleichgewichtskonstanten K_3 von i-Am_4NNO_3 in dioxanreichen Dioxan-Wassermischungen wieder (vgl. auch Tab. 37). Die Meßwerte und die gemäß Gl. [6-27] mit $a_3 = 9$ Å an die Meßwerte angepaßte Kurve stimmen gut überein. Der Kurvenverlauf mit $K_3 \to 0$ bei $\varepsilon \to 23{,}2$ zeigt, daß das zugrundeliegende Modell oberhalb dieser DZ keine Tripelassoziation zuläßt.

---

[134]) *Kraus, C. A.* und *R. M. Fuoss*, J. Amer. chem. Soc. **55**, 21 (1933).
[135]) *Fuoss, R. M.* und *C. A. Kraus*, J. Amer. chem. Soc. **55**, 3614 (1933).
[136]) *Beard, J. H.* und *P. H. Plesch*, J. chem. Soc. (London) **1964**, 4075.
[137]) *Strohmeier, W.*, *F. Seifert* und *H. Landsfeld*, Z. Elektrochem. **66**, 312 (1962).
[138]) *Bearcroft, D. J.* und *N. H. Nachtrieb*, J. physic. Chem. **71**, 316 (1967).
[139]) *Little, R. C.* und *C. R. Singleterry*, J. physic. Chem. **68**, 2709 (1964).
[140]) *Fuoss, R. M.*, J. Amer. chem. Soc. **56**, 1857 (1934); *Bien, G. S.*, *C. A. Kraus* und *R. M. Fuoss*, J. Amer. chem. Soc. **56**, 1860 (1934).

Tab. 38. Bildung von Ionentripeln in Lösungsmitteln niedriger Dielektrizitätszahl

Lösungsmittel	Elektrolyt	Temp.	ε	$K_A/(\text{mol}^{-1}\,\text{l})$	$K_3/(\text{mol}^{-1}\,\text{l})$	Zitat
Benzol	i-Am_4NPi	25 °C	2,2	$0{,}11 \cdot 10^{18}$	$7{,}1 \cdot 10^4$	[135]
	i-Am_3NHPi	25 °C	2,2	$400 \cdot 10^{18}$	$0{,}3 \cdot 10^4$	
	i-Am_4NSCN	25 °C	2,2	$0{,}18 \cdot 10^{18}$	$14 \cdot 10^4$	
Anisol	n-Bu_4NNO_3	95 °C	...	$0{,}4 \cdot 10^{10}$	$8{,}7 \cdot 10^2$	[140]
		25 °C	4,3	$1{,}1 \cdot 10^{10}$	$14 \cdot 10^2$	
		−33 °C	...	$4{,}8 \cdot 10^{10}$	$22 \cdot 10^2$	
Dioxan-Wasser	i-Am_4NNO_3	25 °C				[133]
mit 0,60% H_2O			2,38	...	$48 \cdot 10^3$	
4,01% H_2O			3,48	...	$1{,}0 \cdot 10^3$	
9,50% H_2O			5,84	...	$0{,}1 \cdot 10^3$	

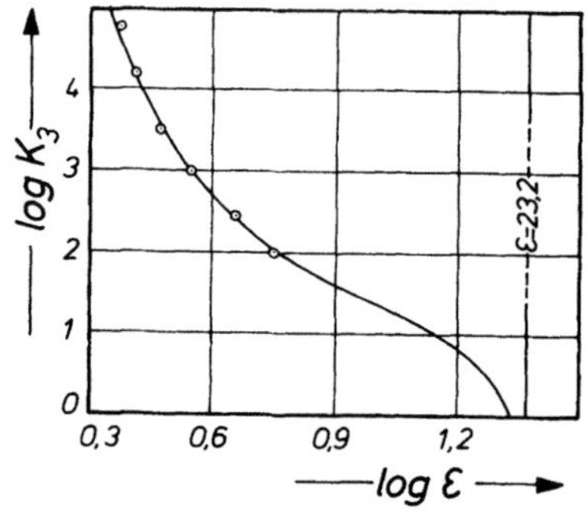

Abb. 29. Assoziation von i-Am_4NNO_3 in Dioxan-Wassermischungen (25 °C) zu Ionentripeln[133]. ○: Meßpunkte (Leitfähigkeitsmessungen), ausgezogene Linie: Berechnet mit $a_3 = 9$ Å (Radius des Ionentripels).

Mit steigender Konzentration des Elektrolyten bleibt die Ionenassoziation jedoch nicht auf der Stufe der Tripelbildung stehen. *Fuoss* und *Kraus*[141]) haben diese Vorstellung für den Assoziationsprozeß von Ionenpaaren zu Ionenquadrupeln weitergeführt und ebenfalls einen Ausdruck für die Quadrupelassoziationskonstante angegeben. In Lösungsmitteln mit $\varepsilon \approx 2$ ist darüber hinaus eine Vielzahl von stabilen Konfigurationen rechenbar und wird auch beobachtet[142]). Tetraisoamylammoniumthiocyanat z. B. liegt bei Konzentrationen unterhalb 10^{-6} mol in Benzol vorwiegend in Form von Ionenpaaren vor. Seiner Assoziationskonstante ($K_2 = 18 \cdot 10^{16}$) entsprechend, sind in 10^{-6} mol l^{-1} Lösung nur zwei Teile von 10^6 des Elektrolyten freie Ionen. Das Leitfähigkeitsminimum, das Ionentripelbildung anzeigt, liegt bei der Konzentration $1{,}4 \cdot 10^{-5}$ mol l^{-1}. Bereits in $4 \cdot 10^{-5}$ molaren Lösungen erscheint Qua-

[141]) *Fuoss, R. M.*, J. Amer. chem. Soc. **56**, 1027 (1934); *Fuoss, R. M.* und *C. A. Kraus*, J. Amer. chem. Soc. **57**, 1 (1935).

[142]) *Kraus, C. A.*, J. physic. Chem. **58**, 673 (1954).

drupelwirkung in den Polarisationseffekten[143]). Das Molekulargewicht einer $1{,}7 \cdot 10^{-3}$ molaren Lösung entspricht 4,35 Formeleinheiten des Elektrolyten[144]). Diese „Assoziationszahl[142])" steigt bis zum Wert von 26 in 0,14 molarer Lösung an und fällt mit weiterer Steigerung der Konzentration rasch ab. Die Konzentrationsabhängigkeit der Elektrolytleitfähigkeit zeigt, daß unter den Assoziaten ladungstragende und elektrisch neutrale Aggregate auftreten, unter den ladungstragenden mit hohen Assoziationszahlen wahrscheinlich solche mit mehr als einer Elementarladung.

Kraus[145]) zieht aus den Untersuchungen einer Reihe von nichtwäßrigen Lösungen, die über große Konzentrations- und z.T. auch Temperaturbereiche mit verschiedenen Methoden vermessen worden sind, den Schluß: „Für jedes Salz und in jedem Lösungsmittel, dessen Dielektrizitätszahl im Bereich niedriger Salzkonzentrationen Assoziation des Elektrolyten zuläßt, existiert eine kritische Salzkonzentration, bei der die Assoziationszahl durch ein Maximum läuft." Die *Kraus*sche Beobachtung ist von der Thermodynamik der Mischungen her verständlich. Denkt man sich im binären Gemisch Lösungsmittel/Elektrolyt die chemischen Potentiale mit Bezug auf die reinen Phasen der beiden Komponenten normiert, so fordern die Bezugspotentiale für die reinen Komponenten gleiche Temperatur, gleichen Druck und gleichen Aggregatzustand wie in der Mischung. Es wird also mit dem Molenbruch $x_{\text{Elektrolyt}} \to 1$ nicht der Ionengitterkristall aufgebaut, was die fortschreitende Bildung immer höherer Assoziate verlangen würde, sondern die Salzschmelze erreicht, in der der Elektrolyt dissoziiert vorliegt.

---

143) *Geddes, J. A.* und *C. A. Kraus*, Trans. Faraday Soc. **32**, 585 (1936).
144) *Batson, F. M.* und *C. A. Kraus*, J. Amer. chem. Soc. **56**, 2017 (1934).
145) *Kraus, C. A.*, J. physic. Chem. **60**, 129 (1956).

Sachverzeichnis

Abkürzungen: LM = Lösungsmittel; MLM = Mischlösungsmittel, Lösungsmittelgemisch.

Anmerkung: Kursive Seitenzahlen enthalten Angaben (z. B. physikalische Daten) über das Lösungsmittel.

a, Parameter
der Aktivitätskoeffizienten 10, 11, 51–61, 132
der Diffusionsgleichungen 72, 73
der Ionenpaarassoziation 55–60, 63, 127–132, 135–137, 141
der Ionentripelassoziation 155
der Leitfähigkeitsgleichungen 38, 39, 40, 42, 44–61, 63, 64, 65, 132
des Zwischenkomplexmodells 120, 121
Aceton (LM) 5, 29, 95, *99*, *100*, 102, 103, 143, 144, 145, *147*, 148, 149
in MLM 56, 140, 141
Acetonitril (LM) 29, 53, 57, 75, 76, 78, 124, 139, 143, 144, 145, *147*, 149, 151, 152, 153, 154
in MLM 140, 141, 152, 153, 154
Acetophenon (LM) 144
Adiabatische Kompressibilität 37
Adiponitril (LM) 149
Aktivierungsenergie
chemischer Reaktionen 113, 119–122
der Ionenleitfähigkeit 75
des Relaxationsprozesses 89
Aktivität 2, 3, 10, 14, 15, 16, 27–30, 142
Aktivitätskoeffizient,
Abhängigkeit vom chemischen Bezugspotential 2, 3, 4
Abhängigkeit vom Dissoziationsgrad 5, 6, 11
Abhängigkeit vom Konzentrationsmaß 2, 3, 4, 5
Begründung in der Elektrolyttheorie 8–12, 43, 49–55, 132
Bestimmungsmethoden 27–30
s. auch: a, Parameter; Aktivität; Assoziationskonstante, Verknüpfung mit; Grenzgesetz; Mediumaktivitätskoeffizient; Temperaturabhängigkeit
Alkali-
-alkoholate 112, 113, 115
-amide 150
-äthylate 119, 121, 144, 150
-chloride 144, 150
-fluoride 17
-halogenide 4, 14, 17, 18, 29, 30, 106, 117, 122, 123, 125, 138, 140
-hydroxide 35
-isopropylate 144
-jodide 141, 144, 150
-metallionen 24, 129, 151
-methylate 35, 144, 150
-nitrate 144, 150
-nitrophenolate 152
-perchlorate 139, 141, 144, 150
-pikrate 144
-propylate 121, 144, 150
-salze 53, 142, 144
-tetraphenylborate 144
-thiocyanate 144, 150
Alkohole 24
Alkohole (LM) 29, *147*
Aluminiumchlorid 153
Amalgamelektrode 28
Ameisensäure (LM) 25, 29, *147*
Amine (LM) *147*
in MLM 152
Ammoniak (LM) 29, *33*, 106, 145, *147*, 150
Ammonium-
-bromid 36
-chlorid 36
-ion 37, 77, 78, 152
-nitrat 36
-pikrat 139, 148
-salze 152
Amphiprotische Lösungsmittel 24, 25, 26, 146, 147, 148, 149, 150
neutrale 147, 149, 150
protogene 147
protophile 147, 150
Anionen,
harte 147, 148, 149, 150
weiche 26, 147, 148, 149
Anisol (LM) 156
in MLM 140
Anorganische Säuren (LM) *147*
Aprotische Lösungsmittel 24, 25, 26, 146, 147, 148, 149, 150, 151

Aprotische Lösungsmittel
inerte 147, 151
protophile 147, 148, 150
protophobe 147, 148, 149, 150, 151
Äquivalentleitfähigkeit, s. Leitfähigkeitsgleichung
Assoziatbildung, s. Ionenassoziation
Assoziationsgrenze
der Ionenpaarbildung 124, 138, 139
der Ionentripelbildung 155
Assoziationskonstante (Ionenpaar-)
als Gleichgewichtskonstante 5, 6, 115, 126, 127, 131, 133–137, 142
nach *Bjerrum* 11, 63, 64, 127–129, 132, 141
nach *Falkenhagen* und *Ebeling* 131, 132
nach *Fuoss* 64, 131, 132, 141
nach *Prue* 130, 131, 132
s. auch: a, Parameter
Assoziationskonstante (Ionentripel-) 154–156
s. auch: a, Parameter
Assoziationskonstante (Ion-Molekül-) 152
Assoziationskonstante, Verknüpfung mit
Aktivitätskoeffizient 5, 6, 11, 43, 49–64
Äquivalentleitfähigkeit 39, 41, 43, 49–64
Dielektrischer Relaxation 95, 99–107
Diffusionskoeffizient 72
*Gibbs*scher Lösungsenergie 29
Lösungsenthalpie 20
Molarer Wärmekapazität 25
Molvolumen 35
Reaktivität von Elektrolyten 112–123
Selbstdiffusionskoeffizient 73
Solvatation 126, 133–137, 142, 146–154
Assoziationszahl 157
Äthanol (LM) 25, 26, 32, *33*, 37, 58, 62, 66, 75, 77, 91, *92*, *93*, 94, 95, 114, 115, 116, 117, 118, 119, 139, 143, 144, 145, *147*, 150
in MLM 58, 117, 138, 140, 141, 142
Äthanolamin (LM) 150
Äther (LM) *147*, 151
Äthyl-*o*-carbäthoxyphenoxyacetat, Umsetzung mit Alkaliäthylaten 119
Äthylenchlorid (LM), s. 1,2-Dichloräthan
Äthylendiamin (LM) 35, 139, 144, *147*
Äthylenglykol (LM) *147*
Autoprotolyse-
-konstante 146
-reaktion 125

b, Parameter (*Bjerrum*), Definition 63, 128
Bariumion, 37
Benzoation 77
Benzol (LM) *99*, 100, 102, 104, 105, 132, *147*, 156
in MLM 58, *98*, 106, 117, 140, 142, 153
m-Benzoldisulfonate 140
Benzolsulfonation 77, 78
Benzonitril (LM) 139, *147*
Blausäure (LM) 138
Bromidion 23, 32, 37, 77, 78, 139, 152
Butanol (LM) 143, 145, 149
in MLM 58
2-Butanon (LM) 143, 144, *147*, 149
Butylammoniumpikrate 139

Cadmium-
-chlorid 30
-ion 129
Caesium-
-alkoholate 112
-äthylat 66, 114, 115, 116
-bromid 21, 32, 36, 56, 73, 75, 140, 141
-chlorid 21, 28, 29, 32, 36, 60, 138, 140
-fluorid 21
-halogenide 98
-ion 23, 32, 37, 77, 78, 150
-jodid 21, 32, 36
-methylat 36, 114, 116
-nitrat 36
-perchlorat 22, 124, 140, 141
-propylat 58, 114–119, 122, 133, 135, 136, 137
-tetraphenylborat 22
Calcium-
-chromat 138
-ion 37
-salze 139
Carbonsäuren 4
Carbonsäurephenylester 117
Chemisches Potential 1–6, 13, 14, 16, 27, 28, 126, 157
Chlorbenzol (LM) 152
Chloridion 23, 32, 37, 77, 78, 139, 148
Chlorkohlenwasserstoffe (LM) 151
Chloroform (LM) *101*, 102, *147*
Chlorwasserstoffsäure 32
Cobaltocen/Cobaltocinium Redoxpaar 20
trans-Crotylchlorid 115
Cyanidion 139
Cyclohexan (LM) *147*
in MLM 57, 117, 140

Desolvatatisierungsenergie 137
Diäthylketon (LM), s. 3-Pentanon
Diazoessigsäure-äthylester 119
Dibutylammoniumpikrat 139
Dibutyl-dimethylammoniumjodid 59, 134, 135, 136, 137
1,1-Dichloräthan (LM) *99*, *100*

1,2-Dichloräthan (LM) *99*, *100*, 102, 103, 143, *147*, 151
1,1-Dichloräthylen (LM) *101*, 102
o-Dichlorbenzol (LM) 143, 152
Dichlormethan (LM) *101*
Dielektrische Relaxation,
  Dispersions- und Absorptionsverfahren 85
  Sprung- und Impulsverfahren 84
Dielektrische Verschiebung 9, 81
Dielektrizitätszahl (DZ des isotropen Mediums),
  Definition der 8, 9, 12, 81
  Konzentrationsabhängigkeit der 10, 91, 97, 98
  Ortsabhängigkeit der 12, 17, 120, 130
Dielektrizitätszahl (mit besonderer Bedeutung) als
  DZ bei optischen Frequenzen 82, 83, 84, 97, 98, 103
  Hochfrequenz-DZ eines Relaxationsgebietes 80, 85–89, 93, 94, 97, 100, 101, 103, 104, 105, 106, 108
  Komplexe DZ 83, 85–89, 104
  Niederfrequenz-DZ eines Relaxationsgebietes 80, 85–89, 90–98, 100–106, 108
Diffusion 73
Diffusionskoeffizient 72
  von Elektrolyten 72
  von Ionenpaaren 73
  Grenzwert des 72
Diffusionsspannung 27, 29, 30
Dimethoxyäthan (LM) 144
N,N-Dimethylacetamid (LM) 26
N,N-Dimethylformamid (LM) 17, 21, 22, 23, 24, 25, 26, 27, 29, 32, *33*, 37, 57, 68, 77, *93*, 96, *98*, 139, *147*
  in MLM *98*
Dimethylsulfoxid (LM) 21, 22, 23, 24, 26, 37, 78, *94*, 96, 97, 107, 146, *147*
2,4-Dinitrochlorbenzol 119
Dioxan (LM) *101*, *147*
  in MLM 30, 56, 73, 75, *98*, 129, 138, 140, 152, 155, 156
Diphenyljodoniumpikrat 151
Dipolar aprotische Lösungsmittel 146, 148, 149, 156
  s. auch: Aprotische Lösungsmittel
Dipol-Ionwechselwirkung 18
  s. auch: Solvatation
Dipolmoment 81–83, 85
  von Ionenpaaren 99, 102, 103
  von Molekülen (LM) 33, 146
Dispersionsamplitude 103
Dispersionskräfte 18, 129, 135
  s. auch: Solvatation
Dissoziation 3, 5, 6, 112
Dissoziationsgrad, 11, 39, 63, 73, 115, 127
Dissoziationskonstante 5, 30
d^0-Kation 35, 129, 138, 139, 140, 146, 148, 150
d^{10}-Kation 129, 139, 146
d^n-Kation 125, 129
DMA, s. N,N-Dimethylacetamid (LM)
DMF, s. N,N-Dimethylformamid (LM)
DMSO, s. Dimethylsulfoxid (LM)
Dual hypothesis 112, 117
DZ, s. Dielektrizitätszahl

Echter Elektrolyt, s. Ionophorer Elektrolyt
Effektiver Radius 17
Eigenvolumen des Ions 35
Einstein-Beziehung 47
Einzelionenleitfähigkeit, s. Ionenleitfähigkeit
Eisen(II)ion 129
Eisessig (LM) 125, *147*
Elektrische Feldkonstante, Vorwort, 8, 81
Elektrische Feldstärke 9, 75, 81
Elektrische Polarisation, s. Polarisation
Elektromagnetische Energie,
  Absorption im Dielektrikum 83, 84
Elektrostriktion 35
Erdalkali-
  -halogenide 29, 125
  -metallionen 129
  -metallsalze 138
Essigsäure,
  potentieller Elektrolyt 5
  Umsetzung von Diazoessigsäure-äthylester mit 119
Essigsäureäthylester 112
Essigsäureäthylester (LM) 90, 104
Essigsäurephenylester,
  Umesterung von 112, 114, 115, 122

FA, s. Formamid (LM)
Ferrocen/Ferrocinium Redoxpaar 19
Fluoridion 32, 37, 148
Fluorwasserstoff (LM) *147*
Formamid (LM) 21, 22, 25, 26, 32, *33*, 35, 36, 37, 77, *93*, 96, 97, 98, 138, 139, *147*
  in MLM 138, 140
Formiation 77

g, Parameter (*Kirkwood*) 83, 93, 98
Galvanische Zellen 26, 28, 29, 30, 31
Geschwindigkeitsfeld 47
Geschwindigkeitskonstante,
  Definitionen 110, 112, 113
  von Ionen und Ionenassoziatreaktionen 115–119

Geschwindigkeitskonstante
Konzentrationsabhängigkeit der 114, 115, 116, 118
Modellberechnung der 119–123
*Gibbs-Duhem*gleichung 1, 10
Gitterenergie 14, 15, 20, 21, 22
Gleitreibung, s. Ionenbewegung
Glycerin in MLM 64
Glykole (LM) *147*
Grenzgesetz
des Aktivitätskoeffizienten 9, 11, 25, 28, 43, 50, 51
der Äquivalentleitfähigkeit 38, 41–44, 49, 50, 61, 62
des Diffusionskoeffizienten 72
des scheinbaren Molvolumens 34
des Selbstdiffusionskoeffizienten 73
der Überführungszahl 74

Haftreibung, s. Ionenbewegung
Halogenide,
Assoziation der 142, 145
Halogenwasserstoffe (LM) *147*
Halogenwasserstoffsäuren 29
Hexafluorphosphation 77, 78
Hexamethylphosphorsäuretriamid (LM) *94*, 96
Hexan (LM) *147*
Hydrazin (LM) 29
Hydrodynamisches Kontinuum 39

Induktionskräfte 18, 135
s. auch: Solvatation
Interdiffusion 72
Ionale Konzentration 9, 11
Ionenabstandsparameter, s. a, Parameter
Ionenassoziat 5, 102, 110–119, 125, 129, 135, 139, 142, 149, 150
höheres 100, 102, 111, 154–157
s. auch: Assoziationskonstante
Ionenassoziation 11, 29, 63, 90, 92, 95, 96, 124–157
Ionenbeweglichkeit 36, 75
Ionenbewegung
unter Gleitreibungsbedingungen 79, 80
unter Haftreibungsbedingungen 76, 79, 80
mittels Sprungmechanismen 75, 76, 80
Ionengas 7, 9
Ionengitterkristall 4, 14, 135
Ionenleitfähigkeit,
Definition der 74
Grenzwert der 19, 41, 42, 74–80
Temperaturabhängigkeit der 76
Ionenleitfähigkeitsmodell,
hydrodynamisches 75–80
kinetisches 75, 76, 80

Ionenpaar 6, 11, 20, 25, 35, 63, 90, 99–104, 106, 107, 111, 112, 113, 119–122, 125, 126–154, 155
s. auch: a, Parameter; Assoziationskonstante (Ionenpaar-); Assoziationskonstante, Verknüpfung mit;
Ionenpaarbildung, s. Ionenassoziation
Ionenpaarverteilungsfunktion, s. Paarverteilungsfunktion
Ionenquadrupel 156, 157
Ionenstärke 9
Ionentripel 154, 155, 156
s. auch: a, Parameter; Assoziationskonstante (Ionentripel-);
Ionogener Elektrolyt 4, 5, 39, 124, 125
Ionophorer Elektrolyt 4, 39, 112, 124, 132
Isopropanol (LM) 59, 61, 62, 144

Jodidion 23, 32, 37, 76, 77, 78, 139, 148

κ, Parameter (*Debye*), Definition 9
Kalium-
-alkoholate 61, 112
-äthylat 58, 62, 114–119, 140, 142
-bromid 21, 23, 32, 36, 60
-chlorat 140
-chlorid 21, 23, 28, 29, 32, 36, 58, 60, 71, 138, 140
-fluorid 21
-halogenide 98, 145
-hexafluorphosphat 56
-hydroxid 36
-ion 23, 32, 37, 76, 77, 78
-isopropylat 61, 62
-jodid 21, 32, 36, 60, 139
-methylat 36, 57, 61, 62, 67, 114, 116, 140
-methylcarbonat 67
-nitrat 36, 93
-perchlorat 22, 124, 140, 153, 154
-phenolat 117, 118
-pikrat 57, 148
-propylat 58, 62, 114, 115, 116
-tetraphenylborat 22
-thiocyanat 32, 133, 134, 135, 136, 137
Kastenpotential 64
Kationen 36, 146, 147
s. auch: d^0-, d^{10}-, d^n-Kationen; inerte Kationen; protische Kationen
Kation-Ligandkomplexe 153
Kernresonanzuntersuchungen 91
Ketone (LM) *147*
s. auch: Aceton; 2-Butanon; 3-Pentanon
Kinetischer Salzeffekt,
anomaler 111
ionenspezifischer 91, 111

Kinetischer Salzeffekt
primärer 110, 111, 123
spezieller 111
*Kirkwood*scher g-Parameter, s. g, Parameter
Klathrathydrate 25
Koeffizienten der Leitfähigkeitsgleichung, Zahlenwerte der 47
s. auch: Leitfähigkeitsgleichung
Kohlendioxid 67
Kohlenwasserstoffe (LM) *147*, 151
Kontaktpaare, s. Ionenpaare
Kontinuitätsgleichung 39, 72
Korrelationsparameter, s. g, Parameter
*Kramers-Kronig*relation 108
Kristallographischer Radius 17
Kupfer(I)-
-ion 129
-perchlorat 139

Lanthan-
-hexacyanoferrat 125, 139, 140
-hexacyanokobaltat 139
-ion 129
Leitfähigkeits-
-anteil der komplexen DZ 90, 104, 107, 109
-daten, Auswertung von 42–44, 51–55, 65, 66
-diagramme 61, 62
-erniedrigung 64
Leitfähigkeitsgleichung,
E-Koeffizient der 45–47, 49, 63, 64, 65, 66, 75
Elektrophoretischer Term der 38, 39, 42, 48, 74
Formen der 38–50, 63, 64
J_1-Koeffizient der 44–47, 49–61, 64, 65, 66, 75
J_2-Koeffizient der 44–46, 48, 50–61, 66, 75
Parameter der 38, 39
s. auch: a, Parameter
Randbedingungen der 40, 48, 55
Relaxationsterm der 38, 39, 41, 48, 74
S-Koeffizient der 42, 45–47, 75
Viskositätskorrektur der 47
Leitfähigkeits-
-meßanordnungen 66–71
-theorien 38–40, 44–49, 63, 64
Lithium-
-alkoholate 112
-äthylat 114–119
-bromid 21, 32, 36
-chlorat 140
-chlorid 21, 28, 29, 32, 36, 58, 60, 93, 94, 150, 151
-fluorid 21
-halogenide 98, 145
-hydroxid 36
-ion 23, 24, 32, 37, 77, 78, 150
-jodid 21, 32, 91, 92, 94
-methylat 36, 114, 115, 116
-nitrat 93, 94, 95, 96, 97, 139
-perchlorat 22, 56, 57, 93, 98, 104, 106, 107, 124
-phenolat 117, 118
-tetraphenylborat 22
Löslichkeitsmessung 25
Lösungsenergie, *Gibbs*sche 14, 15, 25, 31
Lösungsenthalpie 14, 20, 21, 22, 24, 25, 31
Lösungsentropie 14, 31
Lösungsmittel 12, 17, 30, 66, 67, *146*, *147*
Lösungsprozeß 13
Lösungswärmekapazität 24, 25, 26, 27
Lyation 125
Lyoniumion 126

Magnesium-
-ion 37
-oxalat 138
-perchlorat 93, 94
-sulfat 138, 140
Mangan-
-(II)ion 129
-sulfat 56
Mannit in MLM 64
*Maxwell*beziehung 84
Mediumaktivitätskoeffizient 15, 16, 19, 20, 30, 31
Methanol (LM) 21, 22, 23, 24, 25, 27, 29, 32, *33*, 35, 36, 37, 54, 57, 61, 62, 67, 68, 77, 91, 92, *93*, *94*, 96, 107, 114, 115, 116, 117, 124, 140, 143, 144, 145, *147*, 149, 150, 154
in MLM 30, 56, 57, 58, 117, 140, 152, 153, 154
p-Methoxyphenol in MLM 152
N-Methylacetamid (LM) 21, 25, 35, 78, 140
Methyläthylketon (LM), s. 2-Butanon
Methylenchlorid (LM), s. Dichlormethan
N-Methylformamid (LM) 21, 25, 27, 28, 29, 32, *33*, 77, *93*, *95*, 96, 97, 98
N-Methylpropionamid (LM) 35, 36, 138
Mittlere Aktivität, Definition 3
Mittlere Molalität, Definition 4
Mittlere Molarität, Definition 4
Mittlerer Aktivitätskoeffizient, Definition 3, 5, 6
Mittlerer Molenbruch, Definition 3, 5
Moleküldissoziation 124, 125
s. auch: Dissoziation
Molpolarisation 82, 85
Dispersion der 85

Molpolarisation
Relaxationszeit der, s. Relaxationszeit
Molvolumen 135
s. auch: Partielles Molvolumen
Molwärme, scheinbare 25
Multipolkräfte 18

Natrium-
-alkoholate 112
-äthylat 117, 118, 119
-bromid 21, 23, 28, 29, 32
-chlorid 3, 5, 21, 23, 28, 29, 32, 36, 58, 67, 68, 73, 75
-fluorid 21, 32
-halogenide 98
-hydroxid 36
-ion 23, 32, 37, 77, 78, 98
-jodid 21, 32, 36, 139
-methylat 36, 67, 68
-nitrat 36, 93, 94, 96, 97
-perchlorat 22, 93, 98, 124
-phenolat 117, 118
-propylat 58, 118, 119
-tetraphenylborat 22
*Nernst-Einstein*beziehung 72
Nichtcoulombsche Energieanteile 19, 24, 119–122, 133–137
Nickel(II)ion 129
Nitration 37, 77, 78
p-Nitranilin in MLM 152
Nitrobenzol (LM) 139, *147*, 148
in MLM 140
Nitrokohlenwasserstoffe (LM) *151*
Nitromethan (LM) 57, 68, 78, 143, 145, *147*, 149
m-Nitrophenol in MLM 152
o-Nitrophenol in MLM 152
p-Nitrophenol in MLM 152
Nivellierung 125
NMF, s. N-Methylformamid (LM)

Octadecylsulfation 77, 78
Organische Säuren (LM) *147*
Orientierungspolarisation 81, 82, 84, 99, 103
*Ostwald*sches Verdünnungsgesetz 40

Paarverteilungsfunktion 6–8, 11, 39, 40, 41, 44, 47, 72
Partielle molare *Gibbs*sche Energie 2, 4
s. auch: Chemisches Potential
Partielle molare Größen 4, 10
s. auch: Lösungs-, Solvatations-, Überführungsenergie, -enthalpie, -entropie, -volumen, -wärmekapazität
Partielle molare Wärmekapazität 24, 25, 26, 27
Partielles Molvolumen 10, 34, 35, 36
PC, s. Propylencarbonat (LM)
Pentanol (LM) 145
3-Pentanon (LM) *100*
Perchlorate 29
Perchloration 23, 37, 76, 77, 78, 98
Phenole (LM) *146*, *147*
Phosphoniumsalze 142
pH-Skalen 31
Pikration 77, 78
Pikrinsäure in MLM 152
Polarisation 81, 82, 84, 85
Dispersion der 85
Relaxationszeit der, s. Relaxationszeit
Polarisierbarkeit 81, 82, 103
Polyäther, makrocyclische 151
Potentieller Elektrolyt, s. Ionogener Elektrolyt
Primärer Salzeffekt, s. Kinetischer Salzeffekt
Propanol (LM) 52, 53, 58, 59, 62, 114, 115, 116, 117, 118, 119, 122, 133, 134, 136, 143, 144, 145, 149, 150
Propylencarbonat (LM) 17, 21, 22, 23, 24, 29, 53, 78, 150
Propylendiamin (LM) 143, 145
Protische Kationen 147, 148
Protische Lösungsmittel, s. Amphiprotische Lösungsmittel
Protolyse 125
Proton 32, 77, 78
Protophile Lösungsmittel, s. Aprotische Lösungsmittel und/oder Amphiprotische Lösungsmittel
Protophobe Lösungsmittel, s. Aprotische Lösungsmittel
Pyridin (LM) 144, *147*, 148
in MLM 152, 153

q, Parameter (*Bjerrum*), Definition 11, 127
Quadrupolkräfte 19
s. auch: Solvatation

Reaktionsfeld 81, 82, 103
Faktor des –es 82, 103
Reaktionsgeschwindigkeit 110, 112, 113
Reaktionsweg 110, 113, 114
Relaxationsdiagramme
des Elektrolytbereiches nach *Cole-Cole* 102, 103, 106, 107
des Elektrolytbereiches nach *Davidson-Cole* 106, 107
des Elektrolytbereiches nach *Debye* 101, 102, 106, 107
des LM-gebietes nach *Cole-Cole* 86, 106, 107

Relaxationsdiagramme
des LM-gebietes nach *Davidson-Cole* 88, 106, 107
des LM-gebietes nach *Debye* 86, 88, 92, 96, 101, 102. 106, 107
mit mehr als einem Bereich 104, 106, 107
Relaxationszeit, mikroskopische 89
Relaxationszeit
der Molpolarisation 85, 100, 101, 102, 103, 104
der Polarisation 80, 84, 92–97, 100, 101, 104, 105, 106, 108
Relaxationszeitverteilung, spektrale 86
mit α-Parameter (*Davidson-Cole*) 88, 106–108
mit β-Parameter (*Fuoss-Kirkwood*) 87, 93, 94, 106–108
mit *H*-Parameter (*Fröhlich*) 89, 104
mit *h*-Parameter (*Cole-Cole*) 86, 87, 91, 100–103, 106–108
Reorientierung in unterkühlten Lösungen 104
Rubidium-
-alkoholate 112
-bromid 21, 36
-chlorid 21, 32, 36
-fluorid 21
-halogenide 98
-ion 20, 23, 32, 37, 77, 78
-jodid 21, 36
-methylat 36
-nitrat 36
-perchlorat 22, 124
-tetraphenylborat 22

S_NAr-Übergangskomplexionen 20
S_N2-Übergangskomplexionen 20
Salzbrücke 30
Salzsäure, s. Chlorwasserstoffsäure
Scheinbares Molvolumen 34
Schwefelsäure (LM) *147*
Selbstdiffusion 72, 73
Silber-
-halogenide 29
-ion 77, 78, 129
-jodid 139
-nitrat 139
-perchlorat 99, 139
Silber-Silberhalogenidelektroden 27
Solvatation 16, 20, 93, 94, 98, 129, 142, 148, 150, 151, 152, 153
Solvatationsenergie, *Gibbs*sche 14, 15, 16, 17, 18, 25, 28, 29, 31, 135
Solvatationsenthalpie 16, 17, 18, 23, 24, 28, 31
Solvatationsmodelle 7, 12, 16, 24, 33, 34, 35, 98, 130
Solvatationswärmekapazität 24
Solvatationszahlen 35, 36, 37, 79, 98
Solvolysereaktionen 111, 117, 119, 121
Spezifische Leitfähigkeit 38, 67, 74
Sprungwellenlänge 91, 92, 93, 94, 95
Standardentropie 31, 32, 33, 34
Standardlösungs-, s. Lösungs-
Standardpotential 20, 28, 30, 31
Strontiumion 37
Sulfidion 139
Sulfolan (LM) 21, 22, 23, 24, 37, 56, 78, 124, 144, 145, *147*, 150, 151
in MLM 153
Symmetrischer Elektrolyt 73, 126

Teilchendichte, Vorwort, 6–10, 39, 44, 47, 63, 82, 83, 98, 103, 127–131, 154, 155
Temperaturabhängigkeit
des Aktivitätskoeffizienten 4
der Äquivalentleitfähigkeit 50, 52, 53, 66–71
der Assoziationskonstante 133–137
der DZ von Elektrolytlösungen 104
der Geschwindigkeitskonstante 115–117
der Ionenleitfähigkeit 76
der Ionentripelleitfähigkeit 155, 156
der partiellen molaren Größen 14, 24, 28, 31
der Relaxationszeiten von Elektrolytlösungen 89, 104
Tetraalkylammonium-
-bromide 143
-ionen 24, 37, 64, 129, 135, 146, 148
-jodide 143
-pikrate 143
-salze 24, 29, 53, 102, 103, 104, 106, 133, 138, 140, 142, 143
Tetraalkylphosphoniumion 146
Tetraamylammonium-
-ion 77, 78
-jodid 54
-pikrat 99
-thiocyanat 99
s. auch: Tetraalkylammonium-
Tetraäthylammonium-
-bromid 22, 36, 54, 59, 60
-chlorid 22, 36
-ion 23, 76, 77, 78
-jodid 22, 36, 59, 60
-perchlorat 22, 57, 141, 153
-pikrat 140
-tetraphenylborat 140
s. auch: Tetraalkylammonium-
Tetrabutylammonium-
-bromid 22, 25, 26, 27, 57, 59, 60, 99, 100, 103, 140

GPSR Compliance

The European Union's (EU) General Product Safety Regulation (GPSR) is a set of rules that requires consumer products to be safe and our obligations to ensure this.

If you have any concerns about our products, you can contact us on ProductSafety@springernature.com

In case Publisher is established outside the EU, the EU authorized representative is:

Springer Nature Customer Service Center GmbH
Europaplatz 3
69115 Heidelberg, Germany

Batch number: 10577969

Printed by Printforce, the Netherlands